"十四五"职业教育国家规划教材

网络设备配置技术
（第2版）

主　编　田　钧
副主编　李嘉群　肖　威
　　　　赵雪章　黄利荣

北京理工大学出版社
BEIJING INSTITUTE OF TECHNOLOGY PRESS

版权专有　侵权必究

图书在版编目（CIP）数据

网络设备配置技术 / 田钧主编. -- 2版. -- 北京：北京理工大学出版社，2023.8重印

ISBN 978-7-5682-7805-8

Ⅰ.①网… Ⅱ.①田… Ⅲ.①网络设备—配置 Ⅳ.①TN915.05

中国版本图书馆CIP数据核字（2019）第253572号

出版发行 /	北京理工大学出版社有限责任公司
社　　址 /	北京市海淀区中关村南大街5号
邮　　编 /	100081
电　　话 /	（010）68914775（总编室）
	（010）82562903（教材售后服务热线）
	（010）68944723（其他图书服务热线）
网　　址 /	http://www.bitpress.com.cn
经　　销 /	全国各地新华书店
印　　刷 /	定州市新华印刷有限公司
开　　本 /	787毫米×1092毫米　1/16
印　　张 /	16
字　　数 /	372千字
版　　次 /	2023年8月第2版第3次印刷
定　　价 /	36.50元

责任编辑 / 张荣君
文案编辑 / 张荣君
责任校对 / 周瑞红
责任印制 / 边心超

图书出现印装质量问题，请拨打售后服务热线，本社负责调换

前言

　　截至 2020 年 12 月，我国在线教育、在线医疗用户规模分别达 3.42 亿、2.15 亿，占整体网民的 34.6%、21.7%。其中，各大在线教育平台面向学生群体推出各类免费直播课程，方便学生居家学习，用户规模迅速增长；网民对在线医疗的需求量也在不断增长。

　　中国互联网络信息中心（CNNIC）在 2021 年 2 月 3 日发布第 47 次《中国互联网络发展状况统计报告》。报告显示，截至 2020 年 12 月，我国网民规模达 9.89 亿，已占全球网民的五分之一，互联网普及率达 70.4%，高于全球平均水平。随着网络技术的迅速发展，网络已经深入到人们生活的方方面面，与人们的衣、食、住、行紧密结合在一起。网购、网络信息、网络电话、网络直播、小视频、在线会议、在线教育等聚集着相当的人气，改变了人们的购物、通信、娱乐、学习等习惯。随着科技的发展，网络正式成为社会经济发展的催化剂，各类网络职位也越来越多，如系统集成工程师、网络管理员、网络销售技术支持人员等，而各公司对网络的使用及人才的培养也越来越重视。

　　《网络设备配置技术（第 2 版）》主要依托交换机、路由器、防火墙和无线设备来完成网络设备、部门网络、公司网络、公共网络环境、防火墙安全管理和无线局域网的搭建与使用。任务 1 主要讲解了交换机、路由器和防火墙的连接和配置方法。任务 2 主要讲解了单 VLAN 及多 VLAN 通信、MAC 地址及端口、生成树实例、DHCP 中继代理、客户端上网及入网安全策略等局域网常见问题及其解决方法等知识。任务 3 主要讲解了路由协议 RIP、OSPF 的配置和管理、策略路由（BRP）的配置和管理、通过虚拟路由器冗余协议（VRRP）实现网关冗余技术，以及网络设备远程管理（SSH）和网络设备监控管理（SNMP）的相关知识等。通过学习该任务的内容，读者能基本掌握如何搭建小型局域网的知识和技能。任务 4 主要讲解了公共网络链路 PPP 封装模式、公共网络路由（BGP）的相关知识，以及针对跨地域的局域网通信、远程私有网络拨号访问等介绍了虚拟专用网络（VPN）技术的应用等。任务 5 讲解了 USG 防火墙远程管理、路由管理、安全策略管理、网络地址转换等知识，并在最后详细介绍了轻量级新型远程接入技术 SSL VPN 的工作原理及配置和管理方式等。任务 6 主要讲解了 IPv6 网络的搭建、部署 IPv6 路由的方法，以及 IPv6 over IPv4 隧道技术的相关知识。

　　本书在内容和形式上有以下特色：

　　1. 情境教学，应用明确。本书的项目案例主要参考《第一届全国技能大赛：网络系统管理项目——模块C——网络设备》试题的工作任务进行深入讲解,针对其任务清单中罗列的基础性要求、园区及分支网络、公共网络、内部通信进行任务设计,通过设计的任务完成知识的掌握。

  2. 任务驱动,功能性测试为主。针对任务设计的需求进行网络配置,明确知识功能所解决的问题,每个任务都进行严格的功能性测试验证,使学生对知识效果有明确的认识。

  3. 本书是为广大职业院校、技师院校的师生群体撰写的。因此,本书在内容安排上从大家所关心的问题出发,把教学和技能备赛中遇到或可能遇到的问题作为切入点,深入探讨技能的工作原理、使用场景、配置过程和结果验证测试。

编 者

目 录

项目概述 ·· 1

项目实施 ·· 7

任务 1　认识网络设备 ··· 8
1.1　初识交换机 ··· 8
1.2　初识路由器 ··· 15
1.3　初识防火墙 ··· 18

任务 2　搭建部门网络 ··· 25
2.1　部门子网规划 ··· 25
2.2　部门内网络通信 ·· 29
2.3　多部门网络通信 ·· 37
2.4　绑定特定端口通信 ··· 43
2.5　动态分配网络地址 ··· 48
2.6　DHCP 中继代理 ··· 56
2.7　优化企业内部成环网络 ·· 60
2.8　生成树安全管理 ·· 67
2.9　增加企业内部网络带宽 ·· 73
2.10　限制部门间特定主机通信 ·· 79

任务 3　搭建公司主架构网络 ·· 88
3.1　企业内部路由通信 ·· 88
3.2　企业内部动态路由管理（RIP） ·· 95
3.3　企业内部动态路由管理（OSPF） ······································· 101
3.4　企业内部策略路由（PBR）管理 ··· 111
3.5　部门网络网关冗余 ··· 115
3.6　企业网络设备远程管理（SSH） ··· 119
3.7　企业网络设备监控管理（SNMP） ······································ 129
3.8　企业内部网络访问互联网 ··· 134

任务 4　搭建公共网络环境 · 141

4.1　公共网络链路 PPP 封装 · 141
4.2　公共网络路由（BGP） · 145
4.3　BGP 路由策略管理 · 152
4.4　远程拨号 VPN · 158
4.5　企业内部 VPN（IPSec） · 161
4.6　多站点企业内部 VPN（DSVPN）互通 · 170

任务 5　防火墙安全管理 · 181

5.1　USG 防火墙远程管理 · 181
5.2　USG 防火墙路由管理 · 185
5.3　USG 防火墙安全策略管理 · 199
5.4　USG 防火墙网络地址转换 · 209
5.5　USG 防火墙 SSL VPN · 214

任务 6　部署 IPv6 网络 · 219

6.1　IPv6 网络搭建 · 219
6.2　部署 IPv6 路由 · 228
6.3　IPv6 over IPv4 隧道 · 233

项目概述

本项目的主要任务是为一家互联网企业构建一个中小型网络架构，要求是该网络的基础网络能同时部署IPv4和IPv6，以适应未来网络的转型升级。在构建网络架构的过程中会遇到各类挑战，如需要为分布在不同区域的网络提供高可用冗余备份的能力，减少企业网络因单点故障引起的整个网络故障，为出差在外的员工及在家远程办公的员工提供安全的远程网络访问和需针对不同区域的网络客户端设置不同的网络访问规则等。

项目情景

NAS是总部设在北京的集团公司，经过多年的发展，NAS需要在深圳和上海设立分公司。分公司落成后，集团公司由北京总公司与深圳分公司、上海分公司组成，其中：北京总公司有5个部门，分别是销售部、财务部、技术研发部、人事部和行政部；深圳分公司有4个部门，分别是技术研发部、销售部、市场调研部和行政部；上海分公司有3个部门，分别是技术研发部、销售部和行政部。为了实现快捷的信息交流与资源共享，公司需要构建统一网络，来整合公司所有相关业务员流程。

项目需求

参考《第一届全国技能大赛：网络系统管理项目——模块C——网络设备》试题，根据试题考查的知识内容和整体的项目规划设计，依据本书的项目情境对将要构建网络的可用性、性能及安全性等项目要求进行总体规划，总结需求如下：

（1）完善企业内部各部门的子网规划。
（2）实现各个部门的内部通信。
（3）增强部门内部网络结构的稳定性。
（4）实现企业内部带宽的有效管理。
（5）加强企业网络设备的统一安全管理。
（6）实现企业内部安全通信。
（7）在总公司与分公司之间搭建高效、安全的私有专用网络。
（8）在企业网络中部署高可用冗余备份功能。
（9）在互联网区域部署内部网关协议（Interior Gateway Protocol，IGP）和边界网关协议（Border Gateway Protocol，BGP）路由实现总公司与分公司互通。
（10）部署相关测试服务器，用于功能性测试。

方案设计（拓扑规划）（见图0-1~图0-4）

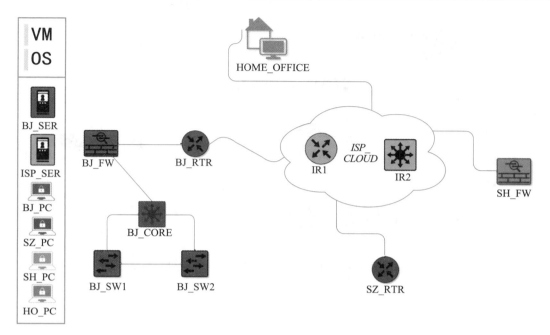

▲ 图0-1　逻辑拓扑（摘要）

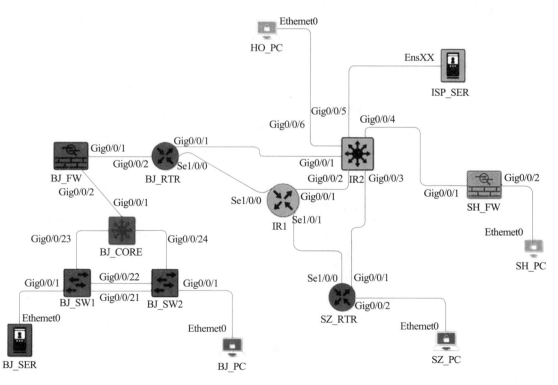

▲ 图0-2　物理拓扑（摘要）

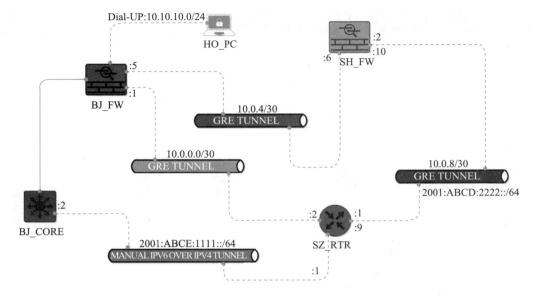

▲ 图 0-3 虚拟专用网络拓扑（站点 & 拨号）

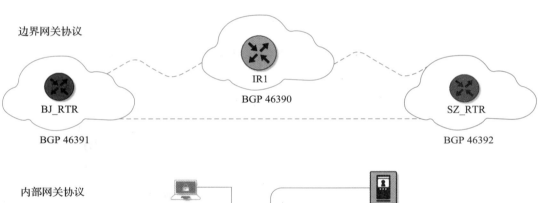

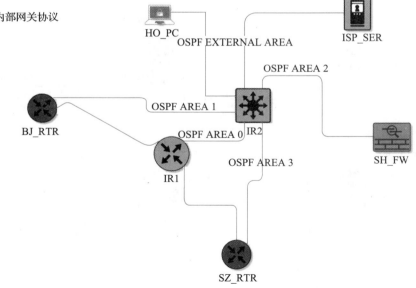

▲ 图 0-4 路由拓扑（BGP&IGP）

方案设计（网络地址规划）（见表0-1）

表0-1 网络地址规划

设备名	系统/型号	接口	网络地址
IR1	AR6140	GE 0/0/1	132.2.1.1/29
		S1/0/0	201.100.1.1/29
		S1/0/1	202.100.1.1/29
		LoopBackup0	1.1.1.1/32
IR2	S5731	GE 0/0/1	131.2.1.2/29
		GE 0/0/2	132.2.1.2/29
		GE 0/0/3	133.2.1.2/29
		GE 0/0/4	134.2.1.2/29
		GE 0/0/5	209.100.1.254/24
		GE 0/0/6	219.100.1.254/24
		LoopBackup0	1.1.1.4/32
BJ_RTR	AR6140	GE0/0/1	131.2.1.1/29
		GE0/0/2	192.168.0.1/30
		S1/0/0	201.100.1.2/29
		LoopBackup0	1.1.1.2/32
SZ_RTR	AR6140	GE0/0/1	133.2.1.1/29
		GE0/0/2	2002:4639:2::1/96
		S1/0/0	202.100.1.2/29
		LoopBackup0	1.1.1.3/32
SH_FW	USG6510E	GE0/0/1	134.2.1.1/29
		GE0/0/2	10.1.1.254/24 2002:4639:3::1/96
		LoopBackup0	1.1.1.5/32
BJ_FW	USG6510E	GE0/0/1	192.168.0.2/30
		GE0/0/2	192.168.0.6/30

续表

设备名	系统/型号	接口	网络地址
BJ_CORE	S5731	GE0/0/1	192.168.0.5/30
		VLANif10	192.168.10.254/24
		VLANif99	192.168.99.254/24
		VLANif100	192.168.100.254/24 2002:4639:1::1/96
BJ_SW1	S5735	VLANif99	192.168.99.221/24
BJ_SW2	S5735	VLANif99	192.168.99.222/24
ISP_SER	Linux Server	EnsXX	209.100.1.100/24
BJ_SER	Windows Server	Ethernet0	192.168.100.100/24 2002:4639:1::100/96
BJ_PC	Windows Client	Ethernet0	From dhcpv4
SZ_PC	Windows Client	Ethernet0	SLAAC
SH_PC	Windows Client	Ethernet0	From dhcpv4 & dhcpv6
HO_PC	Windows Client	Ethernet0	219.100.1.2/24

项目技能点

本项目主要考查了网络设备的基本设置、本地登录管理、远程登录管理、统一身份认证管理、局域网交换网络中的虚拟局域网（Virtual Local Area Network，VLAN）管理、接口划分、网络地址集中式统一管理、生成树、生成树端口安全、接入层交换机安全管理、动态主机配置协议（Dynamic Host Configuration Protocol，DHCP）Snooping、动态地址解析协议（Address Resolution Protocol，ARP）检测、802.1X 身份认证、端口安全、路由器证书颁发机构、动态路由协议、BGP 策略路由管理、隧道级虚拟专用网（Virtual Private Network，VPN）、远程拨号 VPN 等内容。

项目实施

任务 1　认识网络设备

网络设备是连接到网络中的物理实体，主要有集线器、交换机、网桥、路由器、网关、无线接入控制器（Access Controller，AC）、无线接入点（Access Point，AP）等。下面分别对交换机、路由器、防火墙进行介绍。

1.1　初识交换机

1.1.1　理论基石

交换机是任何网络的关键构建块，常用作网络边缘设备的网络连接点，例如计算机、无线接入点、打印机和服务器等。交换机实现了不同网络设备之间的通信，是计算机网络中将其他设备连接在一起的设备。在较大的网络中，出于流量安全分析的目的，通常也会将交换机放置在出口路由器的前面，在流量流向局域网内部之前，针对流量进行入侵检测。例如，在许多情况下，端口镜像用于创建流过交换机的数据的镜像，然后再将其发送到入侵检测系统或数据包嗅探器进行分析。

交换机一般在开放系统互连（Open System Interconnection，OSI）模型的数据链路层（第2层）运行，为每个交换机端口创建一个单独的冲突域。连接到交换机端口的每个设备都可以随时将数据传输到任何其他端口，且传输不会受到干扰。此外，交换机也可以在 OSI 模型的更高层（包括网络层及更高层）上运行，在这些更高层上运行的设备称为三层交换机。

从广义上来看，交换机分为两种：广域网交换机和局域网交换机。广域网交换机主要应用于电信领域，提供通信用的基础平台。而局域网交换机则应用于局域网络，用于连接终端设备，如个人计算机（Personal Computer，PC）及网络打印机等。

从传输介质和传输速度上来分，交换机可分为以太网交换机、快速以太网交换机、吉比特以太网交换机、光纤分布式数据接口（Fiber Distributed Data Interface，FDDI）交换机、异步传输方式（Asynchronous Transfer Mode，ATM）交换机和令牌环交换机等。从规模应用上来分，交换机又可分为企业级交换机、部门级交换机和工作组级交换机等。各厂商划分的标准并不完全一致，一般来讲，企业级交换机都是机架式；部门级交换机可以是机架式（插槽数较少），也可以是固定配置式；而工作组级交换机为固定配置式（功能较为简单）。另外，从应用的规模来看，作为骨干交换机时，支持 500 个信息点以上大型企业应用的交换机为企业级交换机，支持 300 个信息点以下中型企业的交换机为部门级交换机，而支持 100 个信息点以内的交换机为工作组级交换机。

从功能上进行分类，交换机可以分为非管理型交换机、网管型交换机和智能交换机。

非管理型交换机是最基本的交换机，其提供固定配置，通常是即插即用的，这意味着其几乎没有可供用户选择的选项。非管理型交换机可能具有服务质量等功能的默认设置，但无法对其进行更改；价格虽然相对便宜，但缺乏功能使其不适合大多数企业使用。

网管型交换机为信息技术（Information Technology，IT）专业人员提供了更多功能，这是在企业或企业设置中最有可能看到的类型。网管型交换机可以在命令行界面（Command Line Interface，CLI）进行配置，其支持简单网络管理协议（Simple Network Management Protocol，SNMP）代理，该代理提供可用于解决网络问题的信息。此外，网管型交换机还可以支持 VLAN、服务质量设置和互联网协议（Internet Protocol，IP）路由等功能。而且，网管型交换机安全性更好，可以保护它们所处理的所有类型的流量。网管型交换机先进的功能使得其成本要比非管理型交换机高得多。

智能交换机是管理型交换机，具有某些功能，这些功能超出了非管理型交换机所提供的功能，但少于网管型交换机所提供的功能。因此，它们比非管理型交换机更复杂，但比网管型交换机价格更便宜。智能交换机通常缺乏对安全外壳（Secure Shell，SSH）协议或远程登录（Telnet）协议的支持，并且只有网页图形界面而没有终端命令行，因而没有网管型交换机所支持的功能多，但是由于其价格较低，因此非常适合用于财务资源及功能需求都较少的小型网络。

1.1.2 任务目标

- 熟悉交换机外型和功能接口。
- 掌握交换机的连接配置。
- 掌握交换机的常用配置指令。

1.1.3 任务规划

1. 任务描述

通过观察 HUAWEI S5731、HUAWEI S5735 交换机的外型，理解和掌握交换机的功能接口和按钮的作用，使用配置线连接到笔记本电脑对交换机设备进行管理。

2. 交换机设备图（见图 1-1 和图 1-2）

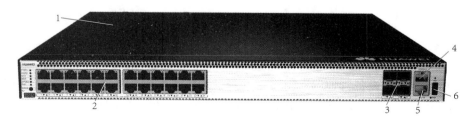

▲ 图 1-1 交换机正面

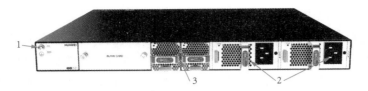

▲ 图 1-2　交换机背面

1.1.4　实践环节

1. 了解交换机外型

（1）观察图 1-1 中的标记，其中标记 1 为交换机的机箱，整机高为 1U（约为 44.45mm）；标记 2 为用于连接网络设备的 24 个 10/100/1000BASE-T 以太网电接口；标记 3 为 4 个 1000BASE-X 以太网光接口；标记 4 为 Console 接口，用于连接控制台，实现现场配置功能；标记 5 为 Eth 管理接口，用于和配置终端或网管工作站的网口连接，实现现场或远程配置功能；标记 6 为通用串行总线（Universal Serial Bus，USB）接口，可配合 U 盘使用，可用于开局、传输配置文件、升级文件等。

（2）观察图 1-2 中的标记，其中标记 1 为接地螺钉，用于连接接地线缆，有防雷保护作用；标记 2 为电源模块槽位，该交换机提供两个电源模块槽位，默认出厂配备一个可拆卸的电源模块，如需增加冗余备份电源，可进行额外安装。标记 3 为风扇模块槽位，S5731 系列设备使用可插拔的风扇模块，散热类型为风扇强制散热，气流走向为前进风，后出风。

2. 使用 Console 配置线连接交换机（见图 1-3）

（1）使用图 1-3 中的 Console 配置线将 RJ-45 水晶头连接到图 1-1 中标记 4 的功能接口，另一端 USB 接口则连接到笔记本电脑的 USB 接口。

（2）在 Windows 操作系统下，执行 devmgmt.msc 命令，如图 1-4 所示。

▲ 图 1-3　Console 配置线

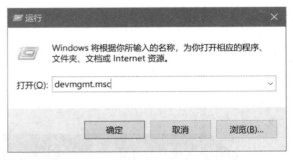

▲ 图 1-4　打开设备管理器

（3）在弹出的"设备管理器"窗口中选择"端口（COM 和 LPT）"选项，查看当前配置线（Prolific USB-to-Serial Comm Port）所连接的 COM 端口的序号（COM4），如图 1-5 所示。

（4）运行 Putty.exe 程序，在弹出的"PuTTY configuration"对话框的"Category"选项区域单击"Session"选项，在右侧功能区域的"Serial line"和"Speed"文本框中分别输入"COM4"和"9600"；在"Connection type"选项区域选中"Serial"单选按钮，单击"Open"按钮开启连接，如图 1-6 所示。

图 1-5　查看 COM 端口的序号　　　　　　图 1-6　Putty 连接参数配置

3. 在命令行终端配置交换机设备名

（1）在 Putty 终端按【Enter】键，进入交换机一般用户配置模式。代码如下：
```
Please Press ENTER.
<Huawei>
```

（2）输入"system-view"，进入特权用户配置模式。之后，如果需要退回用户模式，则可以输入"return"或者按【Ctrl+Z】组合键返回。代码如下：
```
<Huawei>system-view
Enter system view, return user view with Ctrl+Z.
[Huawei]return
<Huawei>system-view
Enter system view, return user view with Ctrl+Z.
[Huawei]
<Huawei>
```

（3）切换到特权用户配置模式，输入 sysname 指令配置当前交换机的设备名。

（4）保存当前配置。代码如下：
```
<Huawei>system-view
```

```
[Huawei]sysname BJ_CORE
[BJ_CORE]return
<BJ_CORE>save
The current configuration will be written to the device.
Are you sure to continue?[Y/N]y
Save the configuration successfully.
<BJ_CORE>
```

1.1.5 拓展知识

1.OSI 模型

OSI 模型描述了计算机系统通过网络进行通信的七层协议。它是 20 世纪 80 年代初期所有主要计算机和电信公司采用的第一个网络通信标准模型。现代的网络通信不是基于 OSI 模型，而是基于更简单的传输控制协议/互联网协议（Transmission Control Protocol/Internet Protocol，TCP/IP）模型。但是，OSI 7 层模型仍被广泛使用，因为它有助于可视化和交流网络的运行方式，并有助于隔离和排除网络问题。ISO 模型分层结构如图 1-7 所示。

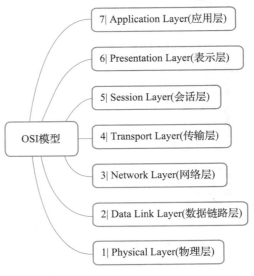

▲ 图 1-7 OSI 模型分层结构

（1）第一层：物理层。

物理层负责网络节点之间的物理电缆或无线连接。它定义了连接器，连接设备的电缆或无线技术，并负责原始数据（只是一系列的 0 和 1）的传输。要提醒的是，在传输时，需注意比特率的控制。

（2）第二层：数据链路层。

数据链路层在网络上的两个物理连接的节点之间建立和终止连接。它将数据包分解为帧，并将其从源发送到目的地。该层由两部分组成：逻辑链路控制（Logial Link Control，LLC），用于识别网络协议，执行错误检查和同步帧；介质访问控制（Medium Access Control MAC），通过 MAC 地址连接设备并定义传输和接收数据的权限。

（3）第三层：网络层。

网络层具有两个主要功能：一是将网段分成网络数据包，然后在接收端重新组合数据包。二是通过发现物理网络上的最佳路径来路由数据包。网络层使用网络地址（通常是 IP 地址）将数据包路由到目标节点。

（4）第四层：传输层。

传输层获取在会话层中传输的数据，并在发送端将其分成"段"。传输层负责在接收端重组这些段，将其转换回可以由会话层使用的数据。此外，传输层还执行流控制，以与接收设备的连接速度相匹配的速率发送数据，并进行错误控制，检查是否正确接收了数据，如果接收不正确，则再次请求数据。

（5）第五层：会话层。

会话层在设备之间创建通信通道，称为会话。会话层负责打开会话，确保它们在数据传输期间保持打开状态并可以正常工作，在通信结束时关闭它们。此外，会话层还可以在数据传输期间设置检查点，如果会话中断，则设备可以从最后一个检查点恢复数据传输。

（6）第六层：表示层。

表示层为应用程序层准备数据。表示层定义了两个设备应如何编码、加密和压缩数据，以便在另一端正确接收数据。表示层获取由应用程序层传输的任何数据，并准备将其通过会话层进行传输。

（7）第七层：应用层。

应用层服务于最终用户软件（如 Web 浏览器和电子邮件客户端）。应用层提供了允许软件发送和接收信息及向用户呈现有意义的数据的协议。应用层协议的一些示例有超文本传输协议（Hypertext Transfer Protocol，HTTP）、文件传送协议（File Transfer Protocol，FTP）、邮局协议（Post Office Protocol，POP）、简单邮件传送协议（Simple Mail Transfer Protocol，SMTP）和域名系统（Domain Name System，DNS）。

OSI 模型的优点如下。

- OSI 模型可帮助计算机网络中的用户和运营商：
  - ★确定构建其网络所需的硬件和软件。
  - ★了解并交流整个组件之间通过网络进行通信的过程。
  - ★确定引起问题的网络层，并将精力集中在该层上来进行故障排除。
- OSI 模型可帮助网络设备制造商和网络软件供应商：
  - ★创建可以与任何其他供应商的产品进行通信的设备和软件，从而实现开放的互操作性。
  - ★定义其产品应使用网络的哪个部分。
  - ★与用户交流其产品在哪个网络层运行，如仅在应用程序层或跨堆栈。

2. OSI 模型和 TCP/IP 模型对比

TCP/IP 模型是一个抽象的分层模型，在这个模型中，所有 TCP/IP 系列的网络协议都归类到 4 个抽象的"层"中，如图 1-8 所示。每一抽象层创建在低一层提供的服务上，并且为高一层提供服务。完成一些特定的任务需要众多的协议协同工作，这些协议分布在 TCP/IP 模型的不同层中，因此有时称它们为一个协议栈。TCP/IP 模型为 TCP/IP 协议栈量身定做。其中 IP 协议只关心如何使数据跨越本地网络边界，而不关心如何利用传输媒体传输数据。整个 TCP/IP 协议栈则负责解决数据如何通过诸多的点对点通路(一个点对点通路，也称为一"跳"，1 hop)顺利传输，由此不同的网络成员能够在多"跳"的基础上创建相互的数据通路。如想分析更普遍的网络通信问题，OSI 模型也能起到更好的帮助作用。

为了更好地理解 OSI 模型和 TCP/IP 模型，我们将从几个方面进行深入对比，首先，从结构上进行对比。OSI 模型划分为 7 层结构，分别是物理层、数据链路层、网络层、传输层、会话层、表示层和应用层。TCP/IP模型划分为4层结构，分别是应用层、传输层、互联网络层和主机–网络层。

其次，从模型定义的性质作用上进行对比。OSI模型制定的标准适用于全世界的计算机网络，是一种理想状态，其结构复杂，实现周期长，运行效率低；TCP/IP模型独立于特定的计算机硬件和操作系统，其可移植性好，可以提供多种拥有大量用户的网络服务，并促进互联网的发展，成为广泛应用的网络模型。

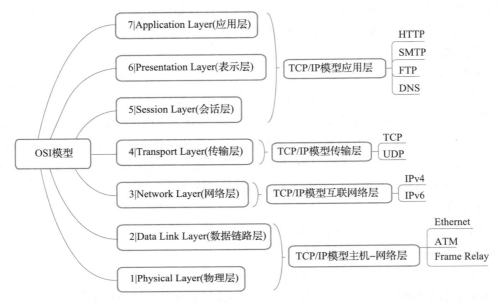

UDP：用户数据报协议（User Datagram Protocol）；Ethernet：以太网协议；Frame Relay：帧中继协议

● 图1-8　OSI模型对比TCP/IP模型

最后，从模型的服务和协议上进行对比。OSI模型先有分层模型，后有协议规范，对服务和协议做了明确的区别。TCP/IP模型没有充分明确地区分服务和协议。

3. 广播域和冲突域

冲突域是一种场景，当设备向网络发送消息时，包含在其中的所有其他设备都必须注意它，无论它是否是向这些设备发送消息。这样会造成当两个设备同时发送消息时将发生冲突，导致它们等待一次并重新发送各自的消息。这种情况仅在半双工模式下发生。

广播域也是一种场景，当设备发出广播消息时，存在于其广播域中的所有设备都必须注意它。这会在网络中造成很多拥塞［通常称为局域网（Local Area Network，LAN）拥塞］，进而影响存在于该网络中的用户的带宽。由此可知，冲突域和广播域的数量越多，网络为所有用户提供更好的带宽的效率就越高。

常见的网络设备处理广播域和冲突域集线器，既没有破坏冲突域也没有破坏广播域，即集线器既不是冲突域分隔符也不是广播域分隔符。连接到集线器的所有设备都在单个冲突域和单个广播域中。切记，集线器不将网络进行分段，它们只是连接网段。

交换机的每个端口都位于不同的冲突域中，即交换机是冲突域分隔符。因此，来自连接到不同端口的设备的消息永远不会发生冲突。但是，交换机仍然存在问题，因为交换机默认情况下不隔离广播域，这意味着它不是广播域分隔符，但交换机上的所有端口仍在单个广播域中，因此如果设备发送广播消息，仍然会造成拥塞。

路由器不仅隔离冲突域，而且隔离广播域，这意味着路由器既是冲突域分隔符又是广播域分隔符。路由器在两个网络之间建立连接，来自一个网络的广播消息将永远不会到达另一个网络，因此路由器可以很好地解决网络拥塞问题。

4. 常用的终端工具

（1）PuTTY。PuTTY 是一款集虚拟终端、系统控制台和网络文件传输为一体的自由及开放源代码程序，其支持多种网络协议，包括安全复制协议（Secure Copy Protocol，SCP）、SSH 协议、Telnet 协议、远程登录（Rlogin）协议和原始的套接字连接。此外，它还可以连接到串行端口。

PuTTY 的官方下载地址为 https://www.putty.org/。

（2）Xshell。Xshell 是一个强大的安全终端模拟软件，它支持 SSH1、SSH2 及 Microsoft Windows 平台的 Telnet 协议。Xshell 通过互联网到远程主机的安全连接以及它创新性的设计和特色帮助用户在复杂的网络环境中享受他们的工作。

Xshell 官方下载地址为 https://www.netsarang.com/zh/xshell/。

（3）MobaXterm。MobaXterm 是一款号称全能的终端软件，它不仅可以像 PuTTY 一样通过 SSH 连接 Linux 操作系统，也可以和 WinSCP 一样使用安全文件传送协议（SSH File Transfer Protocol，SFTP）、SCP 等协议进行文件传输，内有多标签和多终端分屏等来提高操作效率，此外还支持虚拟网络控制台（Virtual Network Console，VNC）、远程显示协议（Remote Display Protocol，RDP）、X 远程显示管理控制协议（X Display Manager Control Protocol，XDMCP）等远程桌面连接及串口连接设置等，功能十分强大。

MobaXterm 官方下载地址为 https://mobaxterm.mobatek.net/。

1.2 初识路由器

1.2.1 理论基石

路由器就是连接两个以上个别网络的设备。由于位于两个或更多个网络交会处，因而可以在它们之间传递分组（一种数据的组织形式）。路由器与交换机在概念上有一定的重叠之处，但也有所不同：交换机泛指工作于任何网络层次的数据中继设备（多指网桥），而路由器则更专注于网络层。

路由器与交换机的差别。路由器是 OSI 模型第三层的产品，交换机是 OSI 模型第二层的产品。第二层的产品功能在于，将网络上各个计算机的 MAC 地址记在 MAC 地址表中，当局域网中的计算机要经过交换机交换传递资料时，就查询交换机上的 MAC 地址表中的信息，将数据包发送给指定的计算机，而不会像第一层的产品（如集线器）那样给在网络中的每台计算机都发送。而路由器除了有交换机的功能外，还拥有路由表作为发送数据包时的依据，以在有多种选择的路径中选择最佳的路径。而且，路由器还可以连接两个以上不同网段的网络，而交换机只能连接两个不同网段的网络。此外，路由器具有 IP 地址分享的功能，如区分哪些数据包要发送至广域网（Wide Area Network，WAN）。路由表存储了去往某一网络的最佳路径、该路径的"路由度量值"以及下一跳。

尽管也有其他一些很少用到的被路由协议，但路由通常指的就是 IP 路由。

路由器的分类和功能：

核心路由器通常由因特网服务提供商（Internet Service Provider，ISP，如电信、移动、联通）或云提供商（如 Microsoft、Aliyun 等）使用，它们提供最大的带宽来连接其他路由器或交换机。大多数小型企业不需要核心路由器。但是，拥有许多员工在不同建筑物或不同地点工作的大型企业可能会将核心路由器用作其网络体系结构的一部分。

边缘路由器，也称为网关路由器或"网关"，是网络与外部网络（包括 Internet）的最外部连接点。边缘路由器针对带宽进行了优化，并设计为连接到其他路由器来将数据分发给最终用户。边缘路由器一般不提供 Wi-Fi 或完全管理本地网络的功能，它们通常只有以太网端口，一个输入用于连接 Internet，几个输出用于连接其他路由器。配电路由器分发路由器或内部路由器通过有线连接从边缘路由器（或网关）接收数据，并通过 Wi-Fi 将其发送到最终用户，尽管该路由器通常还包括用于连接用户的物理（以太网）连接或其他路由器。

无线路由器或住宅网关结合了边缘路由器和分布式路由器的功能，它们是用于家庭网络和 Internet 访问的普通路由器。大多数服务提供商都将功能齐全的无线路由器作为标准设备提供。但是，虽然用户一般选择在小型企业中使用 ISP 的无线路由器，但也希望可以使用企业级路由器来利用更好的无线性能、更多的连接控制和更高的安全性。

虚拟路由器是允许某些路由器功能在云中虚拟化并作为服务交付的软件。虚拟路由器是具有复杂网络需求的大型企业的理想选择，其具有灵活、易扩展和较低的入门成本等特性。此外，虚拟路由器还可以减少对本地网络硬件的管理。

1.2.2 任务目标

- 熟悉路由器外型和功能接口。
- 掌握路由器的连接配置。
- 掌握路由器的常用配置指令。

1.2.3 任务规划

1. 任务描述

通过观察 HUAWEI AR6140 路由器的外型，理解和掌握路由器的功能接口和按钮的作用；学会使用配置线连接到笔记本电脑对该路由器设备进行管理。

2. 实验拓扑（见图 1-9 和图 1-10）

△ 图 1-9　路由器外型

△ 图 1-10　路由器背面

1.2.4　实践环节

1. 了解路由器外形

（1）观察图 1-9 中的标记，其中标记 1 为路由器的 RESET 按钮，可用于手工重置设备；标记 2 为 LAN 侧接口 2 个吉比特以太网（Gigabit Ethernet，GE）电接口；标记 3 为 WAN 侧接口 2 个 GE 电接口；标记 4 为 LAN 侧接口 2 个 GE 光接口；标记 5 为 WAN 侧接口 2 个 GE 光接口；标记 6 为 LAN 侧接口 1 个 GE 电接口；标记 7 为 Console 接口；标记 8 为 USB3.0 接口，并且支持热插拔。

（2）观察图 1-10 中的标记，其中标记 1 为接地螺钉，用于连接接地线缆，有防雷保护作用；标记 2 为 4 个智能接口卡（Smart Interface Card，SIC）槽位，可用于后续添加其他功能模块；标记 3 为电源模块槽位，该路由器提供 2 个交流电源线接口。

2. 使用 Console 配置线连接路由器

因设备设置相似，使用 Console 配置线连接路由器，可参考"1.1 初识交换机"中"2. 使用 Console 配置线连接交换机"步骤设置。

3. 在命令行终端配置交换机设备名

（1）在 Putty 终端按【Enter】键，就进入交换机一般用户配置模式。代码如下：

```
Please Press ENTER.
<Huawei>
```

（2）输入"system-view"，就能进入特权用户配置模式。之后，如果需要退回用户模式可以输入"return"或者按【Ctrl+Z】组合键。代码如下：

```
<Huawei>system-view
Enter system view, return user view with Ctrl+Z.
```

```
[Huawei]return
<Huawei>system-view
Enter system view, return user view with Ctrl+Z.
[Huawei]
<Huawei>
```

（3）切换到特权用户配置模式，输入 sysname 指令配置当前交换机的设备名。

（4）保存当前配置。代码如下：

```
<Huawei>system-view
[Huawei]sysname BJ_RTR
BJ_CORE]return
<BJ_RTR>save
The current configuration will be written to the device.
Are you sure to continue?[Y/N]y
Save the configuration successfully.
<BJ_RTR>
```

1.3 初识防火墙

1.3.1 理论基石

防火墙可以是硬件、软件或两者组合，其是一种网络安全设备，负责监视传入和传出的网络流量，并根据一组定义的安全规则来决定是允许还是阻止特定的流量。一直以来防火墙是网络安全的第一道防线，其在受保护和受控制的网络之间建立障碍，而内部和外部网络是受信任的和不受信任的网络，其中不受信任的网络，如 Internet。

防火墙从主类型分类，可分为软件防火墙、虚拟防火墙和硬件防火墙。

（1）软件防火墙。软件防火墙包括安装在本地设备而不是单独的硬件（或云服务器）上的任何类型的防火墙。软件防火墙的最大好处是，将各个网络端点彼此隔离，对于深度防御非常有用。但是，在不同的设备上维护单独的软件防火墙困难且耗时。此外，并非网络上的每个设备都与单个软件防火墙兼容，这可能意味着必须使用多个不同的软件防火墙来覆盖每项资产。

常见的软件防护墙有 Windows Defender、奇虎 360、金山毒霸、瑞星防火墙等。

（2）虚拟防火墙。虚拟防火墙通常作为虚拟设备部署在私有云（VMware ESXi、Microsoft Hyper-V、KVM 等）或公共云（Azure、Oracle 等）上，以监视和保护物理和虚拟网络之间的流量。虚拟防火墙通常是软件定义网络（Software Defined Network，SDN）中的关键组件。

（3）硬件防火墙。硬件防火墙使用的是一种物理设备，该物理设备的行为类似于流量路由器，以在将数据包和流量请求连接到网络服务器之前对其进行拦截。硬件防火墙通过确保在公司的网络终结点遭受风险之前拦截来自网络外部的恶意流量，从而在外围安全方面表现出色；但是其缺点也明显，即内部攻击通常很容易绕过它们。

硬件防火墙从功能上可以分为包过滤防火墙、电路级防火墙、代理防火墙、下一代防火墙。

包过滤防火墙作为最"基础"和最古老的防火墙体系结构，基本上在流量路由器或交换机上创建检查点。防火墙对通过路由器的数据包进行简单检查，如检查目的地和始发IP地址、包类型、端口号以及其他表面级别信息等，无须打开包来检查其内容。如果数据包未通过检查，则将其丢弃。包过滤防火墙的优点是耗费资源低。这意味着其不会对系统性能产生巨大影响，并且相对简单，在防御时容易被绕过。

电路级防火墙作为另一种简单的防火墙类型，其旨在快速而轻松地批准或拒绝流量，却不消耗大量的计算资源。电路级防火墙通过验证TCP握手来工作，目的是确保数据包来自的会话是合法的。

电路级防火墙就像一台代理服务器，因为在客户端不需要安装软件代理程序来辅助应用进程建立连接。电路级防火墙虽然非常节省资源，但不会检查数据包本身。因此，如果数据包中装有恶意软件，但具有正确的TCP握手，则它将直接通过，这就是为什么电路级防火墙不能单独保护用户的计算机的原因了。

电路级防火墙的常见类型有SOOKS等。

代理防火墙在应用层运行，用于过滤网络和流量源之间的传入流量，因此，又称为"应用程序级网关"；又因其是通过基于云的解决方案或其他代理设备交付的，因此也叫云防火墙。代理防火墙不是让流量直接连接，而是先建立到流量源的连接并检查传入的数据包。此检查与状态检查防火墙相似，因为它同时检查数据包和TCP握手协议。但是，代理防火墙可以执行深层数据包检查，以确认数据包不包含恶意软件。检查完，且数据包被批准连接到目标后，代理将其发送出去。这一过程在"客户端"（数据包的始发系统）与网络上的各个设备之间形成了额外的隔离层，从而为网络创建了额外的匿名性和保护措施。但是代理防火墙有一个缺点，即由于数据包传输过程中的额外步骤，可能会导致速度显著下降。

许多最新发布的防火墙产品都被吹捧为"下一代"防火墙，但是关于什么是真正的下一代防火墙，业界尚未达成共识。下一代防火墙体系结构的一些常见功能包括深度数据包检查（检查数据包的实际内容）、TCP握手检查和表面级别的数据包检查。状态化防火墙将连接和状态这两个概念引入到数据包过滤技术中。因此，状态化防火墙可针对属于同一个连接（或数据流）的一组数据包实施访问控制，而不再针对单独的数据包执行过滤。

下一代防火墙也可能包括其他技术，如入侵防御系统（Intusion Prevention System，IPS），该技术可自动阻止针对用户网络的攻击。

1.3.2 任务目标

- 熟悉路由器外型和功能接口。
- 熟悉防火墙图形化和命令管理。
- 理解防火墙配置模式。

1.3.3 任务规划

1. 任务描述

通过观察 HUAWEI USG6510E 路由器的外型，理解和掌握路由器的功能接口和按钮的作用，使用配置线连接到笔记本电脑对该防火墙设备进行管理。

2. 实验拓扑（见图 1-11 和图 1-12）

▲图 1-11　防火墙正面

▲图 1-12　防火墙背面

1.3.4 实践环节

1. 了解防火墙外形

（1）观察图 1-14 中的标记，其中标记 1 为接地螺钉，用于连接接地线缆，有防雷保护作用；标记 2 为 LAN 侧接口，分别从 0 至 7，共 8 个 GE 电接口；标记 3 为 WAN 侧接口 2 个 GE 电接口；标记 4 为 LAN 侧接口 2 个 GE 光接口；标记 5 为 Micro SD 卡插槽；标记 6 为 USB3.0 接口，并且支持热插拔；标记 7 为 Console 接口；标记 8 为 RESET 按钮，可用于手工重置设备。

（2）观察图 1-15，防护墙背面为防火墙状态指示灯，从左到右分别是 PWR（电源）、SYS（系统）、USB（USB 接口）、CLOUD（云管理平台）、MicroSD（Micro SD 卡）指示灯。

2. 使用 Console 配置线连接防火墙

因设备设置相似，使用 Console 配置线连接防火墙，可参考"1.1 初识交换机"中"2. 使用 Console 配置线连接交换机"步骤设置。

3. 在命令行终端配置防火墙的设备名

在 Putty 终端按【Enter】键，首次登录防火墙，需要输入默认用户名"admin"和密码"Admin@123"，然后系统提示是否要更改密码，此处必须更改密码否则无法登录，输入"Y"，然后输入旧密码"Admin@123"，输入成功后提示输入新的密码，输入"MyAdmin@123"，修改密码成功后即可进入防火墙用户模式界面。过程代码如下：

```
Password:
The password needs to be changed. Change now? [Y/N]: Y
Please enter old password:
Please enter new password:
Please confirm new password:
<USG6000V1>
<USG6000V1>system-view
Enter system view, return user view with Ctrl+Z.
[USG6000] sysname FW
[FW]
```

3. 配置允许通过超文本传输安全协议登录 Web 界面

（1）配置接口信息，默认情况下防火墙的管理接口为 GigabitEthernet0/0/0，管理 IP 地址为 192.168.0.1，之后在其他网络接口上配置网络地址，并启用管理服务。代码如下：

```
[FW] interface GigabitEthernet 1/0/3
[FW-GigabitEthernet1/0/3] ip address 10.3.0.1 255.255.255.0
[FW-GigabitEthernet1/0/3] service-manage enable
[FW-GigabitEthernet1/0/3] service-manage https permit
[FW-GigabitEthernet1/0/3] quit
```

（2）将接口加入安全区域，代码如下：

```
[FW] firewall zone trust
[FW-zone-trust] add interface GigabitEthernet1/0/3
[FW-zone-trust] quit
```

（3）为管理员配置信任主机，代码如下：

```
[FW] acl 2001
[FW-acl-basic-2001] rule permit source 10.3.0.0 0.0.0.255
[FW-acl-basic-2001] rule 10 deny
[FW-acl-basic-2001] quit
```

（4）创建管理员，名为"fwadmin"，密码要求设置符合安全性规则，需要包含 3 种以上不同字符，字符数量需要在 8 个以上，密码设置为"Myadmin@123"。代码如下：

```
[FW] aaa
[FW-aaa] role service-admin
[FW-aaa-role-service-admin] dashboard none
[FW-aaa-role-service-admin] monitor none
[FW-aaa-role-service-admin] system none
[FW-aaa-role-service-admin] network read-write
[FW-aaa-role-service-admin] object read-write
[FW-aaa-role-service-admin] policy read-write
[FW-aaa-role-service-admin] quit
```

```
[FW-aaa] manager-user fwadmin
[FW-aaa-manager-user-fwadmin] password
Enter Password: ********
Confirm Password: ********
[FW-aaa-manager-user-fwadmin] service-type web
[FW-aaa-manager-user-fwadmin] access-limit 10
[FW-aaa-manager-user-fwadmin] acl-number 2001
[FW-aaa-manager-user-fwadmin] quit
[FW-aaa] bind manager-user fwadmin role service-admin
[FW-aaa] quit
```

（5）验证管理员登录 Web 界面。配置管理员 PC 的 IP 地址为"10.3.0.10/24"。打开网络浏览器，访问需要登录设备的 IP 地址"https://10.3.0.1:8443"。

在登录界面输入管理员的用户名"fwadmin"和密码"Myadmin@123"，单击"登录"按钮，进入 Web 界面，管理员配置成功。

输入 IP 地址登录后，浏览器会给出证书不安全的提示，此时可以选择继续浏览，然后在登录界面单击"下载根证书"按钮，并导入管理员 PC 的浏览器，下次登录就不会出现警告提示了。

1.3.5 拓展知识

1. 网络安全

网络安全是一种保护计算机、服务器、移动设备、电子系统、网络和数据免受恶意攻击的措施，也称为信息技术安全或电子信息安全。网络安全适用于从业务到移动计算的各种环境，并且可以分为几个常见类别。

● 网络安全是一种使计算机网络免受入侵（无论是目标攻击还是机会性恶意软件）的保护方法。

● 应用程序安全性致力于使软件和设备免受威胁。受到威胁的应用程序可能会提供对其设计保护的数据的访问权限。成功的安全性始于设计阶段，即在部署程序或设备之前就有安全防护。

● 信息安全性可以在存储和传输过程中保护数据的完整性和隐私性。

● 操作安全性包括处理和保护数据资产的流程和决策。用户访问网络时所具有的权限以及确定如何存储数据和在何处存储或共享数据的过程都属于此保护范围。

● 灾难恢复和业务连续性定义了组织如何应对网络安全事件或任何其他导致运营或数据丢失的事件。灾难恢复策略指示组织如何还原其操作和信息以使其恢复到与安全事件前相同的操作容量。业务连续性是组织在没有某些资源的情况下尝试运行时要依靠的计划。

● 最终用户教育解决了最不可预测的网络安全因素——人。任何人都可能会由于不遵循良好的安全规范而意外地将病毒引入到本来安全的系统中。因此，教会用户删除可疑的电子邮件附件及不插入未识别的 USB 驱动器，以及其他重要的安全防护课程对于任何组织的网络安全防护来说都是至关重要的。

全球网络安全威胁日益严重，每年发生的数据泄露事件数不胜数。Risk Based Security 的一份报告显示，仅在 2019 年的前 9 个月，就有 79 亿条记录被泄露。这个数字是 2018 年同期遭泄露的记录数量的两倍以上。其中医疗服务、零售商和公共实体遭受的破坏最多，犯罪分子制造了大多数数据泄露事件，他们大肆收集金融和医疗数据，让所有使用网络的企业都成为企业间谍或黑客攻击的目标。随着网络威胁规模的持续增加，国际数据公司（International Data Corporation）预测，到 2022 年，全球在网络安全解决方案上的支出将达到 1337 亿美元。为应对这一问题，国际各组织实施了有效的网络安全实践。在美国，美国国家标准技术研究院（NIST）创建了一个网络安全框架。为了及早发现并抵制恶意代码的扩散，该框架建议对所有电子资源进行连续实时的监控。系统监控的重要性在英国政府国家网络安全中心提供的"网络安全的十个步骤"中得到了回应。在澳大利亚，澳大利亚网络安全中心（ACSC）定期发布有关组织如何应对最新网络安全威胁的指南。

网络安全面临的威胁主要来自以下 3 个方面：
● 网络犯罪，包括针对系统以获取经济利益或造成破坏的单个行为者或群体。
● 网络攻击，通常涉及出于政治动机的信息收集。
● 网络恐怖主义，旨在破坏引起恐慌或恐惧的电子系统。
那么，恶意行为者如何获得对计算机系统的控制？

2. 恶意软件

最常见的网络威胁之一是恶意软件，它是网络犯罪分子或黑客创建的用于破坏合法用户计算机的软件。恶意软件通常通过未经请求的电子邮件附件或看上去合法的下载进行传播，网络犯罪分子可能会利用恶意软件来赚钱或出于政治动机进行网络攻击。

恶意软件主要包括以下类型。
● 病毒：一种自我复制程序，可将其自身附加到干净文件并传播到整个计算机系统，并用恶意代码感染文件。
● 木马： 一种伪装成合法软件的恶意软件。网络犯罪分子诱使用户将特洛伊木马下载到他们的计算机上，从而造成系统破坏或数据泄露。
● 间谍软件：是一种可以秘密记录用户操作的程序，网络罪犯利用此获取用户信息。例如，间谍软件可以捕获信用卡详细信息。
● 勒索软件：它锁定用户的文件和数据，并且有可能擦除这些文件和数据，以此威胁用户支付赎金。
● 广告软件：可用于传播恶意软件。
● 僵尸网络： 被恶意软件感染的计算机网络，网络犯罪分子可在未经用户许可的情况下通过该网络在线执行任务。

3. SQL 注入

结构查询语言（Structure Query Language，SQL）注入是一种网络攻击类型，用于控制和窃取数据库中的数据。网络罪犯利用数据驱动应用程序中的漏洞，通过恶意 SQL 语句将恶意代码插入数据库，以达到访问数据库中包含的敏感信息的目的。

网络钓鱼，是网络犯罪分子通过发送给合法机构大量看似合法实则带有欺骗性的垃圾邮件，来引诱收到邮件的机构给出其敏感、机密信息的一种攻击方式。网络钓鱼攻击通常被用来欺骗人们交出信用卡数据和其他个人信息。

中间人攻击是一种网络威胁，即网络犯罪分子通过拦截两个人之间的通信来窃取数据。例如，在不安全的 Wi-Fi 网络上，攻击者可以拦截从受害者设备和网络传递的数据。

拒绝服务攻击，是网络犯罪分子通过淹没网络和服务器的流量来阻止计算机系统满足合法请求的攻击。其会造成系统无法使用，从而阻止组织执行重要功能。

最终用户保护或端点安全是网络安全的关键方面。毕竟，通常是个人（最终用户）意外地将恶意软件或其他形式的网络威胁上传到其台式计算机、笔记本电脑或移动设备。那么，网络安全措施如何保护最终用户和系统？

首先，网络安全依赖于加密协议来加密电子邮件、文件和其他关键数据。这不仅可以保护传输中的信息，还可以防止信息丢失或被盗。

其次，最终用户安全软件会扫描计算机中的恶意代码段、隔离该代码，然后将其从计算机中删除。安全程序甚至可以检测和删除隐藏在主启动记录中的恶意代码，并且可以对计算机硬盘驱动器中的数据进行加密或擦除。

此外，电子安全协议还专注于实时恶意软件的检测。许多人使用启发式和行为分析来监视程序及其代码的行为，以防御随着每次执行而改变其形状的病毒或特洛伊木马（多态和变态恶意软件）。安全程序可以将潜在的恶意程序限制在与用户网络分离的虚拟气泡中，以分析其行为并了解如何更好地检测新感染。

随着网络安全专业人员发现新的威胁和新的应对方法，安全计划继续发展新的防御措施。为了充分利用最终用户安全软件，需要对员工进行培训。至关重要的是，保持最终用户安全软件的运行和频繁更新可确保它保护用户免受最新的网络威胁。

企业和个人如何防范网络威胁？

●更新软件和操作系统：这意味着用户将从最新的安全补丁程序中受益。

●使用防病毒软件：卡巴斯基全方位安全软件等安全解决方案将检测并消除威胁，保持软件更新以获得最佳保护水平。

●使用强密码：确保用户密码不容易被猜中。

●不要打开来自未知发件人的电子邮件附件：这些附件可能已感染恶意软件。

●不要单击来自未知发件人或陌生网站的电子邮件中的链接：这是恶意软件传播的一种常见方式。

●避免在公共场所使用不安全的 Wi-Fi 网络：不安全的网络容易使用户受到中间人的攻击。

任务 2　搭建部门网络

随着信息化进程的加快，网络技术的应用已经深入到我们的工作当中，而企业部门网络的搭建是网络应用于工作的基础。部门网络是最小局域网组织单元，通过相同的 VLAN 通信、VLAN 间通信、端口与 MAC 地址绑定等技术实现部门内人员通信与资源共享，保障企业日常功能部门正常运行。部门网络的搭建是组建企业复杂网络的基础，是进行策略规范的控制粒度。

2.1　部门子网规划

2.1.1　理论基石

1. 基本概念

IP 地址是用来分配给连接到网络的每个设备的位置标签，它能够使连接到网络中的所有设备实现相互通信。

2. 发展历史

到目前为止，网络通信协议的发展共经历了两个版本的更迭。一是 1983 年，在 ARPANET（Internet 的前身）中首次部署的 Internet 协议版本 4（IPv4）。二是到 20 世纪 90 年代初，由于可分配给 ISP 和最终用户组织的 IPv4 地址空间迅速耗尽，这促使因特网工程任务组（Internet Engineering Task Force，IETF）探索新技术以扩展 Internet 的寻址能力，结果是对 Internet 协议进行了重新设计，1995 年，将该协议定为 Internet 协议版本 6（IPv6）。

3. IP 地址的格式

计算机读取形态：IP 地址分为 4 组，8bit（8 个二进制位）一组，4 个组共 32 个二进制位。

11010010.01001001.10001100.00000110

便于人记忆的显示形态：把每组的二进制数写成十进制数。

```
210.73.140.6
```

IP 地址的组成包括以下两个部分：

①网络部分：用于区分不同的网段。

②主机部分：可用于分配给当前网段中的某台终端。

4. 地址分类

（1）IP 地址按网络号和主机号来分，可分为 A、B、C、D、E 五类及特殊地址，其中 A、B、C 三类地址主要供普通的网络设备使用，D 类地址为组播地址，E 类地址仅供 Internet 实验和开发使用；而特殊地址，被固定使用在特殊的功能和服务上。各类 IP 地址所表示的范围如下：

A 类地址：1.0.0.0~126.255.255.255。

B 类地址：128.0.0.0~191.255.255.255。

C 类地址：192.0.0.0~223.255.255.255。

D 类地址：224.0.0.~239.255.255.255。

E 类地址：240.0.0.0~255.255.255.254（不要求）。

特殊地址：0.0.0.0、255.255.255.255、127.0.0.0~127.255.255.255。

（2）IP 地址按用途和安全性级别的不同，大致可分为公有地址和私有地址两类。私有地址就是为解决在 IPv4 下 IP 地址不够用而产生的。目前 IPv4 技术可使用的 IP 地址最多可有 4 294 967 296 个（即 2^{32}）。看上去像很难会用尽，但由于早期编码和分配的问题，很多区域的编码实际上被空出或不能使用。随着人们生活水平的提高及互联网的快速发展，大部分家庭都至少拥有一台计算机，再加上企业用计算机，以及连接网络的各种设备都消耗了大量的 IPv4 地址资源，至 2011 年 2 月 3 日，IPv4 的 42 亿多个地址几乎被消耗殆尽。

在这样的背景下，相应的科研组织不久后研究出 128 位的 IPv6，其 IP 地址数量最高可达 $3.402\ 823\ 669 \times 10^{38}$ 个。这意味着，每个家庭中的每个电器和其他物件，甚至地球上的每一粒沙子都可以拥有自己的 IP 地址。

5. 子网划分

子网掩码（Subnet Mask）又叫网络掩码、地址掩码，由 32bit 等分为 4 个部分组成。子网掩码是一种用来指明一个 IP 地址的哪些位标识的是主机所在的子网，哪些位标识的是主机的位掩码。子网掩码不能单独存在，必须结合 IP 地址一起使用。简单来说，子网掩码只有一个作用，即将某个 IP 地址划分成网络地址和主机地址两部分。

默认情况下 A、B、C 类地址子网掩码，A 类前一位为 0，B 类前两位为 10（其他位任意），C 类前三位为 110（其他位任意），D 类前四位为 1110（其他位任意），E 类前五位为 11110（其他位任意），127 和 0 开头的为特殊地址。

A、B、C 类地址默认子网掩码如下：

A 类地址的子网掩码为 255.0.0.0。

B 类地址的子网掩码为 255.255.0.0。

C 类地址的子网掩码为 255.255.255.0。

6. 子网掩码的表示方式

255.255.255.0 换算成二进制数为 11111111.11111111.11111111.00000000，其中 "1" 表示网络位，"0" 表示主机位。

为了简化子网掩码的书写，可以将 255.255.255.0 写成 "/24"，即从左边算起一共有多少个 1。

网络号或称为子网号，是用来标识某台主机所在的网段。通常它是该网段开始的第一个地址。例如 C 类地址中，192.168.0.0/24 的子网号就是 192.168.0.0。

7. 广播地址

广播地址（Broadcast Address）是专门用于同时向网络中所有主机发送消息的一个地址。通常它是该网段的最后一个地址。例如 C 类地址中，192.168.0.0/24 的广播地址是 192.168.0.255。

主机地址，也称为可用主机地址，即网段中除了被网络号和广播地址使用的地址外的所有地址。

8. 有类 & 无类 IP 地址

有类（主类）IP 地址：主要分为 A、B、C 类，每类有固定的掩码。

无类 IP 地址：无论哪种类型的 IP 地址都没有固定掩码。

9. VLSM & CIDR

可变长子网掩码（Variable Length Subnet Mask，VLSM）规定了如何在一个进行了子网划分的网络中的不同部分使用不同的子网掩码。有类域间路由是不可以通过延长子网掩码来缩短可分配的主机数的。A、B、C、D、E 属于有类路由。有类路由的子网掩码是固定的，无法更改。

无类域间路由选择（Classless Inter-Domain Routing，CIDR）是基于 VLSM 进行任意长度的前缀分配的。CIDR 可以进行前缀路由聚合。

10. 常用的计算公式

（1）能够支持多少个子网？

公式：子网数 $=2^{a-b}$

比如，192.168.1.0/24 能够分配多少个 /29 子网掩码的网段？

$32=2^{29-24}$

可见，能够支持 32 个子网。

（2）能够支持多少台可用主机？

公式：

可用主机数 $=2^y-2$

y= 当前主机位可变的位数

比如，192.168.1.0/28，主机位掩码为 1111 0000。

$2^4-2=14$

可见，能够支持 14 台主机。

（3）块大小是什么？如何使用块大小快速计算？

块大小等于子网中最大的地址数量，通过使用块大小可以加速 IP 地址的计算。

二进制位：　　　　1 1 1 1 1 1 1 1

对应的十进制数：128 64 32 16 8 4 2 1

/25–>1000 0000–> 主机位为 $2^7=128$–>256–128=128

/26–>1100 0000–> 主机位为 $2^6=64$–>256–64=192

/27–>1110 0000–> 主机位为 $2^5=32$–>256–32=224

/28–>1111 0000–> 主机位为 $2^4=16$–>256–16=240

/29–>1111 1000–> 主机位为 $2^3=8$–>256–8=248

/30–>1111 1100–> 主机位为 $2^2=4$–>256–4=252

/31–>1111 1110–> 主机位为 $2^1=2$–>256–2=254

/32–>1111 1111–> 主机位为 $2^0=1$–>256–1=255

2.1.2　任务目标

- 理解 IP 地址的分类。
- 理解 IP 地址子网掩码的作用。
- 掌握子网划分的方法。

2.1.3　理论知识练习

1. 完成下面相关的测试题

（1）下列哪项是合法的 IP 主机地址？（　　）

A.127.2.3.5　　　　　　　　　　　　B.1.255.255.2/24

C.255.23.200.9　　　　　　　　　　 D.192.240.150.255/24

（2）192.168.1.0/24 使用掩码 255.255.255.240 划分子网，其可用子网数为（　　），每个子网内可用主机地址数为（　　）。

A.14　14　　　　B.16　14　　　　C.254　6　　　　D.14　62

（3）子网掩码为 255.255.0.0，下列哪个 IP 地址在不同的网段中？（　　）。

A.172.25.15.201　　　　　　　　　　B.172.25.16.15

C.172.16.25.16　　　　　　　　　　 D.172.25.201.15

（4）B 类地址子网掩码为 255.255.255.248，则每个子网内的可用主机数为（　　）。

A.10　　　　　　B.8　　　　　　　C.6　　　　　　　D.4

（5）对于 C 类 IP 地址，子网掩码为 255.255.255.248，则能提供子网的数量为（　　）。

  A.16   B.32   C.30   D.128

（6）3 个网段 192.168.1.0/24、192.168.2.0/24、192.168.3.0/24 能会聚成下面哪一个网段？（　　）。

  A.192.168.1.0/22   B.192.168.2.0/22

  C.192.168.3.0/22   D.192.168.0.0/22

（7）IP 地址 219.25.23.56 的默认子网掩码有几位？（　　）

  A.8   B.16   C.24   D.32

（8）规划一个 C 类网络，需要将网络分为 9 个子网，每个子网最多 15 台主机，下列哪个是合适的子网掩码？（　　）

  A.255.255.224.0   B.255.255.255.224

  C.255.255.255.240   D.没有合适的子网掩码

（9）某公司申请到一个 C 类地址，但是要连接 6 个子公司，最大的一个子公司有 26 台计算机，每个子公司在一个网段中，则子网掩码应设为（　　）。

  A.255.255.255.0   B.255.255.255.128

  C.255.255.255.192   D.255.255.255.224

（10）网络地址为 154.27.0.0 的网络若不进行子网划分，能支持多少台主机？

（11）某公司申请到一个 C 类 IP 地址，但要连接 9 个子公司，最大的一个子公司有 12 台计算机，每个子公司在一个网段中，则子网掩码应设为多少？

（12）一个 C 类子网的掩码为 255.255.255.252，则该 C 类地址共划分的子网数为多少？每个子网中的可用主机数是多少？

（13）IP 地址为 172.188.165.1/20，则网络号、子网掩码、子网个数、可用主机数分别是多少？

（14）IP 地址为 202.186.100.173，子网掩码为 255.255.255.192，则该地址的网络号是多少？

（15）IP 地址为 172.106.255.255/23，请问该地址是否可以分配给主机使用？

2.2 部门内网络通信

2.2.1 理论基石

早期的局域网技术是基于总线型结构的，它主要存在以下问题：

若某时刻有多个节点同时试图发送消息，那么它们将产生冲突。从任意节点发出的消息都会被发送到其他节点，形成广播。所有主机共享一条传输通道，无法控制网络中的信息安全。这种网络构成了一个冲突域。而网络中计算机数量越多，冲突越严重，网络效率越低。同时，该网络也是一个广播域，当网络中发送信息的计算机数量越多时，广播流量将会耗费大量带宽。因此，传统局域网不仅面临冲突域太大和广播域太大两大难题，而且无法保障传输信息的安全性。

为了扩展传统局域网，以接入更多计算机，同时避免冲突恶化，出现了网桥和二层交换机，它们能有效隔离冲突域。网桥和交换机采用交换方式将来自入端口的信息转发到出端口，克服了共享网络中存在的冲突问题。但是，采用交换机进行组网时，广播域和信息安全问题依旧存在。

为限制广播域的范围，减少广播流量，需要在没有二层互访需求的主机之间进行隔离。路由器是基于三层IP地址信息来选择路由和转发数据的，其连接两个网段时可以有效抑制广播报文的转发，但成本较高。因此，人们设想在物理局域网上构建多个逻辑局域网，即VLAN。

1. VLAN

VLAN将局域网设备从逻辑上划分成一个个网段，实现在同一台交换机上隔离网段。VLAN技术可应用于交换机和路由器中，但主要是在交换机中使用。VLAN工作在OSI模型的第二层和第三层，不同的VLAN之间划分不同的广播域，两个VLAN之间的通信需要通过三层路由进行转发。VLAN工作示意图如图2-1所示。

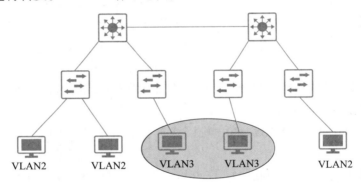

图2-1　VLAN工作示意图

VLAN具有许多优点：

● 划分网络。VLAN可以将网络中相互通信最频繁的主机进行分组，而不管其物理位置如何。每组的流量主要包含在VLAN中，从而减少了不必要的流量泛洪整个网络，影响交换机的传输效率。

● 可提高性能。通过限制整个网络中的节点到节点和广播流量来释放带宽。

● 增强了网络安全性。创建只能通过路由器跨越的虚拟边界。因此，可以使用基于路由器的标准安全措施来限制对VLAN的访问。

2. VLAN分类

（1）静态VLAN。静态VLAN也称为基于端口的VLAN，是目前最常见的VLAN实现方式。静态VLAN就是指明交换机的某个端口属于哪个VLAN，需要手动配置，当主机连接到交换机端口上，主机就被分配到了对应的VLAN中。

（2）动态VLAN。动态VLAN的实现方法很多，目前最普遍的方法是基于MAC地址的动态VLAN。基于MAC地址的动态VLAN，是根据主机的MAC地址自动将其指派到指定的VLAN中。这种方法的最大优点是，当用户物理移位时，即从一个交换机移到其他交换机时，所对应的VLAN不变。这种方法的缺点是初始化时需要对所有用户进行配置，如果用户多的话，这种配置方法会非常不方便，无法适用于大型局域网。

VLAN数据包处理流程：

● 当数据包没有携带任何VLAN标签进入交换机，则该数据会被打上该端口的默认VLAN标签。默认情况下，交换机端口均属于VLAN 1。

● 如果数据包携带VLAN标签，则该数据包需要符合端口的VLAN划分规则，才被允许进入；如果端口属于Trunk端口模式，则数据包不受该端口的默认VLAN标签的影响，保留其VLAN标签信息，数据包原封不动进入交换机，然后发送到具有相同VLAN标签的其他端口。

● 如果带有VLAN标签的数据通过某个端口进入交换机时，该数据的标签与端口标签的VLAN不是一个VLAN分组，则该数据包将被丢弃。

● 离开交换机的数据包，根据出端口所属的VLAN附加标签。

3. 交换机端口模式

（1）交换机端口模式的类型

华为交换机的端口模式有三种：Access、Trunk和Hybrid。其中，Access、Trunk端口模式和Cisco交换机的端口模式一样，Hybrid端口是华为设备特有的端口模式，其和Trunk端口的相同之处是都允许多个VLAN的流量通过并打标签，不同之处在于Hybrid端口可以允许多个VLAN的报文发送时不打VLAN标签。关于这3种端口模式，下面进行详细介绍。

① Access端口模式。Access端口必须加入某一VLAN（默认情况下，所有端口属于VLAN1），对交换机而言，Access端口模式下端口只能允许一个VLAN流量通行，数据包进入交换机打上该VLAN标签，数据包离开交换机把VLAN标签去掉，该端口主要用于连接PC、服务器等终端设备。

② Trunk端口模式。Trunk端口默认允许所有VLAN通行（用于承载多个VLAN通行），且对每个VLAN通过时打不同标签加以区分。Trunk端口主要用于连接交换机、路由器（单臂路由）等设备。

③ Hybrid端口模式。华为交换机端口默认为Hybrid端口模式（Cisco交换机默认为Access端口模式），其既可以实现Access端口的功能，也可以实现Trunk端口的功能，其可以在没有三层网络设备（路由器、三层交换机）的情况下实现跨VLAN通信和访问控制。当然，Hybrid端口模式也有其局限性，就是各个VLAN中的IP地址都属于同一网段，否则，仍然需要通过三层网络设备来进行通信。相对于Access端口和Trunk端口，Hybrid端口具有更高的灵活性与可控性。

（2）交换机端口模式的作用

Access 和 Trunk 端口模式是在 Cisco 设备中就有的概念，其作用与特性完全和华为设备一致，所以关于这两个端口模式的作用此处就不赘述了，下面重点介绍 Hybrid 端口模式的作用。

Hybrid 端口模式的作用主要有以下两个：

①流量隔离：Hybrid 端口本身拥有强大的访问控制能力，通过对端口的配置可以隔离来自同一个 VLAN 的流量，也可以隔离来自不同 VLAN 的流量。

②流量互通：Hybrid 端口可以使不同的 VLAN 之间在二层实现通行。Cisco 交换机设备需要借助三层网络设备才能实现不同 VLAN 之间的通信。总的来说，所涉及的网络层次越高，效率越低。因此，二层的解决方案永远比三层的解决方案要好，因为二层的效率要高于三层。

4. 管理 VLAN

管理 VLAN 是包含在常规网络中的较小的网络。使用管理 VLAN 的主要好处是可以提高网络安全性。当所有管理流量都位于单独的 VLAN 上时，未经授权的用户很难更改该网络或监视网络流量。

使用管理 VLAN 另一个潜在的好处是，管理 VLAN 通过为用户提供访问网络的单独路径，可以帮助用户最大限度地减少广播风暴对其他 VLAN 的影响。

在支持管理 VLAN 的 Netgear 设备上，管理 VLAN 的本地 VLAN 或默认 VLAN 也是 VLAN 1。默认情况下，所有端口都是默认 VLAN 的成员。为了确保管理 VLAN 的安全，只能将其用于控制和管理网络设备。因此，用户必须限制对管理 VLAN 的访问，并配置其他 VLAN 以承载所有常规网络流量。

如果用户决定限制对管理 VLAN 的访问，特别是使用访问控制列表（Access Control List，ACL）对其进行的访问，那么务必要确保所使用的计算机或设备是 VLAN 成员，并将其 MAC 地址添加到 ACL（如果适用），或者用户必须从允许的设备登录，否则将无法访问交换机的管理功能。如果无法登录允许的设备，则必须将开关重置为出厂默认设置才能重新获得管理访问权限。

2.2.2 任务目标

- 理解 VLAN 的作用。
- 理解交换机端口模式的工作原理。
- 掌握 VLAN 的配置和管理。

2.2.3 任务规划

1. 任务描述

部门网络是企业网络的重要组成部分，是企业内部网络的核心。而要实现部门网络通信，就要实现单区域多台计算机的信息沟通与资源共享等功能。利用 VLAN 技术可以实现对部门网络的规划。一个 VLAN 对应一个部门,相同部门通信就是实现单 VLAN 内通信。根据图 2-2 所示,在 LSW1 和 LSW2 上创建对应的 VLAN10 和 VALN20,分别把 PC1 和 PC3 划分到 VALN10,把 PC2 和 PC4 划分到 VALN20,然后使用 ping 命令进行连通性测试。

2. 实验拓扑(见图 2-2)

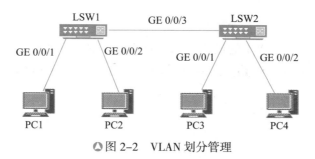

▲图 2-2　VLAN 划分管理

2.2.4　实践环节

1. 交换机基础配置

在交换机 LSW1 上执行 system-view 命令进入配置模式,修改设备的显示名称。然后利用 batch 命令批量创建多个 VLAN。代码如下:

```
<HUAWEI> system-view
[HUAWEI] sysname LSW1
[LSW1] vlan batch 10 20
```

2. 基于端口划分 VLAN

进入端口模式,执行 port link-type 命令修改端口的模式,执行 port default 命令修改端口的默认 VLAN。代码如下:

```
[LSW1] interface gigabitethernet 0/0/1
[LSW1-GigabitEthernet0/0/1] port link-type access
[LSW1-GigabitEthernet0/0/1] port default vlan 10
[LSW1-GigabitEthernet0/0/1] quit
[LSW1] interface gigabitethernet 0/0/2
[LSW1-GigabitEthernet0/0/2] port link-type access
[LSW1-GigabitEthernet0/0/2] port default vlan 20
[LSW1-GigabitEthernet0/0/2] quit
```

3. 配置 Trunk 端口

将 LSW1 和 LSW2 之间的端口配置为 Trunk 端口模式,并允许 VLAN 10 和 VLAN 20 通行。然后,执行 port trunk allow-pass 命令,设置该 Trunk 端口允许哪些 VLAN 通行;执行 port trunk pvid 命令,设置该端口模式的 VLAN 标签。代码如下:

```
[LSW1]interface GigabitEthernet 0/0/3
[LSW1-GigabitEthernet0/0/3]port link-type trunk
[LSW1-GigabitEthernet0/0/3]port trunk allow-pass vlan 10 20
[LSW1-GigabitEthernet0/0/3]port trunk pvid vlan 1
[LSW1-GigabitEthernet0/0/3]quit
```

4. 配置 LSW2

在 LSW2 上重复配置 LSW1 的操作，创建对应的 VLAN，把相应的端口划分到指定的 VLAN 中，在连接了 LSW1 的链路上启用 Trunk 端口模式，并允许 VLAN10 和 VLAN20 通行。代码如下：

```
<HUAWEI> system-view
[HUAWEI] sysname LSW2
[LSW2] vlan batch 10 20
[LSW2] interface gigabitethernet 0/0/1
[LSW2-GigabitEthernet0/0/1] port link-type access
[LSW2-GigabitEthernet0/0/1] port default vlan 10
[LSW2-GigabitEthernet0/0/1] quit
[LSW2] interface gigabitethernet 0/0/2
[LSW2-GigabitEthernet0/0/2] port link-type access
[LSW2-GigabitEthernet0/0/2] port default vlan 20
[LSW2-GigabitEthernet0/0/2] quit
[LSW2]interface GigabitEthernet 0/0/3
[LSW2-GigabitEthernet0/0/3]port link-type trunk
[LSW2-GigabitEthernet0/0/3]port trunk allow-pass vlan 10 20
[LSW2-GigabitEthernet0/0/3]port trunk pvid vlan 1
[LSW2-GigabitEthernet0/0/3]quit
```

5. 检查 VLAN 配置

查看 VLAN 的相关信息及端口划分情况。代码如下：

```
[LSW1]display vlan
The total number of vlans is : 3
--------------------------------------------------------------------------
U: Up;          D: Down;            TG: Tagged;         UT: Untagged;
MP: Vlan-mapping;                   ST: Vlan-stacking;
#: ProtocolTransparent-vlan;        *: Management-vlan;
--------------------------------------------------------------------------
VID Type  Ports
--------------------------------------------------------------------------
1   common UT:GE0/0/3(U)    GE0/0/4(D)    GE0/0/5(D)    GE0/0/6(D)
              GE0/0/7(D)    GE0/0/8(D)    GE0/0/9(D)    GE0/0/10(D)
              GE0/0/11(D)   GE0/0/12(D)   GE0/0/13(D)   GE0/0/14(D)
              GE0/0/15(D)   GE0/0/16(D)   GE0/0/17(D)   GE0/0/18(D)
```

```
                   GE0/0/19(D)  GE0/0/20(D)  GE0/0/21(D)  GE0/0/22(D)
                   GE0/0/23(D)  GE0/0/24(D)
10   common  UT:GE0/0/1(U)
              TG:GE0/0/3(U)
20   common  UT:GE0/0/2(U)
              TG:GE0/0/3(U)
VID  Status     Property     MAC-LRN Statistics Description
--------------------------------------------------------------------
1    enable default    enable disable    VLAN 0001
10   enable default    enable disable    VLAN 0010
20   enable default    enable disable    VLAN 0020
```

6. 检查 Trunk 启用配置

查看 VLAN 中包含的端口信息,该端口当前的链路类型为 "trunk",链路的默认 VLAN 标签为 "1",允许通行的 VLAN 有 "10" 和 "20",通过该端口出去的流量只有 VLAN1 不打标签,VLAN 10 和 VLAN 20 都需要打上对应的 VLAN 标签。代码如下:

```
[LSW1]display port vlan GigabitEthernet 0/0/3 active
T=TAG U=UNTAG
--------------------------------------------------------------------
Port          Link Type    PVID    VLAN List
--------------------------------------------------------------------
GE0/0/3       trunk        1       U:1
                                   T:10 20
```

7. 客户端测试

配置完成后,在 PC1 上执行 ping 命令测试客户端间的通信,此处显示同一个 VLAN 的客户端才能相互通信。代码如下:

```
C:\>ping 192.168.10.2
正在 Ping 192.168.10.2 具有 32 字节的数据:
来自 192.168.10.1 的回复:无法访问目标主机。
来自 192.168.10.1 的回复:无法访问目标主机。
来自 192.168.10.1 的回复:无法访问目标主机。
来自 192.168.10.1 的回复:无法访问目标主机。
192.168.10.2 的 Ping 统计信息:
  数据包:已发送 = 4,已接收 = 4,丢失 = 0 (0% 丢失),
C:\>ping 192.168.10.3
正在 Ping 192.168.10.3 具有 32 字节的数据:
来自 192.168.10.3 的回复:字节 =32 时间 =3ms TTL=255。
来自 192.168.10.3 的回复:字节 =32 时间 =5ms TTL=255。
来自 192.168.10.3 的回复:字节 =32 时间 =2ms TTL=255。
来自 192.168.10.3 的回复:字节 =32 时间 =5ms TTL=255。
192.168.10.3 的 Ping 统计信息:
```

数据包：已发送 = 4，已接收 = 4，丢失 = 0（0% 丢失），
往返行程的估计时间（以毫秒为单位）：
最短 = 2ms，最长 = 5ms，平均 = 3ms

2.2.5 拓展知识

1.VLAN 聚合

VLAN 聚合（VLAN Aggregation，也称 Super VLAN），指在一个物理网络内，通过使用多个 VLAN 隔离广播域，并将这些子 VLAN 合并成一个逻辑超级 VLAN 来共同使用同一个 IP 子网和默认网关，进而达到节约 IP 地址资源的目的。

交换网络中，VLAN 技术以其对广播域的灵活控制和部署方便而得到了广泛的应用。但是在一般的三层交换机中，通常是采用一个 VLAN 对应一个 VLANIF 接口的方式实现广播域之间的互通，这在某些情况下导致了 IP 地址的浪费。因为一个 VLAN 对应的子网中，子网号、广播地址、默认网关地址均不能用作 VLAN 内的主机 IP 地址，且子网中实际接入的主机可能少于编址数，多出来的 IP 地址也会因为不能再被其他 VLAN 使用而被浪费掉。

例如，如图 2-3 所示，VLAN10 预计未来有 10 个主机地址的需求，但按编址方式至少需要给其分配一个掩码长度是 28 的子网 192.168.1.0/28，其中 192.168.1.0 为子网号，192.168.1.15 为广播地址，192.168.1.14 为网关地址，这 3 个地址都不能用作主机地址，剩下范围在 192.168.1.1~192.168.1.13 的地址可以被主机使用，共 13 个。

这样，VLAN10 子网至少存在 3 个空闲 IP 地址，两个 VLAN 子网一起最少存在 6 个空闲 IP 地址。同时，VLAN10 子网实际地址需求只有 10 个，剩余的 3 个也不能再被其他 VLAN 使用。可见，网络中的 VLAN 越多，空闲的 IP 地址也就越多。

针对这个问题，可以使用 VLAN 聚合技术予以解决。VLAN 聚合技术通过划分超级 VLAN 和子 VLAN 的两种不同的功能 VLAN，将每个子 VLAN 划分到一个广播域，然后将多个子 VLAN 关联到同一个超级 VLAN，此时只需要给超级 VLAN 分配一个 IP 网段并同时共用同一个网关地址，就避免了不必要的地址成为子网号、子网广播地址、子网网关地址而造成的浪费现象。

2. GVRP

通用属性注册协议（Generic Attribute Registration Protocol，GARP）主要用于建立一种属性传递扩散机制，以保证协议实体能够注册和注销该属性。将 GARP 报文的内容映射成不同的属性即可支持不同上层协议应用。

在 IEEE Std 802.1Q 中，将 01-80-C2-00-00-21 分配给 VLAN 应用，即通用 VLAN 注册协议（Generic VLAN Registration Protocol，GVRP）。GVRP 是 GARP 的一种应用，用于注册和注销 VLAN 属性。GARP 通过目的 MAC 地址区分不同的应用。

为网络中的所有设备都配置 VLAN，需要网络管理员在每台交换机设备上分别进行手动添加。如图 2-4 所示，SW1 上有 VLAN10、VLAN20、VLAN30，SW2 和 SW3 上只有 VLAN1，三台设备通过 Trunk 链路连接在一起。为了使 SW1 上所有 VLAN 的报文可以传

送到 SW3，网络管理员必须在沿途的所有交换机上创建对应的 VLAN，否则数据包在进入交换机后，若没有对应的 VLAN 存在，会将该数据帧丢弃。所以，要想实现将 SW1 上所有 VLAN 的报文传送到 SW3，需要分别在 SW2 和 SW3 上手动添加 VLAN2。

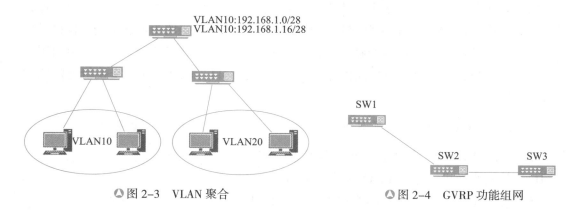

图 2-3　VLAN 聚合　　　　　　　　图 2-4　GVRP 功能组网

对于上面的组网情况，手动添加 VLAN 很简单。但在网络拓扑变得异常复杂，设备量非常多的情况下，人为的操作和管理难免会出现遗落和配置错误等问题。为了解决这个问题，可以通过部署 GVRP 实现 VLAN 自动注册功能，来完成 VLAN 的配置。

3. VCMP

VLAN 集中管理协议（VLAN Central Management Protocol，VCMP）是一个位于 OSI 参考模型第二层的通信协议，它提供了一种在二层网络中传播 VLAN 配置信息，并自动在整个二层网络中保证 VLAN 配置信息一致的功能。GVRP 只在接口上注册 VLAN，并不在数据库中创建 VLAN，所以通过 GVRP 注册的 VLAN 并不能通过接口划分指令把相应的接口划分到指定的 VLAN 中。GVRP 创建的是动态 VLAN，而 VCMP 创建的是静态 VLAN。VCMP 可实现 VLAN 的集中管理，其支持在服务器上创建、删除 VLAN 等操作，且这些操作会自动通知加入 VCMP 中的所有交换机，从而使这些交换机无须手动操作即可实现 VLAN 的创建、删除等同步动作，这样既减少了在多台交换机上修改同一个数据的工作量，也保证了修改的一致性。在交换网络中部署 VCMP 后，可实现 VLAN 的集中管理和维护，减少网络维护成本。

2.3　多部门网络通信

2.3.1　理论基石

在前面的两节中，我们介绍了如何基于端口划分 VLAN，并把相同部门的客户端划分到同一个 VLAN 中，掌握了同网段可以通信、跨网段不可以通信的学习内容。在本节，我们将讨论 VLAN 间路由在不同 VLAN 间的通信中所扮演的角色，为学习搭建更为复杂的网络铺路。

通常，每个 VLAN 都在自己的子网中，交换机主要在 OSI 模型的第二层运行，它们不检查逻辑地址。因此，默认情况下，位于不同 VLAN 上的用户节点无法通信。但在许多情况下，需要位于不同 VLAN 上的用户相互之间进行连接，这时可通过 VLAN 间路由来实现。

VLAN 间路由可以定义为通过网络实现路由器在不同 VLAN 之间转发流量的一种方式。如前所述，VLAN 在逻辑上将交换机划分为不同的子网，当路由器连接到交换机时，管理员可以配置路由器，以在交换机上配置的各个 VLAN 间转发流量。VLAN 中的用户节点将流量转发到路由器，然后路由器再将流量转发到目标网络，而与交换机上配置的 VLAN 无关。

1. 传统的 VLAN 间路由（见图 2-5）

在传统的 VLAN 间路由中，路由器通常使用多个端口连接到交换机，每个 VLAN 一个。路由器上的端口被配置为交换机上 VLAN 的默认网关。从交换机连接到路由器的端口在其相应的 VLAN 中配置为访问模式。

当用户节点向连接到其他 VLAN 的用户发送消息时，该消息将从其节点移动到访问端口，该访问端口连接到其 VLAN 上的路由器。路由器接收到数据包后，将检查数据包的目标 IP 地址，并使用目标 VLAN 的访问端口将其转发到正确的网络。由于路由器将 VLAN 信息从源 VLAN 更改为目标 VLAN，因此交换机可以将帧转发到目标节点。

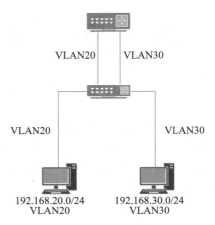

▲图 2-5 传统的 VLAN 间路由

在传统的 VLAN 间路由中，路由器必须具有与交换机上配置的 VLAN 数量一样多的 LAN 端口。因此，如果交换机具有 10 个 VLAN，则路由器应具有相同数量的 LAN 端口。

2. 单臂路由（Router-on-a-Stick）（见图 2-6）

在单臂路由中，路由器首先使用单个端口连接到交换机，然后在路由器的单个端口上配置多个 IP 地址对应交换机上的 VLAN，并接收来自所有 VLAN 的流量后，根据数据包中的源 IP 和目标 IP 确定目标网络。最后，该端口使用正确的 VLAN 信息将数据转发到交换机。

3. 三层交换机的 Inter-VLAN（见图 2-7）

现代企业的网络中很少使用"单臂路由"，因为它无法轻松扩展来满足要求。在大的网络中，网络管理员通常使用三层交换机来配置 VLAN 间路由，来满足大型企业对网络的高需求。

三层交换机是使用基于硬件的交换来实现比路由器更高的分组处理速率，因此，其通常在企业网络中被用于提供 VLAN 间路由。

三层交换机的功能包括：使用多个交换虚拟接口（Switch Virtual Inferface，SVI）从一个 VLAN 路由到另一个 VLAN；将二层交换端口转换为三层端口（路由端口类似于路由器上的物理接口）。

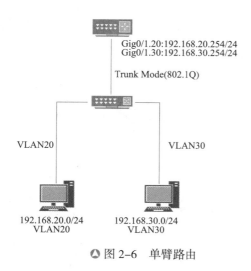
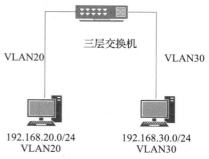

▲ 图 2-6 单臂路由 　　　　　　　▲ 图 2-7 三层交换机的 Inter-VLAN

2.3.2 任务目标

- 理解 VLAN 间路由的实现原理。
- 掌握传统 VLAN 间路由的工作方式和部署过程。
- 掌握单臂路由的工作方式和部署过程。
- 掌握三层交换机 VLAN 间路由的工作方式和部署过程。

2.3.3 任务规划

1. 任务描述

企业中部门之间的业务既有分别也有联系，因此在网络设置中既需要进行物理分离也需要实现必要的信息传递。一个 VLAN 代表一个部门，要实现跨部门通信就要实现不同 VLAN 的通信。实现跨部门通信的方式很多，不同的网络架构解决方案也不同。实验环境将介绍 3 种不同的方式实现跨部门通信，分别如图 2-8~图 2-10 所示。

2. 实验拓扑

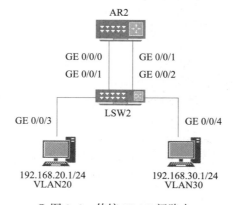

▲ 图 2-8 传统 VLAN 间路由

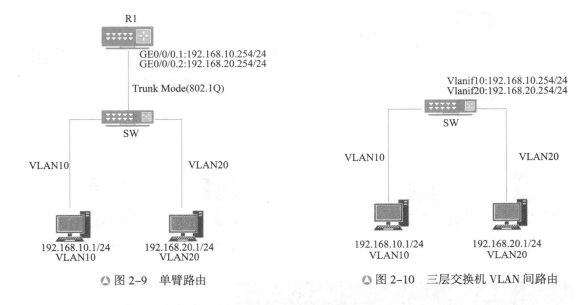

▲ 图 2-9 单臂路由　　　　　　　　▲ 图 2-10 三层交换机 VLAN 间路由

2.3.4 实践环节

1. 基于传统 VLAN 间路由网络架构实现跨部门通信

（1）在 LSW2 上创建 VLAN10 和 VLAN20，分别将客户端和连接路由器 AR2 的端口划分到对应的 VLAN。执行 port-group 命令同时操作多个端口。代码如下：

```
<Huawei>system-view
[Huawei]sysname LSW2
[LSW2]vlan 20
[LSW2-vlan20]vlan 30
[LSW2-vlan30]quit
[LSW2]port-group group-member GigabitEthernet 0/0/1 GigabitEthernet 0/0/3
[LSW2-port-group]port link-type access
[LSW2-GigabitEthernet0/0/1]port link-type access
[LSW2-GigabitEthernet0/0/3]port link-type access
[LSW2-port-group]port default vlan 10
[LSW2-GigabitEthernet0/0/1]port default vlan 20
[LSW2-GigabitEthernet0/0/3]port default vlan 20
[LSW2-port-group]quit
[LSW2]port-group group-member GigabitEthernet 0/0/2 GigabitEthernet 0/0/4
[LSW2-port-group]port link-type access
[LSW2-GigabitEthernet0/0/2]port link-type access
[LSW2-GigabitEthernet0/0/4]port link-type access
[LSW2-port-group]port default vlan 20
[LSW2-GigabitEthernet0/0/2]port default vlan 30
[LSW2-GigabitEthernet0/0/4]port default vlan 30
[LSW2-port-group]quit
```

（2）查看 VLAN 的相关信息及端口划分情况。代码如下：

```
[LSW2]display vlan
The total number of vlans is : 3
--------------------------------------------------------------------
U: Up;         D: Down;              TG: Tagged;      UT: Untagged;
MP: Vlan-mapping;                    ST: Vlan-stacking;
#: ProtocolTransparent-vlan;         *: Management-vlan;
--------------------------------------------------------------------
VID Type  Ports
--------------------------------------------------------------------
1   common UT:GE0/0/5(D)    GE0/0/6(D)     GE0/0/7(D)     GE0/0/8(D)
              GE0/0/9(D)    GE0/0/10(D)    GE0/0/11(D)    GE0/0/12(D)
              GE0/0/13(D)   GE0/0/14(D)    GE0/0/15(D)    GE0/0/16(D)
              GE0/0/17(D)   GE0/0/18(D)    GE0/0/19(D)    GE0/0/20(D)
              GE0/0/21(D)   GE0/0/22(D)    GE0/0/23(D)    GE0/0/24(D)
20  common UT:GE0/0/1(U)    GE0/0/3(U)
30  common UT:GE0/0/2(U)    GE0/0/4(U)
VID Status Property    MAC-LRN Statistics Description
--------------------------------------------------------------------
1   enable default     enable disable    VLAN 0001
20  enable default     enable disable    VLAN 0020
30  enable default     enable disable    VLAN 0030
```

（3）根据拓扑要求，在路由器连接交换机的端口上配置网络地址。代码如下：

```
<Huawei>system-view
[Huawei]sysname AR2
[AR2]interface GigabitEthernet 0/0/0
[AR2-GigabitEthernet0/0/0]ip add 192.168.20.254 24
[AR2-GigabitEthernet0/0/0]undo shutdown
Info: Interface GigabitEthernet0/0/0 is not shutdown.
[AR2-GigabitEthernet0/0/0]quit
[AR2]interface GigabitEthernet 0/0/1
[AR2-GigabitEthernet0/0/1]ip add 192.168.30.254 24
[AR2-GigabitEthernet0/0/1]quit
```

（4）查看端口相关信息、网络地址和端口状态等。代码如下：

```
<AR2>display ip interface brief
*down: administratively down
down: standby
(l): loopback
(s): spoofing
The number of interface that is UP in Physical is 3
The number of interface that is DOWN in Physical is 1
The number of interface that is UP in Protocol is 3
```

```
The number of interface that is DOWN in Protocol is 1
Interface                    IP Address/Mask      Physical    Protocol
GigabitEthernet0/0/0         192.168.20.254/24    up          up
GigabitEthernet0/0/1         192.168.30.254/24    up          up
GigabitEthernet0/0/2         unassigned           down        down
NULL0
```

2. 基于单臂路由网络架构实现跨部门通信

利用华为路由器单臂路由的配置原理，可以使同一交换机上不同 VLAN 之间实现通信。代码如下：

```
[SW]vlan batch 10 20
[SW]interface Ethernet0/0/2
[SW-Ethernet0/0/10]port link-type access
[SW-Ethernet0/0/10]port default vlan 10
[SW]interface Ethernet0/0/3
[SW-Ethernet0/0/10]port link-type access
[SW-Ethernet0/0/10]port default vlan 20
```

在路由器 R1 上配置子端口封装 VLAN 和网关地址。代码如下：

```
[R1]interface GigabitEthernet 0/0/0.1
[R1-GigabitEthernet0/0/0.1]dot1q termination vid 10
[R1-GigabitEthernet0/0/0.1]ip address 192.168.10.254 24
[R1]interface GigabitEthernet 0/0/0.2
[R1-GigabitEthernet0/0/0.2]dot1q termination vid 20
[R1-GigabitEthernet0/0/0.2]ip address 192.168.20.254 24
```

在子端口开启 ARP 广播（必须开启，否则端口无法接收 ARP 请求，进而导致通信失败）。代码如下：

```
[R1]interface g0/0/0.1
[R1-GigabitEthernet0/0/0.1]arp broadcast enable
[R1]interface g0/0/0.2
```

客户端测试：在客户端 192.168.10.1 上 ping 192.168.20.1，测试成功。

```
192.168.10.1 "ping 192.168.20.1"
```

3. 基于三层交换机 VLAN 间路由网络架构实现跨部门通信

利用华为路由器单臂路由的配置原理，使同一交换机上不同 VLAN 之间实现通信。代码如下：

```
[SW]vlan batch 10 20
[SW]interface GigabitEthernet0/0/2
[SW-GigabitEthernet0/0/2]port link-type access
[SW-GigabitEthernet0/0/2]port default vlan 10
```

```
[SW-GigabitEthernet0/0/2]interface GigabitEthernet0/0/3
[SW-GigabitEthernet0/0/2]port link-type access
[SW-GigabitEthernet0/0/2]port default vlan 20
[SW-GigabitEthernet0/0/2]interface Vlanif10
[SW-Vlanif10]ip address 192.168.10.254 255.255.255.0
[SW-Vlanif10]interface Vlanif20
[SW-Vlanif10]ip address 192.168.20.254 255.255.255.0
```

客户端测试：在客户端 192.168.10.1 上 ping 192.168.20.1，测试成功。

```
192.168.10.1 "ping 192.168.20.1"
```

2.4 绑定特定端口通信

2.4.1 理论基石

1. MAC 地址简介

MAC 地址也称为局域网地址（LAN Address）、MAC 位址、以太网地址（Ethernet Address）或物理地址（Physical Address）。它是一个用来确认网络设备位置的位址。在 OSI 模型中，第三层网络层负责 IP 地址，第二层数据链路层负责 MAC 地址。MAC 地址用于在网络中唯一标示一个网卡，一台设备若有一或多个网卡，则每个网卡都需要且有一个唯一的 MAC 地址。

MAC 地址也叫硬件地址，由网络设备制造商生产时烧录在网卡（Network Interface Card）的可擦可编程只读存储器（Erasable Programmable Read-Only Memory，EPROM）中。IP 地址与 MAC 地址在计算机里都是以二进制数表示的，IP 地址是 32 位，而 MAC 地址则是 48 位。

MAC 地址通常表示为 12 个十六进制数，如 00-16-EA-AE-3C-40 就是一个 MAC 地址，其中前 3 字节的十六进制数 00-16-EA 代表网络硬件制造商的编号，由电气电子工程师协会（Institute of Electrical and Electronics Enginners，IEEE）分配；而后 3 个字节的十六进制数 AE-3C-40 代表该制造商所制造的某个网络产品（如网卡）的系列号。只要不更改 MAC 地址，MAC 地址就是唯一的。形象地说，MAC 地址就如同身份证号码一样，具有唯一性。

MAC 地址体系结构如图 2-11 所示。

图 2-11 中各序号指示的内容含义如下。

①——6 个出口的 MAC 地址。

②——3 个八位位组（八位一组）是组织的唯一标识符（Organizationally Unique Identifier，OUI），有 24 位数，用于标识制造商、组织或任何供应商。最后 3 组是设备专用数字，为网络接口控制器（Network Interface Controller，NIC）专用。

③——3 个八位位组包含 8 位，例如 a0、a1、a2、a3、a4、a5、a6 和 a7。

④——a0 位有两个值 0 和 1。0 表示具有目标服务器唯一地址的单播（Unicast），

1 表示协议、数据流或应用程序的组播（Multicast）MAC 地址。

⑤——a1 位有两个值 0 和 1。0 表示全局唯一（OUI Enforced），用于标识全球或全球范围内的制造商和供应商；1 表示本地管理（Locally Administered），类似于局域网 IP 地址。

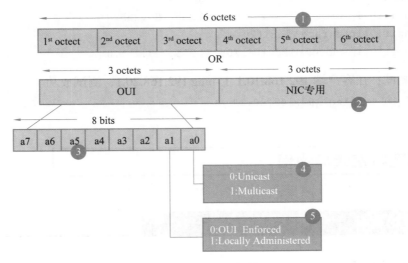

▲ 图 2-11　MAC 架构图

2. MAC 地址类型

（1）通用管理地址（Universally Administered Address，UAA）是最常用的 MAC 地址类型，在制造时将其提供给网络适配器。UAA 的前 3 个八位位组用于标识组织或制造商，剩余位组由制造商分配。

（2）本地分配地址（Locally Assigned Address，LAA），是用于更改适配器的 MAC 地址的地址，不包含 OUI。用户可以将此地址分配给网络管理员使用，它会覆盖设备制造商分配的地址。

3. MAC 地址表

MAC 地址表记录了相连设备的 MAC 地址、接口号以及所属的 VLAN ID 之间的对应关系。在转发数据时，路由设备根据报文中的目的 MAC 地址查询 MAC 地址表，快速定位接口，减少广播。

MAC 地址表的类型主要有 3 种，分别是：

（1）动态表项由接口通过源 MAC 地址学习获得，表项有老化时间。

（2）静态表项由用户手工配置，并下发到各接口板，表项不老化。

（3）黑洞表项用于丢弃含有特定源 MAC 地址或目的 MAC 地址的数据帧，由用户手工配置，并下发到各接口板，表项不老化。

MAC 地址表条目形成的方式有两种，分别是自动生成和手动创建。注意：手动创建的 MAC 表项优先级高于自动生成的表项，且会随配置文件一起保存而不老化。

MAC 地址表特点：

（1）自动生成。MAC 地址表是 SW 通过源 MAC 地址学习过程而自动建立的，其自动生成的表项并非永远有效，每一条表项都有一个生存周期，到达生存周期仍得不到刷新的表项将被删除，这个生存周期被称作老化时间（默认为300s）。如果在到达生存周期前记录被刷新，则该表项的老化时间将重新计算。

（2）手工配置。SW通过源MAC地址学习自动建立MAC地址表时，因无法区分合法用户和非法用户的报文而带来安全隐患。如果非法用户将攻击报文的源MAC地址伪装成合法用户的MAC地址，并从设备其他接口进入，那么设备就会学习到错误的MAC表项，于是就会将本应转发给合法用户的报文转发给非法用户。因此，为了提高接口安全性，网络管理员可手动在MAC表中加入静态MAC地址表项，将用户与接口绑定，从而防止假冒身份的非法用户骗取数据。通过手动配置黑洞MAC地址表项，可以限制指定用户的流量不能从设备通过，防止非法用户的攻击。

交换机基于MAC地址表的报文转发方式主要有以下两种：

（1）单播方式。当MAC地址表中包含与报文目的MAC地址对应的表项时，设备直接从该表项的转发出接口发送报文。

（2）广播方式。当设备接收到的报文为广播报文、组播报文或MAC地址表中没有包含对应报文目的MAC地址的表项时，设备将采取广播方式将报文向除接收接口外同一VLAN（本广播域）内的所有接口转发。

4. MAC泛洪攻击

交换机维护一个MAC地址表，该表将网络上的各个MAC地址映射到交换机的物理端口上。与以太网集线器不加选择地将数据从所有端口广播出去相比，上述操作允许交换机将数据从接收者所在的物理端口引导出去。此方法的优点是，数据仅桥接到包含该数据的专门用于其的计算机网段。

在典型的MAC泛洪攻击中，攻击者会向交换机提供许多以太网帧，每个以太网帧包含不同的源MAC地址，目的是消耗交换机中留出的有限内存来存储MAC地址表。

MAC泛洪攻击的效果随时间不同而改变，但是所期望的效果是强制合法MAC地址从MAC地址表传入帧的数量显著被淹没在所有端口上进行。MAC泛洪攻击正是通过这种泛洪行为而得名的。

启动成功的MAC泛洪攻击后，恶意用户可以使用数据包分析器捕获在其他计算机之间传输的敏感数据，如果交换机正常运行，则无法访问这些数据。攻击者还可能会跟进ARP欺骗攻击，这将使他们在交换机从初始MAC泛洪攻击恢复后仍保留对特权数据的访问权限。

MAC泛洪也可以用作基本的VLAN跳跃攻击。

为了防止MAC泛洪攻击，网络运营商通常会依赖其网络设备中的一项或多项功能来维护网络的安全性，具体内容如下。

（1）利用"端口安全"功能，配置高级交换机，以限制在连接到终端站的端口上学习的MAC地址的数量。这种方法，除了维护了传统MAC地址表（作为其子集）外，还维护了较小的安全MAC地址表。

（2）身份验证、授权和计账协议（Authentication Authorization and Accounting，AAA）服务器可通过身份验证来对发现的MAC地址进行过滤。

（3）IEEE 802.1X 套件的实现通常允许 AAA 服务器根据有关客户端的动态学习信息（包括 MAC 地址）来明确安装数据包的过滤规则。

（4）在某些情况下，用于防止 ARP 欺骗或 IP 地址欺骗的安全功能可能会对单播数据包执行其他 MAC 地址过滤，但具有副作用。

（5）其他安全措施有时会与上述措施一起应用，以防止未知 MAC 地址的正常单播泛洪。此功能通常依赖于"端口安全性"功能，至少将所有安全 MAC 地址保留一定时间在第 3 层设备的 ARP 表中。因此，学习到的安全 MAC 地址的老化时间可以单独调整。此功能可防止数据包在正常运行情况下泛洪，并减轻了 MAC 泛洪攻击的影响。

5.MAC 端口安全（Port Security）

端口安全功能将交换机端口学习到的 MAC 地址变为安全 MAC 地址〔包括安全动态 MAC 和黏性（Sticky）MAC〕，可以阻止除安全 MAC 和静态 MAC 之外的主机通过本端口和交换机通信，从而增强设备安全性。开启端口安全功能后，该端口上之前学习到的动态 MAC 地址表项会被删除，之后学习到的 MAC 地址将变为安全动态 MAC 地址，此时该端口仅允许匹配安全 MAC 地址或静态 MAC 地址的报文通过。若接着开启 Sticky MAC 功能，安全动态 MAC 地址表项将转化为 Sticky MAC 表项，之后学习到的 MAC 地址也变为 Sticky MAC 地址。直到安全 MAC 地址数量达到限制，将不再学习 MAC 地址，并对端口或报文采取配置的保护动作（关闭端口或者丢弃非安全地址的数据）。

安全 MAC 地址分为安全动态 MAC、安全静态 MAC 与 Sticky MAC。

（1）安全动态 MAC 地址，使能端口安全而未使能 Sticky MAC 功能时转换的 MAC 地址，但是，在设备重启后表项会丢失，需要重新学习。默认情况下它不会被老化，只有在配置安全 MAC 的老化时间后才可以被老化。安全动态 MAC 地址的老化类型分为绝对时间老化和相对时间老化。如设置绝对老化时间为 5 分钟：系统每隔 1 分钟计算一次每个 MAC 的存在时间，若大于等于 5 分钟，则立即将该安全动态 MAC 地址老化。否则，等待下 1 分钟再检测计算。如设置相对老化时间为 5 分钟：系统每隔 1 分钟检测一次是否有该 MAC 的流量。若没有流量，则经过 5 分钟后将该安全动态 MAC 地址老化。

（2）安全静态 MAC 地址，使能端口安全时手动配置的静态 MAC 地址，不会被老化，手动保存配置后重启设备不会丢失。

（3）Sticky MAC 地址，使能端口安全后又同时使能 Sticky MAC 功能后转换到的 MAC 地址，不会被老化，手动保存配置后重启设备不会丢失。

注意：

①接口使能端口安全功能时，接口上之前学习到的动态 MAC 地址表项将被删除，之后学习到的 MAC 地址将转换为安全动态 MAC 地址。

②接口使能 Sticky MAC 功能时，接口上的安全动态 MAC 地址表项将转化为 Sticky MAC 地址，之后学习到的 MAC 地址也变为 Sticky MAC 地址。

③接口使能端口安全功能时，接口上的安全动态 MAC 地址将被删除，重新学习动态 MAC 地址。

④接口使能 Sticky MAC 功能时，接口上的 Sticky MAC 地址会转换为安全动态 MAC 地址。

接口上安全 MAC 地址数达到上限后，如果收到源 MAC 地址不存在的报文，那么无论目的 MAC 地址是否存在，交换机即认为有非法用户攻击，就会根据配置的动作对接口做保护处理。默认情况下，保护动作是丢弃该报文并上报告警，具体分 3 种情况：

① restrict：丢弃源 MAC 地址不存在的报文并上报告警。

② protect：只丢弃源 MAC 地址不存在的报文，不上报告警。

③ Shutdown：接口状态被置为 error-down，并上报告警。默认情况下，接口关闭后不会自动恢复，只能由网络管理人员在接口视图下使用 restart 命令重启接口进行恢复。如果用户希望被关闭的接口可以自动恢复，则可在接口 error-down 前在系统视图下执行 error-down auto-recovery cause port-security interval interval-value 命令使能接口状态自动恢复为 Up 功能，并设置接口自动恢复为 Up 的延时时间，使被关闭的接口经过延时时间后能自动恢复。

2.4.2 任务目标

- 查看 Windows 网卡 MAC 地址。
- 查看网络设备接口 MAC 地址。
- 理解 MAC 地址表的参数信息。
- 掌握 Port Security 的配置和管理。

2.4.3 任务规划

1. 任务描述

部门计算机特定端口通信可通过端口与 MAC 地址绑定实现。端口与 MAC 地址绑定是指在设备中记录主机的物理地址与端口信息，使被绑定的主机只能在特定的端口连接才能发出数据帧。如果主机连接到非绑定端口，则无法实现正常连网。

如图 2-12 所示，用户 PC1、PC2、PC3 通过接入设备连接公司网络。为了提高用户接入网络的安全性，将接入设备 Switch 的接口使能端口安全功能，并设置接口学习 MAC 地址数的上限为接入用户数，这样外来人员使用自己的移动电脑时将无法访问公司网络。

2. 实验拓扑（见图 2-12）

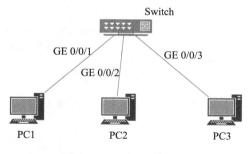

图 2-12　端口安全管理

2.4.4 实践环节

1. 接口划分 VLAN

在 Switch 上创建 VLAN，并把相应的接口加入 VLAN 中。代码如下：

```
<HUAWEI> system-view
[HUAWEI] sysname Switch
[Switch] vlan 10
```

```
[Switch-vlan10] quit
[Switch] interface gigabitethernet 0/0/1
[Switch-GigabitEthernet0/0/1] port link-type access
[Switch-GigabitEthernet0/0/1] port default vlan 10
[Switch-GigabitEthernet0/0/1] quit
[Switch] interface gigabitethernet 0/0/2
[Switch-GigabitEthernet0/0/1] port link-type access
[Switch-GigabitEthernet0/0/1] port default vlan 10
[Switch-GigabitEthernet0/0/1] quit
[Switch] interface gigabitethernet 0/0/3
[Switch-GigabitEthernet0/0/1] port link-type access
[Switch-GigabitEthernet0/0/1] port default vlan 10
[Switch-GigabitEthernet0/0/1] quit
```

2. 启用端口安全

配置 GE0/0/1~GE0/0/3 接口的端口安全功能，启用端口 Sticky MAC 功能，同时配置 MAC 地址限制数。代码如下：

```
[Switch] interface gigabitethernet 0/0/1
[Switch-GigabitEthernet0/0/1] port-security enable
[Switch-GigabitEthernet0/0/1] port-security mac-address sticky
[Switch-GigabitEthernet0/0/1] port-security max-mac-num 1
[Switch] interface gigabitethernet 0/0/2
[Switch-GigabitEthernet0/0/1] port-security enable
[Switch-GigabitEthernet0/0/1] port-security mac-address sticky
[Switch-GigabitEthernet0/0/1] port-security max-mac-num 1
[Switch] interface gigabitethernet 0/0/3
[Switch-GigabitEthernet0/0/1] port-security enable
[Switch-GigabitEthernet0/0/1] port-security mac-address sticky
[Switch-GigabitEthernet0/0/1] port-security max-mac-num 1
```

检查端口安全状态和配置。代码如下：

```
display mac-address security [ vlan vlan-id | interface-type interface-number ] * [ verbose ]
display mac-address sec-config [ vlan vlan-id | interface-type interface-number ] * [ verbose ]
```

2.5 动态分配网络地址

2.5.1 理论基石

当一台计算机需要连接网络的时候，可以通过手动或动态为网络中的主机分配 IP 地址来实现。在有 2~3 台计算机的小型家庭网络中，可以手动分配 IP 地址；但是对于一个拥有数百台计算机的网络，如果要手动为每台主机分配 IP 地址，那对于网络管理员来说，无疑是一场噩梦！要解决此问题，就一定要用到 DHCP。DHCP 一种网络管理协议，用于为网络上的每台主机动态分配 IP 地址和其他信息，以便它们可以有效地进行通信。DHCP 自动执行并集中管理 IP 地址的分配，从而简化了网络管理员的工作。除了为主机分配 IP 地址外，DHCP 还为主机分配子网掩码、默认网关和 DNS 以及其他配置，从而使网络管理员的工作更加轻松。

1.DHCP 的组成

（1）DHCP 服务器：通常是保存网络配置信息的服务器或路由器。

（2）DHCP 客户端：这是从服务器（如任何计算机或移动设备）获取配置信息的端点。

（3）DHCP 中继代理：如果只有一个用于多个 LAN 的 DHCP 服务器，则每个网络中都存在的 DHCP 中继代理会将 DHCP 请求转发到服务器，以便 DHCP 服务器可以处理来自所有网络的请求。

（4）IP 地址池：包含可分配给客户端的 IP 地址列表。

（5）子网掩码：告诉主机当前它在哪个网络中。

（6）租赁时间：这是客户端可以使用 IP 地址的时间。在此时间之后，客户端必须更新 IP 地址。

（7）网关地址：可以让主机知道网关连接到 Internet 的位置。

2.DHCP 工作过程

DHCP 在应用程序层工作，通过交换一系列消息（DHCP 事务或 DHCP 对话）动态地将 IP 地址分配给客户端。

（1）DHCP Discovery（发现）：DHCP 客户端通过广播消息以发现 DHCP 服务器。客户端计算机发送具有默认广播目标 255.255.255.255 或特定子网广播地址（如果已配置）的数据包。255.255.255.255 是一个特殊的广播地址，表示"此网络"，可以让用户将广播数据包发送到所连接的网络，如图 2-13 所示。

▲图 2-13　DHCP　Discovery

（2）DHCP Offer（提供）：当 DHCP 服务器收到"DHCP Discovery"消息时，向客户端发送 DHCP 消息给客户端提供建议或 IP 地址（形成 IP 地址池）。此 DHCP 提供消息包含 DHCP 客户端的建议 IP 地址、服务器 IP 地址、客户端 MAC 地址、子网掩码、默认网关、DNS 地址和租约信息，如图 2-14 所示。

（3）DHCP Request（请求）：在大多数情况下，客户端可以接收多个 DHCP 服务，因为在网络中有许多能够提供容错功能的 DHCP 服务器。如果一台服务器的 IP 寻址失败，则其他服务器可以提供备份。但是，客户端只接收一个 DHCP 提供的备份。响应该报价，客户端发送 DHCP Request，从其中一台 DHCP 服务器请求提供的地址。其余 DHCP 服务器提供的所有其他 IP 地址都被撤回，并返回到 IP 可用地址池中，如图 2-15 所示。

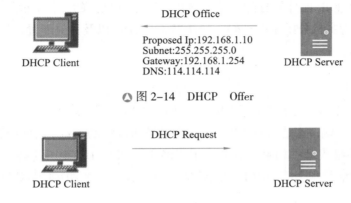

△ 图 2-14　DHCP　Offer

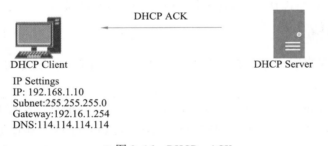

△ 图 2-15　DHCP　Request

（4）DHCP ACK（肯定应答，Acknowledgment）：服务器随后将消息发送给客户端，以确认来自客户端的 DHCP 租约请求。服务器可能会发送客户端要求的其他任何配置。在此步骤中，IP 地址配置完成，客户端可以使用新的 IP 地址设置，如图 2-16 所示。

△ 图 2-16　DHCP　ACK

3.DHCP 优缺点

（1）DHCP 的优点：

①它易于实现，并且自动分配 IP 地址。

②不需要手动配置 IP 地址。因此，它为网络管理员节省了时间和减少了工作量。

③没有重复或无效的 IP 地址分配，这意味着没有 IP 地址冲突。

④对于移动用户而言，这是一个巨大的好处，因为当他们更改网络时会自动获得新的有效配置。

（2）DHCP 的缺点：

①由于 DHCP 服务器没有用于客户端身份验证的安全机制，因此任何新客户端都可以加入网络，这会带来安全隐患。例如，为未授权的客户端提供 IP 地址和未授权的客户端的 IP 地址耗尽。

②如果网络只有一个 DHCP 服务器，则 DHCP 服务器可能出现单点故障。

2.5.2 任务目标

- 理解 DHCP 的工作过程。
- 掌握 DHCP 服务器的配置和管理。

2.5.3 任务规划

1. 任务描述

如图 2-17 所示，本实验划分了两个网段，其中网段 192.168.1.0/24 为内部网络的办公区域网络，网段 192.168.2.0/24 为 VPN 客户端网段。为方便管理员统一管理，所有的客户端均可以通过 DHCP 获取网络地址。

2. 实验拓扑（见图 2-17、图 2-18）

创建 VLAN10 和 VLAN11，并把相应的端口划分到指定的 VLAN，配置 GE0/0/1 端口加入 VLAN10，配置 GE0/0/2 端口加入 VLAN11。代码如下：

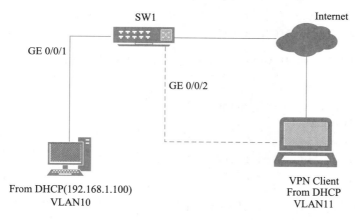

图 2-17 基于端口地址池分配动态 IP 地址

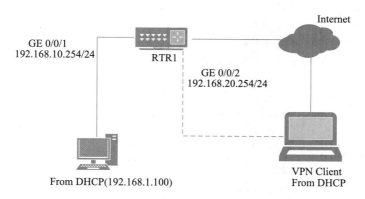

图 2-18 基于地址池分配动态 IP 地址

2.5.4 实践环节

1. 基于端口地址池配置 DHCP 服务器

（1）启用 DHCP 服务。代码如下：

```
<Huawei> system-view
[Huawei] sysname SW1
[SW1] dhcp enable
```

（2）创建 VLAN10 和 VLAN11，并把相应的端口划分到指定的 VLAN，配置 GE0/0/1 端口加入 VLAN10，配置 GE0/0/2 端口加入 VLAN11。代码如下：

```
[SW1] vlan batch 10 to 11
[SW1] interface GigabitEthernet 0/0/1
[SW1-GigabitEthernet0/0/1] port link-type access
[SW1-GigabitEthernet0/0/1] port default vlan 10
[SW1-GigabitEthernet0/0/1] quit
[SW1] interface GigabitEthernet 0/0/2
[SW1-GigabitEthernet0/0/2] port link-type access
[SW1-GigabitEthernet0/0/2] port default vlan 11
[SW1-GigabitEthernet0/0/2] quit
```

（3）配置 VLAN10 和 VLAN11 的 VLANIF 端口 IP 地址。代码如下：

```
[SW1] interface vlanif 10
[SW1-Vlanif10] ip address 192.168.1.254 24
[SW1-Vlanif10] quit
[SW1] interface vlanif 11
[SW1-Vlanif11] ip address 192.168.2.254 24
[SW1-Vlanif11] quit
```

（4）配置端口地址池，VLANIF10 和 VLANIF11 端口下的客户端从端口地址池中获取 IP 地址和相关网络参数。代码如下：

```
[SW1] interface vlanif 10
[SW1-Vlanif10] dhcp select interface
[SW1-Vlanif10] dhcp server lease day 30
[SW1-Vlanif10] dhcp server domain-name example.com
[SW1-Vlanif10] dhcp server dns-list 114.114.114.114
[SW1-Vlanif10] dhcp server excluded-ip-address 192.168.1.253
[SW1-Vlanif10] dhcp server static-bind ip-addres 192.168.1.100 mac-address 74D8-3EC5-625A
[SW1-Vlanif10] quit
[SW1] interface vlanif 11
[SW1-Vlanif11] dhcp select interface
[SW1-Vlanif11] dhcp server lease day 30
```

```
[SW1-Vlanif11] dhcp server domain-name example.com
[SW1-Vlanif11] dhcp server dns-list 114.114.114.114
[SW1-Vlanif11] quit
```

（5）验证配置结果，在 SW1 上执行 display ip pool 命令查看端口地址池的分配情况，Used 字段显示已经分配出去的 IP 地址数量。代码如下：

```
[SW1] display ip pool interface vlanif10
 Pool-name            : Vlanif10
 Pool-No              : 0
 Lease                : 30 Days 0 Hours 0 Minutes
 Domain-name          : example.com
 DNS-server0          : 114.114.114.114
 NBNS-server0         : -
 Netbios-type         : -
 Position             : Interface    Status      : Unlocked
 Gateway-0            : 192.168.1.254
 Network              : 192.168.1.0
 Mask                 : 255.255.255.0
 VPN instance         : --
 Logging              : Disable
 Conflicted address recycle interval: 1 Days 0 Hours 0 Minutes
 Address Statistic: Total    :253    Used      :1
                    Idle     :251    Expired   :0
                    Conflict :0      Disable   :1
 -----------------------------------------------------------------
 Network section
    Start          End         Total  Used  Idle(Expired)  Conflict  Disabled
 -----------------------------------------------------------------
    192.168.1.1    192.168.1.254  253    1     251(0)         0         1
 -----------------------------------------------------------------
[SW1] display ip pool interface vlanif11
 Pool-name            : Vlanif11
 Pool-No              : 1
 Lease                : 30 Days 0 Hours 0 Minutes
 Domain-name          : example.com
 DNS-server0          : 114.114.114.114
 NBNS-server0         : -
 Netbios-type         : -
 Position             : Interface    Status      : Unlocked
 Gateway-0            : 192.168.2.254
 Network              : 192.168.2.0
 Mask                 : 255.255.255.0
 VPN instance         : --
 Logging              : Disable
```

```
Conflicted address recycle interval: 1 Days 0 Hours 0 Minutes
 Address Statistic: Total   :253    Used      :1
                    Idle    :251    Expired   :0
                    Conflict :0     Disable   :1
--------------------------------------------------------------------
 Network section
   Start            End           Total  Used  Idle(Expired)  Conflict  Disabled
--------------------------------------------------------------------
   192.168.2.1    192.168.2.254    253    1      252(0)          0         0
--------------------------------------------------------------------
```

2. 基于地址池配置 DHCP 服务器

（1）配置接口 IP 地址。代码如下：

```
<Huawei> system-view
[Huawei] sysname RTR1
[RTR1] interface gigabitethernet 0/0/1
[RTR1-GigabitEthernet0/0/1] ip address 192.168.1.254 24
[RTR1-GigabitEthernet0/0/1] quit
```

（2）使能 DHCP 服务。代码如下：

```
[RTR1] dhcp enable
```

（3）创建 DHCP Option 模板并在其视图下配置需要为 IP Phone 分配的启动配置文件和获取启动配置文件的服务器地址。代码如下：

```
[RTR1] dhcp option template template1
[RTR1-dhcp-option-template-template1] gateway-list 192.168.1.254
[RTR1-dhcp-option-template-template1] bootfile configuration.ini
[RTR1-dhcp-option-template-template1] quit
```

（4）创建地址池并在其视图下为 PC 配置网关地址、租期和 DNS 服务器地址；为 IP Phone 配置分配固定 IP 地址和启动配置文件信息。代码如下：

```
[RTR1] ip pool vlan10
[RTR1-ip-pool-pool1] network 192.168.1.0 mask 255.255.255.0
[RTR1-ip-pool-pool1] dns-list 114.114.114.114
[RTR1-ip-pool-pool1] gateway-list 192.168.1.254
[RTR1-ip-pool-pool1] excluded-ip-address 192.168.1.1 192.168.1.10
[RTR1-ip-pool-pool1] lease unlimited
[RTR1-ip-pool-pool1] static-bind ip-address 192.168.1.100 mac-address 74D8-3EC5-625A option-template template1
[RTR1-ip-pool-pool1] quit
```

（5）在接口下使能 DHCP 服务器。代码如下：

```
[RTR1] interface gigabitethernet 0/0/1
[RTR1-GigabitEthernet0/0/1] dhcp select global
```

```
[RTR1-GigabitEthernet0/0/1] quit
```

（6）验证配置结果，查看 IP 地址池配置情况。代码如下：

```
[RTR1] display ip pool name pool1
 Pool-name         : pool1
 Pool-No           : 0
 Lease             : unlimited
 Domain-name       : -
 DNS-server0       : 114.114.114.114
 NBNS-server0      : -
 Netbios-type      : -
 Position          : Local            Status         : Unlocked
 Gateway-0         : 192.168.1.254
 Network           : 192.168.1.0
 Mask              : 255.255.255.0
 VPN instance      : --
 Logging           : Disable
 Conflicted address recycle interval: 1 Days 0 Hours 0 Minutes
 Address Statistic: Total   :253    Used      :4
                    Idle    :247    Expired   :0
                    Conflict :0     Disable   :2
---------------------------------------------------------------------
Network section
     Start           End          Total  Used Idle(Expired) Conflict Disabled
---------------------------------------------------------------------
  192.168.1.1    192.168.1.254     253    4    247(0)          0        2
---------------------------------------------------------------------
```

（7）在 RTR1 上查看 DHCP Option 模板的配置情况。代码如下：

```
[Router] display dhcp option template name template1
---------------------------------------------------------------------
 Template-Name    : template1
 Template-No      : 0
 Next-server      :
 Domain-name      : -
 DNS-server0      : -
 NBNS-server0     : -
 Netbios-type     : -
 Gateway-0        : 192.168.1.254 Bootfile        : configuration.ini
```

2.6 DHCP 中继代理

2.6.1 理论基石

DHCP 中继代理是在客户端和服务器之间转发 DHCP 数据包的主机或路由器。网络管理员可以使用 DHCP 中继服务在本地 DHCP 客户端和远程 DHCP 服务器之间中继请求和答复。DHCP 中继代理允许本地主机从远程 DHCP 服务器获取动态 IP 地址。DHCP 中继代理接收 DHCP 消息并生成新的 DHCP 消息在另一个端口发送出去。简单的工作流程如下：

（1）DHCP 客户机发起地址请求，发送 DHCP Discovery 数据包。

（2）中继代理收到该包，转发给另一个网段的 DHCP 服务器。

（3）DHCP 服务器收到该包，将 DHCP Offer 包发送给中继代理。

（4）中继代理将 DHCP Offer 转发给 DHCP 客户端。

（5）DHCP Request 包从客户机通过中继代理转发到 DHCP 服务器，DHCP ACK 消息从服务器通过中继代理转发到客户机，如图 2-19 所示。注：NAK 指否定应答（Non-Acknowledgment）。

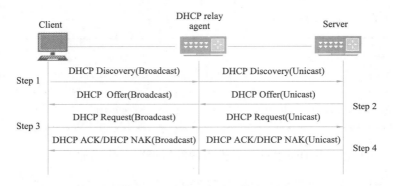

▲ 图 2-19　DHCP 中继工作流程图

通常，此流量与正常的 DHCP 操作有关，而不是对网络的攻击。DHCP 是计算机获取唯一 IP 地址的方式。当系统在网络上启动时，首先向 DHCP 服务器广播请求一个 IP 地址（假设它没有使用静态 IP 地址）：

UDP 0.0.0.0:68-> 255.255.255.255:67。

由于请求系统没有 IP 地址（为什么要询问），因此它使用 0.0.0.0；再者，由于它是网络新地址，因此它不知道 DHCP 服务器在哪里，因此它将请求广播到整个网络（255.255.255.255）。在某些网络上，这些请求会从防火墙中反弹出来（取决于提供商的网络配置以及路由器/防火墙是否记录了这些请求），或者防火墙/路由器可能在防火墙和提供商 DHCP 服务器之间记录了此流量。获取或更新其 WAN IP 地址。

然后，DHCP 服务器（192.168.1.1）将响应以下内容：

UDP 192.168.1.1:67-> 255.255.255.255:68

继（192.168.1.2）和 DHCP 服务器（192.168.1.1）之间的响应，因为 DHCP 服务器和中继服务器都有明确的地址信息，所以它们之间的数据包传输都通过单播的方式建立，地址为：UDP 192.168.1.2:68–>192.168.1.1:67。

2.6.2 任务目标

- 理解 DHCP 中继的工作流程。
- 掌握 DHCP 中继的配置和管理。

2.6.3 任务规划

1. 任务描述

DHCP服务器部署在企业内部服务器机房，DHCP服务器与企业内的终端不在同一个网段。此时需要在所有客户端网段的网关设备上启用 DHCP 中继服务。

2. 实验拓扑（见图 2-20）

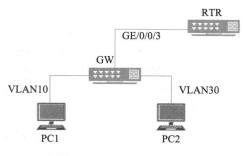

▲ 图 2-20 DHCP 中继服务

2.6.4 实践环节

（1）在 R1 上配置 DHCP 中继。代码如下：

配置接口加入 VLAN。

```
[GW] vlan batch 10 20 30
[GW] interface GigabitEthernet0/0/1
[GW-GigabitEthernet0/0/1] port link-type access
[GW-GigabitEthernet0/0/1] port default vlan 10
[GW-GigabitEthernet0/0/1] quit
[GW] interface GigabitEthernet0/0/2
[GW-GigabitEthernet0/0/2] port link-type access
[GW-GigabitEthernet0/0/2] port default vlan 20
[GW-GigabitEthernet0/0/2] quit
[GW] interface GigabitEthernet0/0/3
[GW-GigabitEthernet0/0/3] port link-type access
[GW-GigabitEthernet0/0/3] port default vlan 30
[GW-GigabitEthernet0/0/3] quit
[GW] interface vlanif 30
[GW-Vlanif20] ip address 192.168.30.254 24
[GW-Vlanif20] quit
```

（2）在 VLANIF10 和 VLANIF20 端口启用 DHCP 中继功能。代码如下：

```
[GW] dhcp enable
[GW] interface vlanif 10
```

```
[GW-Vlanif10] ip address 192.168.10.254 24
[GW-Vlanif10] dhcp select relay
[GW-Vlanif10] dhcp relay server-ip 192.168.30.253
[GW-Vlanif10] quit
[GW] interface vlanif 20
[GW-Vlanif20] ip address 192.168.20.254 24
[GW-Vlanif20] dhcp select relay
[GW-Vlanif20] dhcp relay server-ip 192.168.30.253
[GW-Vlanif20] quit
```

（3）在 RTR 上配置 DHCP 服务器。代码如下：

```
[RTR] vlan 30
[RTR] interface GigabitEthernet0/0/3
[RTR-GigabitEthernet0/0/3] port link-type access
[RTR-GigabitEthernet0/0/3] port default vlan 30
[RTR-GigabitEthernet0/0/3] quit
[RTR] dhcp enable
```

（4）创建全局地址池模式。代码如下：

```
[RTR] interface vlanif 30
[RTR-Vlanif30] ip address 192.168.30.253 24
[RTR-Vlanif30] dhcp select global
[RTR-Vlanif30] quit
[RTR] ip pool pool1
[RTR-ip-pool-pool1] network 192.168.10.0 mask 24
[RTR-ip-pool-pool1] gateway-list 192.168.10.254
[RTR-ip-pool-pool1] option121 ip-address 192.168.10.0 24 114.114.114.114
[RTR-ip-pool-pool1] quit
[RTR] ip pool pool2
[RTR-ip-pool-pool2] network 192.168.20.0 mask 24
[RTR-ip-pool-pool2] gateway-list 192.168.20.254
[RTR-ip-pool-pool2] option121 ip-address 192.168.20.0 24 114.114.114.114
[RTR-ip-pool-pool2] quit
```

（5）检查配置。代码如下：

```
[RTR] display ip pool name pool1
 Pool-name          : pool1
 Pool-No            : 0
 Lease              : 1 Days 0 Hours 0 Minutes
 Domain-name        : -
 Option-code        : 121
  Option-subcode    : --
  Option-type       : hex
  Option-value      : 180A0A140A141401
 DNS-server0        : -
```

```
 NBNS-server0         : -
 Netbios-type         : -

 Position             : Local    Status      : Unlocked
 Gateway-0            : 192.168.10.254
 Network              : 192.168.10.0
 Mask                 : 255.255.255.0
 VPN instance         : --  Logging
                      : Disable
 Conflicted address recycle interval: -
 Address Statistic: Total   :253    Used      :1
                    Idle    :252    Expired   :0
                    Conflict :0     Disable   :0
-----------------------------------------------------------------
Network section
  Start              End          Total  Used Idle(Expired) Conflict Disabled
-----------------------------------------------------------------
  192.168.10.1   192.168.10.254   253     1    252(0)         0        0
-----------------------------------------------------------------
[RTR] display ip pool name pool2
Pool-name             : pool2
Pool-No               : 0
Lease                 : 1 Days 0 Hours 0 Minutes
Domain-name           : -
Option-code           : 121
 Option-subcode       : --
 Option-type          : hex
 Option-value         : 180A0A140A141401
 DNS-server0          : -
 NBNS-server0         : -
 Netbios-type         : -
 Position             : Local    Status      : Unlocked
 Gateway-0            : 192.168.20.254
 Network              : 192.168.20.0
 Mask                 : 255.255.255.0
 VPN instance         : --  Logging
                      : Disable
 Conflicted address recycle interval: -
 Address Statistic: Total   :253    Used      :1
                    Idle    :252    Expired   :0
                    Conflict :0     Disable   :0
-----------------------------------------------------------------
Network section
  Start              End          Total  Used Idle(Expired) Conflict Disabled
```

```
-----------------------------------------------------------------------------
      192.168.20.1    192.168.20.254    253         1        252(0)        0         0
-----------------------------------------------------------------------------
```

（6）在客户端上进行检查

可以使用 ipconfig /all 命令进行测试，检查 dhcp server 是否为 192.168.30.253。

2.7 优化企业内部成环网络

2.7.1 理论基石

以太网交换网络中为了进行链路备份及提高网络可靠性，通常会使用冗余链路，但是这也带来了网络环路的问题。网络环路会引发广播风暴和 MAC 地址表震荡等问题，导致网络通信质量差，甚至通信中断。单线路网络和冗余线路网络分别如图 2-21 和图 2-22 所示。

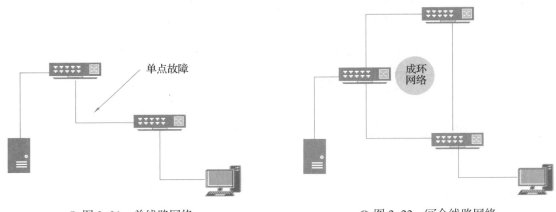

▲ 图 2-21　单线路网络　　　　　　　　　　▲ 图 2-22　冗余线路网络

1. 生成树协议

为了解决交换网络中的环路问题，IEEE 提出了基于 802.1D 标准的生成树协议（Spanning Tree Protocol，STP）。STP 是局域网中的破环协议，运行该协议的设备通过彼此交互信息来发现网络中的环路，并有选择地对某些端口进行阻塞，最终将环形网络结构修剪成无环路的树形网络结构，达到破除环路的目的。另外，如果当前活动的路径发生故障，STP 还可以激活冗余备份链路，恢复网络连通性。

而随着局域网规模的不断增长，STP 拓扑收敛速度慢的问题逐渐凸显，因此，IEEE 在 2001 年发布了 802.1W 标准，定义了快速生成树协议（Rapid Spanning Tree Protocol，RSTP）。RSTP 在 STP 的基础上进行了改进，可实现网络拓扑的快速收敛。

STP 解决环路问题，通过它，在逻辑上将特定端口阻塞，被阻塞的端口是因为生成树环路保护计算后做出的防环路操作，当网络不存在环路时，被阻塞的端口会被重新启用，从而起到了冗余备份的作用。

2. 生成树类型

（1）STP（802.1D），IEEE 制定的公有版，该版本中所有 VLAN 共用一棵生成树。

（2）PVST/PVST+，CISCO 私有协议，是 802.1D 的改进版本，该版本的生成树允许为每个 VLAN 单独生成一棵生成树，每个 VLAN 都有一个生成树实例，这时候可以根据需求进行维护，相对 802.1D 灵活了许多。PVST+ 兼容标准的 802.1D。

（3）VBST，华为私有协议，每个 VLAN 运行一个生成树协议，对设备的资源消耗巨大，只有高端一些的交换机才会支持此协议。

（4）RSTP（802.1W），快速生成树协议、公有协议，相比 802.1D 生成树收敛时间缩短到几秒钟，同样该版本中所有 VLAN 共用一棵生成树。

（5）R-PVST+，CISCO 私有协议，与 RSTP 兼容，该版本的生成树也允许为每个 VLAN 单独生成一棵生成树。

（6）MSTP（802.1S），大型园区网通用协议，也是不同厂商设备直接对接常用的生成树的实例之一，该版本的生成树基于实例进行管理，允许将多个 VLAN 或者单个 VLAN 划分到不同的实例中，默认所有 VLAN 都属于实例 0。该版本生成树允许通过实例单独维护对应的实例生成树。

3. 生成树角色

（1）桥根（Root Bridge）：拥有最佳 ID 网桥，桥根选举出来后，所有的网桥都需要确定一个通往根桥的单一路径，通往根桥的最佳路径上的端口就被称为根端口。

（2）桥 ID（Bridge Id）：STP 使用桥 ID 跟踪网络中的所有交换机，最小的桥 ID 成为桥根。（Cisco 交换机默认优先级为 32768。）

（3）非桥根（Non-root bridge）：就是除了桥根以外的桥，它们会通过交换桥式协议数据单元（Bridge Protocol Date Unit，BPUD），在所有交换机中更新拓扑。

（4）端口开销（Port Cost）：取决于带宽的大小。最佳路由也是用过端口的开销计算的。

（5）根端口（Root Port）：去往根桥最近的端口，每台非根桥选举一个根端口；去往 root-- 根桥路径开销最小的端口，也是接收 root- 根 BPDU 的端口。

（6）指定端口（Designated Port）：是专门指定的，通过其根端口到达桥根开销最低的端口，其后会被标记为转发端口。交换机之间每条链路到 root- 根路径开销最短的端口同时转发 root- 根发来的 BPDU。

（7）非指定端口（Non-designated port）：将会被设置为阻塞状态，不能转发数据。

（8）替代端口（Alternate Port）：RSTP、MSTP 所特有。

（9）备份端口（Backup Port）：RSTP、MSTP 所特有。

4. 生成树选举过程

（1）选"根"，作为全网的参考点。选举开始，所有交换机都泛洪 BPDU，每 2s 发送一次；先查看优先级，如果优先级一样，再比较 MAC 地址越小越优先。网络初始化时所有设备都发送 BPDU，网络稳定后只有根桥发送 BPDU；其他交换机从根端口接收

BPDU，再从指定端口发出。选举依据交换机的桥 ID（Bridge ID）。桥 ID 由生成树的优先级和 MAC 地址两部分组成，总共大小 5 字节，其中 2 字节有优先级，默认情况所有交换机的优先级都为 32768，每次修改的范围必须按照 4096 的倍数，修改范围从 0 到 65535，越小越优先。还有 6 字节则为交换机的 MAC 地址，该地址可以通过交换机物理背板中找到或者通过指令在命令行中查看到。如果在对比的时候桥 ID 一致，那么 MAC 地址越小的越优先。胜出的则被选举为当前网络环境中的根桥交换机。

（2）非根桥，选一个根端口；非根桥去往根桥路径开销（这个开销是累加之和）最小的端口。选举依据是，通过对比本设备所有端口去往根桥路径的开销，小的胜出。如果开销累加之和相同，则选择链路对端的交换机的桥 ID；如果发送者的桥 ID 相同，则选择本交换机的最小可编程接口（Programmable Interface Device，PID）接口作为根端口，如图 2-23 所示。

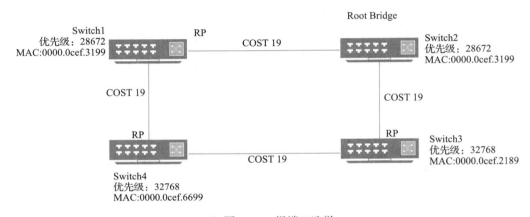

△ 图 2-23　根端口选举

（3）每一条链路选一个指定端口。此段去往根桥路径开销最小的端口，开销一样对比双方的优先级，优先级一样对比双方的交换机 MAC 地址。如果两者都一样，则选择端口优先级最小的为指定端口。根桥交换机所有端口都属于指定端口，如图 2-24 所示。

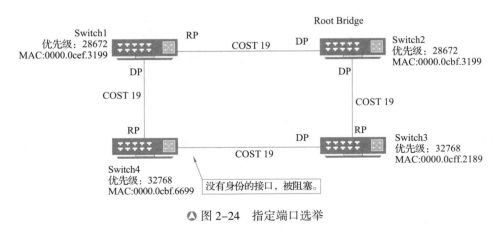

△ 图 2-24　指定端口选举

（4）剩下的端口被阻塞（处于 Blocking 状态），被阻塞的端口不会转发数据，只作为链路的冗余。

5. 生成树端口状态

（1）Disable，就是物理连接但是处于 shutdown 状态的时候，不处理任何数据。

（2）Blocking，不接收也不转发数据帧，只接收但不发送 BPDU，不学习 MAC 地址。

（3）Listening，不接收也不转发数据帧，接收并发送 BPDU，不学习 MAC 地址。

（4）Learning，不接收也不转发数据帧，接收并发送 BPDU，学习 MAC 地址。

（5）Forwarding，接收并转发数据帧，接收并发送 BPDU，学习 MAC 地址。

STP 的不足：

（1）STP 为了避免临时环路的产生，每个端口在确认为根端口或者指定端口后，仍需要等待 30s 的时间才能进入转发状态；此外对于拓扑不稳定的网络，需要经常重新进行 STP 计算，某些端口可能会长期处于阻塞状态而导致网络长时间中断。

（2）运行 STP 的网络拓扑变化频繁，STP 定义了 TCN BPDU（列车通信网络 BPDU），可以使得网络拓扑变化时在 50s 之内实现收敛，TCN BPDU 产生的条件是网桥由根端口转变为 Forwarding 状态，且网桥至少包含一个指定端口；当网络中存在大量用户主机时，由于频繁地上下线导致交换机频繁发送 TCN BPDU，导致网桥 MAC 地址老化时间长期保持为 15s，MAC 地址频繁刷新会导致网络产生大量未知单播造成的广播报文从而影响网络带宽。

（3）所有 VLAN 只能共享一个生成树，容易形成 VLAN 间的次优路径和网络中断。

随着局域网规模的不断增长，STP 拓扑收敛速度慢的问题逐渐凸显，因此，IEEE 在 2001 年发布了 802.1W 标准，基于 STP，定义了 RSTP。

STP 的收敛速度慢主要体现在：

（1）STP 算法是被动的算法，依赖定时器等待的方式判断拓扑变化。

（2）STP 算法要求在稳定的拓扑中由根桥主动发出配置 BPDU 报文，非根桥设备只能被动中继配置 BPDU 报文，并将其传遍整个 STP 网络。

（3）STP 也没有细致区分端口状态和端口角色。例如，从用户的角度来说，Listening、Learning 和 Blocking 状态都不转发用户流量，3 种状态没有区别；从使用和配置的角度来说，端口之间最本质的区别在于端口的角色，不在于端口状态。而网络协议的优劣往往取决于协议是否对各种情况加以细致区分。

因此，针对以上不足，RSTP 所做的改进如下：

（1）新增了两种端口角色，删除了 3 种端口状态，并将端口状态和端口角色解耦。而且在配置 BPDU 的格式中，充分利用 Flag 字段，明确了端口角色。

（2）配置 BPDU 的处理方式发生了变化。拓扑稳定后，对于非根桥设备，无论是否收到根桥传来的配置 BPDU 报文，都会自主地按照 Hello Timer 规定的时间间隔发送配置 BPDU。如果一个端口在超时时间（超时时间＝ Hello Time × 3 × Timer Factor）内没有收到上游设备发送过来的配置 BPDU，那么该设备认为与此邻居之间的协商失败，而不像 STP 那样需要先等待一个 Max Age。当一个端口收到上游指定桥发来的 RST BPDU（快速生成树 BPDU）报文时，该端口会将其与自身存储的 RST BPDU 进行比较。如果该端口存储的 RST BPDU 优先级较高，则直接丢弃收到的 RST BPDU，并立即向上游设备回应自身存储的 RST BPDU。上游设备收到回应的 RST BPDU 后，会根据其中相应的字段立即更新自己存储的 RST BPDU。由此，RSTP 处理次等 BPDU 报文不再依赖任何定时器，超时解决拓扑收敛，而是会立即发送本地最优的 BPDU 给对端，加快拓扑收敛。

（3）引入快速收敛机制，包括 Proposal/Agreement 机制、根端口快速切换机制、新增边缘端口。

（4）引入多种保护功能，包括 BPDU 保护、根保护、环路保护、防 TC BPDU（拓扑变化 BPDU）攻击。

2.7.2 任务目标

- 理解生成树角色的功能和作用。
- 理解生成树的工作原理。
- 理解生成树的选举过程。
- 掌握生成树的配置和管理。

2.7.3 任务规划

1. 任务描述

在公司网络中冗余链路提高了公司数据安全性、完整性和可用性。但其缺点也非常明显，如果网络中存在冗余链路，则会形成环路。交换机在成环网络中会周而复始地转发帧，形成一个"死循环"。利用生成树技术可以解决这个问题，如图 2-25 所示。

2. 实验拓扑（见图 2-25）

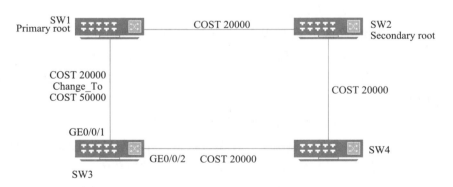

▲ 图 2-25 生成树配置与管理

2.7.4 实践环节

（1）配置所有交换机的生成树模式为 RSTP。代码如下：

```
<HUAWEI> system-view
[HUAWEI] sysname SW1
[SW1] stp mode rstp
```

```
<HUAWEI> system-view
[HUAWEI] sysname SW2
[SW2] stp mode rstp
<HUAWEI> system-view
[HUAWEI] sysname SW3
[SW3] stp mode rstp
<HUAWEI> system-view
[HUAWEI] sysname SW4
[SW4] stp mode rstp
```

（2）配置 SW1 为根桥设备和 SW2 为备份根桥设备。代码如下：

```
[SW1] stp root primary
[SW2] stp root secondary
```

（3）配置端口的路径开销值，实现将某个端口阻塞。先启用华为私有的计算方法。代码如下：

```
[SW1] stp pathcost-standard legacy
[SW2] stp pathcost-standard legacy
[SW3] stp pathcost-standard legacy
[SW4] stp pathcost-standard legacy
[SW3] interface gigabitethernet 0/0/1
[SW3-GigabitEthernet0/0/1] stp cost 50000
[SW3-GigabitEthernet0/0/1] quit
```

（4）检查生成树的主备根设备状态。代码如下：

```
[SW1]display stp
-------[CIST Global Info][Mode RSTP]-------
CIST Bridge          :0    .4c1f-cc4a-07eb
Config Times         :Hello 2s MaxAge 20s FwDly 15s MaxHop 20
Active Times         :Hello 2s MaxAge 20s FwDly 15s MaxHop 20
CIST Root/ERPC       :0    .4c1f-cc4a-07eb / 0
CIST RegRoot/IRPC    :0    .4c1f-cc4a-07eb / 0
CIST RootPortId      :0.0
BPDU-Protection      :Disabled
CIST Root Type       :Primary root
TC or TCN received   :19
TC count per hello   :0
STP Converge Mode    :Normal
Time since last TC   :0 days 0h:0m:28s
Number of TC         :12
Last TC occurred     :GigabitEthernet0/0/1
[SW2]display stp
-------[CIST Global Info][Mode RSTP]-------
CIST Bridge          :4096 .4c1f-cc28-34e2
```

```
 Config Times          :Hello 2s MaxAge 20s FwDly 15s MaxHop 20
 Active Times          :Hello 2s MaxAge 20s FwDly 15s MaxHop 20
 CIST Root/ERPC        :0  .4c1f-cc4a-07eb / 20000
 CIST RegRoot/IRPC     :4096.4c1f-cc28-34e2 / 0
 CIST RootPortId       :128.1
 BPDU-Protection       :Disabled
 CIST Root Type        :Secondary root
 TC or TCN received    :16
 TC count per hello    :0
 STP Converge Mode     :Normal
 Time since last TC    :0 days 0h:0m:59s
 Number of TC          :11
 Last TC occurred      :GigabitEthernet0/0/2
```

（5）检查生成树端口开销和阻塞端口状态。代码如下：

```
[SW3]display stp brief
 MSTID Port                     Role  STP State   Protection
  0   GigabitEthernet0/0/1      ROOT  FORWARDING    NONE
  0   GigabitEthernet0/0/2      ALTE  DISCARDING    NONE
[SW3]display stp interface GigabitEthernet 0/0/1
-------[CIST Global Info][Mode RSTP]-------
 CIST Bridge           :32768.4c1f-ccaf-4c01
 Config Times          :Hello 2s MaxAge 20s FwDly 15s MaxHop 20
 Active Times          :Hello 2s MaxAge 20s FwDly 15s MaxHop 20
 CIST Root/ERPC        :0  .4c1f-cc4a-07eb / 50000
 CIST RegRoot/IRPC     :32768.4c1f-ccaf-4c01 / 0
 CIST RootPortId       :128.1
 BPDU-Protection       :Disabled
 TC or TCN received    :29
 TC count per hello    :0
 STP Converge Mode     :Normal
 Time since last TC    :0 days 0h:6m:44s
 Number of TC          :15
 Last TC occurred      :GigabitEthernet0/0/1
----[Port1(GigabitEthernet0/0/1)][FORWARDING]----
 Port Protocol         :Enabled
 Port Role             :Root Port
 Port Priority         :128
 Port Cost(Dot1T)      :Config=50000 / Active=50000
 Designated Bridge/Port :0.4c1f-cc4a-07eb / 128.2
 Port Edged            :Config=default / Active=disabled
 Point-to-point        :Config=auto / Active=true
 Transit Limit         :147 packets/hello-time
 Protection Type       :None
```

```
Port STP Mode              :RSTP
Port Protocol Type         :Config=auto / Active=dot1s
BPDU Encapsulation         :Config=stp / Active=stp
PortTimes                  :Hello 2s MaxAge 20s FwDly 15s RemHop 0
TC or TCN send             :4
TC or TCN received         :10
BPDU Sent                  :5
    TCN: 0, Config: 0, RST: 5, MST: 0
BPDU Received    :398
    TCN: 0, Config: 0, RST: 398, MST: 0
```

2.8 生成树安全管理

2.8.1 理论基石

1.BPDU 保护

在二层网络中，运行生成树协议（STP/RSTP/MSTP/VBST）的交换机之间通过交互 BPDU 报文进行生成树计算，将环形网络修剪成无环路的树形拓扑。生成树协议部署时通常将交换机与用户终端（如 PC）或文件服务器等非交换设备相连的端口配置为边缘端口。边缘端口不参与生成树计算，可以由 Disable 状态直接转到 Forwarding 状态，且不经历时延，就像在端口上禁用生成树协议。网络中用户终端频繁上下线时，部署边缘端口可以避免交换机不断地重新计算生成树拓扑，增强网络的可靠性。

因此需要将交换机上与 PC 相连的端口设置为边缘端口。正常情况下，边缘端口不会收到 BPDU。但如果有人伪造 BPDU 恶意攻击交换机，当边缘端口接收到 BPDU 时，交换机会自动将边缘端口设置为非边缘端口，并重新进行生成树计算。当攻击者发送的 BPDU 报文中桥优先级高于现有网络中根桥优先级时会改变当前网络拓扑，导致业务流量中断。

交换机上启动了 BPDU 保护功能后，如果边缘端口收到 BPDU，其将被 shutdown，但是属性不变，因此不会影响网络中生成树拓扑，从而避免了业务中断。同时交换机上会出现如下日志信息，并通知网管。

2.RSTP 根保护

由于维护人员的错误配置或网络恶意攻击，网络中合法根桥有可能会收到优先级更高的 RST BPDU，使得合法根桥失去根地位，从而引起网络拓扑结构错误变动。这种不合法的拓扑变化，会导致原来应该通过高速链路的流量被牵引到低速链路上，造成网络拥塞，如图 2-26 所示。

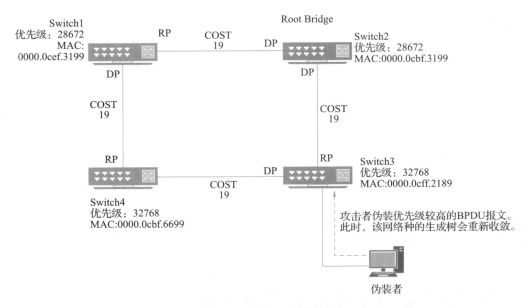

▲ 图 2-26 生成树安全问题

当 Switch5 新接入 Switch3 时,由于 Switch5 的桥优先级高于 Switch2,此时 Switch5 会被选举为新的根桥,此时,会引起整个交换网络重新选路,造成网络拥塞及流量丢失等问题。如图 2-27 所示。为了解决这个问题,可以在 Switch3 连接 Switch5 的端口上配置根保护。对于启用根保护功能的指定端口,其端口角色只能保持为指定端口。一旦启用 Root 保护功能的指定端口收到优先级更高的 RST BPDU,那么端口将进入 Discarding(弃用)状态,不再转发报文。如果在一段时间[通常为两倍的转发时延(Forward Delay)]内,端口没有再收到优先级更高的 RST BPDU,那么端口会自动恢复到正常的 Forwarding 状态。

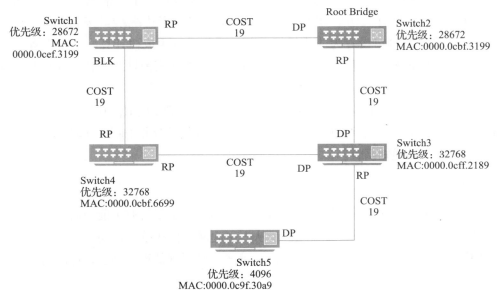

▲ 图 2-27 新设备加入后的交换网络

当 Device D 新接入 Device C 时，如果 Device D 的桥优先级高于 Device A，此时 Device D 会被选举为新的根桥。如果两个核心交换机 Device A 和 Device B 之间的 1000Mbit/s 链路被阻塞，那么会导致 VLAN 中的流量都通过两条 100Mbit/s 链路传输，可能会引起网络拥塞及流量丢失，如图 2-27 所示。

此时可以在 Device C 连接 Device D 的端口上配置根保护。对于启用根保护功能的指定端口，其端口角色只能保持为指定端口。一旦启用 Root 保护功能的指定端口收到优先级更高的 RST BPDU，那么端口将进入 Discarding 状态，不再转发报文。如果在一段时间（通常为两倍的 Forward Delay）内，端口没有再收到优先级更高的 RST BPDU，那么端口会自动恢复到正常的 Forwarding 状态。

（1）根保护功能仅在指定端口上生效。
（2）环路保护功能和根保护功能不能同时配置在同一端口。
（3）MSTP、VBST 中的环路保护功能与 RSTP 类似。三种协议的区别在于 RSTP 中所有 VLAN 共享一棵生成树，所有 VLAN 的流量按照同样的路径转发，而 MSTP 和 VBST 可以实现不同 VLAN 的流量按照不同路径转发。

3.RSTP 环路保护

在运行 RSTP 的网络中，根端口和其他阻塞端口状态是依靠不断接收来自上游交换设备的 RST BPDU 维持。当因为链路拥塞或者单向链路故障导致端口收不到来自上游交换设备的 RST BPDU 时，交换设备就会重新选择根端口。原先的根端口会转变为指定端口，而原先的阻塞端口会迁移到转发状态，造成交换网络中可能产生环路。

如图 2-28 所示，当 BP2~CP1 之间的链路发生拥塞时，Device C 由于根端口 CP1 在超时时间内接收不到来自上游设备的 BPDU 报文，Alternate 端口 CP2 放开转变成根端口，根端口 CP1 转变成指定端口，从而形成环路。

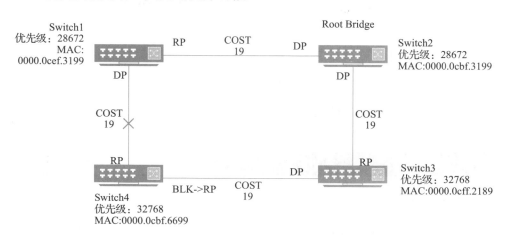

▲图 2-28 单向链路故障引发环路问题

在启动了环路保护功能后，如果根端口或 Alternate 端口长时间接收不到来自上游设备的 BPDU 报文，则向网管发出通知信息（此时根端口会进入 Discarding 状态，角色切换为指定端口），而 Alternate 端口则会一直保持在阻塞状态（角色也会切换为指定端口），不转发报文，从而不会在网络中形成环路。直到链路不再拥塞或单向链路故障恢复，端口重新收到 BPDU 报文进行协商，并恢复到链路拥塞或者单向链路故障前的角色和状态。

2.8.2 任务目标

- 理解生成树 BPDU 保护功能。
- 理解生成树根保护功能。
- 理解生成树环路保护功能。

2.8.3 任务规划

1. 任务描述

千山集团为搭建公司网络购买了一批交换机，现在要了解交换机的配置与使用。

2. 实验拓扑（见图 2-29）

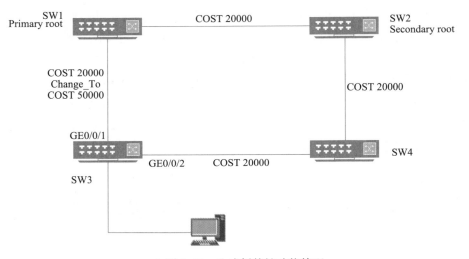

▲图 2-29 生成树特性功能管理

2.8.4 实践环节

1. 接入配置窗口

生成树边缘端口不会发 BPDU 报文，但可以接收 BPDU，一旦接收到 BPDU 就会失去边缘端口特性。全局配置：华为会将所有端口开启，如果在全局开启了边缘端口，则需要用 Trunk 端口关闭边缘端口功能。代码如下：

[LSW2]interface GigabitEthernet 0/0/1

```
[LSW2-GigabitEthernet0/0/1]port link-type trunk
[LSW2-GigabitEthernet0/0/1]stp edged-port disable
[LSW2-GigabitEthernet0/0/1]quit
[LSW2]stp edged-port default
[LSW2]display stp interface GigabitEthernet 0/0/4 | include Edge
 Port Edged          :Config=default / Active=enabled
......
[LSW2]interface GigabitEthernet 0/0/4
[LSW2-GigabitEthernet0/0/4]stp edged-port enable
[LSW2-GigabitEthernet0/0/4]quit
[LSW2]display stp interface GigabitEthernet 0/0/4 | include Edge
 Port Edged          :Config=enabled / Active=enabled
```

2.BPDU 防护（bpdu-protection 命令）

BPDU 防护需要配合边缘端口使用，目前只了解到通过全局进行配置；开启 BPDU 防护功能以后，所有的边缘端口自动使能防护功能，当边缘端口收到 BPDU 时，会将该接口设置为 down 状态，可以通过如下代码来实现自动恢复。

```
[LSW2]stp bpdu-protection
[LSW2]error-down auto-recovery cause bpdu-protection interval 120
[LSW2]display stp interface GigabitEthernet 0/0/4
-------[CIST Global Info][Mode RSTP]-------
BPDU-Protection     :Enabled
----[Port4(GigabitEthernet0/0/4)][FORWARDING]----
 Port Edged          :Config=enabled / Active=enabled
 BPDU-Protection     :Enabled
 Point-to-point      :Config=auto / Active=true
```

3.BPDU 过滤（bpdu-filter 命令）

使边缘端口不接收（不处理）、不发送 BPDU 报文，该端口即为 BPDU filter 端口。在系统视图下同时执行 stp bpdu-filter default 和 stp edged-port default 命令，设备上所有的端口不会主动发送 BPDU 报文，且均不会主动与对端设备直连端口协商，所有端口均处于转发状态。代码如下。另外，需要注意的是，这可能导致网络成环，引起广播风暴，请用户慎用。

```
[LSW2]stp bpdu-filter default
[LSW2]interface GigabitEthernet 0/0/4
[LSW2-GigabitEthernet0/0/4]stp bpdu-filter disable
```

4.根保护（root-protection 命令）（一般配置在根交换机的指定端口上）

对于使能根保护功能的指定端口，其端口角色只能保持为指定端口。一旦使能根保护功能的指定端口收到优先级更高的 BPDU 时，端口将进入 Discarding 状态，不再转发报文。

在经过一段时间（通常为两倍的 Forward Delay）后，如果端口一直没有再收到优先级较高的 BPDU，那么端口会自动恢复到正常的 Forwarding 状态。代码如下：

```
[LSW1]interface GigabitEthernet 0/0/1
[LSW1-GigabitEthernet0/0/1]stp root-protection
[LSW1-GigabitEthernet0/0/1]quit
```

在运行生成树算法的网络中，当网络拓扑结构发生变化时，因为新的 BPDU 配置消息需要经过一定的时间才能传遍整个网络，所以本应被阻塞的端口可能还来不及被阻塞而之前被阻塞的端口已经不再阻塞，这样就有可能会形成临时的环路。为了避免这种情况出现，可以通过 Forward Delay 定时器设置时延时间，即在这个时延时间内所有端口都会被临时阻塞。代码如下：

```
[LSW1]stp timer forward-delay 400
```

在根桥上配置的 Forward Delay 定时器的时间将通过 BPDU 传递下去，从而成为整棵生成树内所有交换设备的 Forward Delay 定时器时间。

在配置呼叫时间（Hello Time）、Forward Delay 和最长寿命（Max Age）这 3 个时间参数值时，配置的数值应满足以下关系才能保证整个网络的生成树算法有效地工作，否则网络会频繁震荡。

$2 \times (\text{Forward Delay} - 1.0\text{s}) >= \text{Max Age}$

$2 \times (4-1) = 6 >= 20$（默认网络直径大小为 7，Max Age 为 20），因此将 Forward Delay 改为 4，会导致网络频繁震荡。

$\text{Max Age} >= 2 \times (\text{Hello Time} + 1.0\text{s})$

建议使用 stp bridge-diameter 命令配置网络直径，交换设备会自动根据网络直径计算出 Hello Time、Forward Delay 及 Max Age 3 个时间参数的较优值。

```
[LSW1]stp bridge-diameter 3
```

网络直径范围为 2~7，那么直径如何计算？

5. 环路保护（loop-protection 命令）（只配置在根端口或者 Alternate 端口）

在运行生成树协议的网络中，根端口和其他阻塞端口状态是依靠不断接收来自上游设备的 BPDU 报文维持。当由于链路拥塞或者单向链路故障导致这些端口接收不到来自上游设备的 BPDU 报文时，交换设备会重新选择根端口。原先的根端口会转变为指定端口，而原先的阻塞端口会迁移到转发状态，导致网络可能产生环路。

为了防止以上情况发生，可部署环路保护功能。在启动了环路保护功能后，如果根端口或 Alternate 端口长时间接收不到来自上游设备的 BPDU 报文时，则向网管发出通知消息（此时根端口会进入 Discarding 状态），而阻塞端口则会一直保持在阻塞状态，不转发报文，从而不会在网络中形成环路，直到根端口或 Alternate 端口接收到 BPDU 报文，端口才恢复为正常的 Forwarding 状态。代码如下：

```
[LSW2]interface GigabitEthernet 0/0/3
```

```
[LSW2-GigabitEthernet0/0/3]stp loop-protection
[LSW2-GigabitEthernet0/0/3]quit
[LSW2]display stp interface GigabitEthernet 0/0/3 | include Loop
 Protection Type: Loop
```

2.9 增加企业内部网络带宽

2.9.1 理论基石

以太网链路聚合（Eth-Trunk），简称链路聚合，它通过将多条以太网物理链路捆绑在一起成为一条逻辑链路，从而实现增加链路带宽的目的。同时，这些捆绑在一起的链路通过相互间的动态备份，可以有效地提高链路的可靠性。

随着网络规模的不断扩大，用户对骨干链路的带宽和可靠性提出了越来越高的要求。在传统技术中，常用更换高速率的设备的方式来增加带宽，但这种方案需要付出高额的费用，而且不够灵活。

采用链路聚合技术可以在不进行硬件升级的条件下，通过将多个物理端口捆绑为一个逻辑端口，达到增加链路带宽的目的。在实现增大带宽目的的同时，链路聚合采用备份链路的机制，可以有效提高设备之间链路的可靠性。

链路聚合技术主要有以下3个优势：

① 增加带宽：链路聚合端口的最大带宽可以达到各成员端口带宽之和。

② 提高可靠性：当某条活动链路出现故障时，流量可以切换到其他可用的成员链路上，从而提高链路聚合端口的可靠性。

③ 负载分担：在一个链路聚合组内，可以实现在各成员活动链路上的负载分担。

如图2-30所示，SW1和SW2之间通过两条以太网物理链路相连，将这两条链路捆绑在一起，就成了一条逻辑链路。这条逻辑链路的最大带宽等于原先两条以太网物理链路的带宽总和，从而达到增加链路带宽的目的；同时，两条以太网物理链路相互备份，有效地提高了链路的可靠性。

▲ 图2-30 链路聚合技术

以下是链路聚合的一些基本概念：

1. 链路聚合组和链路聚合端口

链路聚合组（Link Aggregation Group，LAG）是指将若干条以太链路捆绑在一起所形成的逻辑链路。

每个聚合组唯一对应着一个逻辑端口，这个逻辑端口称为链路聚合端口或Eth-Trunk

端口。链路聚合端口可以作为普通的以太网端口来使用。其与普通以太网端口的区别在于：转发的时候链路聚合组需要从成员端口中选择一个或多个端口来进行数据转发。

2. 成员接口和成员链路

组成 Eth-Trunk 端口的各个物理端口称为成员端口。成员端口对应的链路称为成员链路。

3. 活动端口和非活动端口、活动链路和非活动链路

链路聚合组的成员端口存在活动端口和非活动端口两种。转发数据的端口称为活动端口，不转发数据的端口称为非活动端口。活动端口对应的链路称为活动链路，非活动端口对应的链路称为非活动链路。

4. 活动端口数上限阈值

设置活动端口数上限阈值的目的是在保证带宽的情况下提高网络可靠性。当前活动链路数目达到上限阈值时，再向 Eth-Trunk 端口中添加成员端口，不会增加 Eth-Trunk 活动端口的数目，超过上限阈值的链路状态将被置为 Down，作为备份链路。

例如，有 8 条无故障链路在一个 Eth-Trunk 内，每条链路都能提供 1Gbit/s 的带宽，现在最多需要 5Gbit/s 带宽，那么上限阈值就可以设为 5 或者更大的值，其他链路会自动进入备份状态以提高网络的可靠性。

5. 活动端口数下限阈值

设置活动端口数下限阈值是为了保证最小带宽。当活动链路数目小于下限阈值时，Eth-Trunk 端口的状态转为 Down。例如，每条物理链路能提供 1Gbit/s 的带宽，现在最小需要 2Gbit/s 的带宽，那么活动端口数下限阈值必须要大于等于 2。

2.9.2 链路聚合模式

1. 手工模式链路聚合

手工模式下，Eth-Trunk 的建立、成员端口的加入由手工配置，没有链路聚合控制协议（Link Aggregation Control Protocol，LACP）的参与。当需要在两个直连设备之间提供一个较大的链路带宽而设备又不支持 LACP 时，可以使用手工模式。手工模式可以实现增加带宽、提高可靠性和负载分担的目的。

2. LACP 模式链路聚合

手工模式 Eth-Trunk 可以完成多个物理端口聚合成一个 Eth-Trunk 端口来提高带宽，同时能够检测到同一聚合组内的成员链路有断路等有限故障，但是无法检测到链路层故障、链路错连故障等。

为了提高 Eth-Trunk 的容错性，并且能提供备份功能，保证成员链路的高可靠性，可以使用 LACP。LACP 为交换数据的设备提供了一种标准的协商方式，以供设备根据自身

配置自动形成聚合链路并启动聚合链路收发数据。聚合链路形成后，LACP 负责维护链路状态，在聚合条件发生变化时，自动调整或解散链路聚合。

3. 系统 LACP 优先级

系统 LACP 优先级是为了区分两端设备优先级高低而配置的参数。LACP 模式下，两端设备所选择的活动端口必须保持一致，否则链路聚合组就无法建立。此时可以使其中一端具有更高的优先级，另一端根据高优先级的一端来选择活动端口即可。系统 LACP 优先级值越小，优先级越高。

4. 端口 LACP 优先级

端口 LACP 优先级是为了区别同一个 Eth-Trunk 中的不同端口被选为活动端口的优先程度，优先级高的端口将优先被选为活动端口。端口 LACP 优先级值越小，优先级越高。

5. LACP 备份

LACP 模式链路聚合由 LACP 确定聚合组中的活动和非活动链路。假设交换机与交换机之间存在 4 条链路，那么可以把其中 3 条链路设置为活动链路，一条链路设置为非活动链路，当活动链路中的某条链路发生故障后，非互动链路会自动设置为活动链路，此时链路的带宽总量还是 3 条链路之和。

6. 活动链路与非活动链路切换

LACP 模式链路聚合组两端设备中任何一端检测到以下事件，都会触发聚合组的链路切换：

（1）链路 Down 事件。

（2）以太网 OAM（Operation Administration and Maintenance，操作维护管理）检测到链路失效。

（3）LACP 协议发现链路故障。

（4）端口不可用。

（5）在使能了 LACP 抢占功能的前提下，更改备份端口的优先级高于当前活动端口的优先级。

当满足上述切换条件其中之一时，按照如下步骤进行切换：

（1）关闭故障链路。

（2）从备份链路中选择优先级最高的链路接替活动链路中的故障链路。

（3）优先级最高的备份链路转为活动状态并转发数据，完成切换。

2.9.3 任务目标

- 理解链路聚合的工作原理。
- 掌握手工模式链路聚合和 LACP 模式链路聚合的配置与管理。

2.9.4 任务规划

1. 任务描述

千山集团为搭建公司网络购买了一批交换机,现在要了解交换机的配置与使用。

2. 实验拓扑(见图 2-31)

▲ 图 2-31 交换机本地管理

2.9.5 实践环节

1. 配置手工 Eth-Trunk 隧道

在 SW1 和 SW2 上创建 ID 为 1 的 Eth-Trunk 端口,同时把交换机之间连接的 GE0/0/1~GE0/0/3 端口划分到 Eth-Trunk 端口。代码如下:

```
<HUAWEI> system-view
[HUAWEI] sysname SW1
[SW1] interface eth-trunk 1
[SW1-Eth-Trunk1] trunkport gigabitethernet 0/0/1 to 0/0/3
[SW1-Eth-Trunk1] quit
<HUAWEI> system-view
[HUAWEI] sysname SW2
[SW2] interface eth-trunk 1
[SW2-Eth-Trunk1] trunkport gigabitethernet 1/0/1 to 1/0/3
[SW2-Eth-Trunk1] quit
```

创建 VLAN10 和 VLAN20,配置 Eth-Trunk1 端口为 Trunk 模式,并允许 VLAN10 和 VLAN20 通行。代码如下:

```
[SW1] vlan batch 10 20
[SW1] interface eth-trunk 1
[SW1-Eth-Trunk1] port link-type trunk
[SW1-Eth-Trunk1] port trunk allow-pass vlan 10 20
[SW1-Eth-Trunk1] quit
[SW2] vlan batch 10 20
[SW2] interface eth-trunk 1
[SW2-Eth-Trunk1] port link-type trunk
[SW2-Eth-Trunk1] port trunk allow-pass vlan 10 20
[SW2-Eth-Trunk1] quit
```

在交换机 SW1 和 SW2 上配置 Eth-Trunk,配置 Eth-Trunk1 的负载分担方式。代码如下:

```
[SW1] interface eth-trunk 1
[SW1-Eth-Trunk1] load-balance src-dst-mac
[SW1-Eth-Trunk1] quit
[SW2] interface eth-trunk 1
[SW2-Eth-Trunk1] load-balance src-dst-mac
[SW2-Eth-Trunk1] quit
```

检查 Eth-Trunk 是否创建成功及成员端口状态。代码如下：

```
[SW1] display eth-trunk 1
Eth-Trunk1's state information is:
WorkingMode: NORMAL              Hash arithmetic: According to SA-XOR-DA
Least Active-linknumber: 1       Max Bandwidth-affected-linknumber: 8
Operate status: up               Number Of Up Port In Trunk: 3
--------------------------------------------------------------
PortName                  Status      Weight
GigabitEthernet1/0/1      Up          1
GigabitEthernet1/0/2      Up          1
GigabitEthernet1/0/3      Up          1
```

2. 配置 LACP Eth-Trunk 隧道

在 SW1 和 SW2 上创建 Eth-Trunk1 并配置为 LACP 模式。代码如下：

```
<HUAWEI> system-view
[HUAWEI] sysname SW1
[SW1] interface eth-trunk 1
[SW1-Eth-Trunk1] mode lacp
[SW1-Eth-Trunk1] quit
<HUAWEI> system-view
[HUAWEI] sysname SW2
[SW2] interface eth-trunk 1
[SW2-Eth-Trunk1] mode lacp
[SW2-Eth-Trunk1] quit
```

在 SW1 和 SW2 上配置 Eth-Trunk，并把相应的端口加入进来。代码如下：

```
[SW1] interface gigabitethernet 0/0/1
[SW1-GigabitEthernet0/0/1] eth-trunk 1
[SW1-GigabitEthernet0/0/1] quit
[SW1] interface gigabitethernet 0/0/2
[SW1-GigabitEthernet0/0/2] eth-trunk 1
[SW1-GigabitEthernet0/0/2] quit
[SW1] interface gigabitethernet 0/0/3
[SW1-GigabitEthernet0/0/3] eth-trunk 1
[SW1-GigabitEthernet0/0/3] quit
```

在 SW1 上配置系统优先级为 100，使其成为 LACP 主动端。代码如下：

```
[SW1] lacp priority 100
```

在 SW1 上配置活动端口上限阈值为 2。代码如下：

```
[SW1] interface eth-trunk 1
[SW1-Eth-Trunk1] max active-linknumber 2
[SW1-Eth-Trunk1] quit
```

在 SW1 上配置端口优先级确定活动链路。代码如下：

```
[SW1] interface gigabitethernet 0/0/1
[SW1-GigabitEthernet0/0/1] lacp priority 100
[SW1-GigabitEthernet0/0/1] quit
[SW1] interface gigabitethernet 0/0/2
[SW1-GigabitEthernet0/0/2] lacp priority 100
[SW1-GigabitEthernet0/0/2] quit
```

创建 VLAN10 和 VLAN20，配置 Eth-Trunk1 端口为 Trunk 模式，并允许 VLAN10 和 VLAN20 通行。代码如下：

```
[SW1] vlan batch 10 20
[SW1] interface eth-trunk 1
[SW1-Eth-Trunk1] port link-type trunk
[SW1-Eth-Trunk1] port trunk allow-pass vlan 10 20
[SW1-Eth-Trunk1] quit
[SW2] vlan batch 10 20
[SW2] interface eth-trunk 1
[SW2-Eth-Trunk1] port link-type trunk
[SW2-Eth-Trunk1] port trunk allow-pass vlan 10 20
[SW2-Eth-Trunk1] quit
```

检查 Eth-Trunk 是否创建成功及成员端口状态。代码如下：

```
[SW1] display eth-trunk 1
Eth-Trunk1's state information is:
Local:
LAG ID: 1                          WorkingMode: LACP
Preempt Delay: Disabled            Hash arithmetic: According to SIP-XOR-DIP
System Priority: 100               System ID: 00e0-fca8-0417
Least Active-linknumber: 1         Max Active-linknumber: 2
Operate status: up                 Number Of Up Port In Trunk: 2
--------------------------------------------------------------------
ActorPortName          Status    PortType PortPri PortNo PortKey PortState Weight
GigabitEthernet0/0/1   Selected  1GE      100     6145   2865    11111100  1
GigabitEthernet0/0/2   Selected  1GE      100     6146   2865    11111100  1
GigabitEthernet0/0/3   Unselect  1GE      32768   6147   2865    11100000  1
Partner:
--------------------------------------------------------------------
```

```
ActorPortName     SysPri  SystemID       PortPri PortNo PortKey PortState
GigabitEthernet0/0/1 32768  00e0-fca6-7f85 32768   6145   2609    11111100
GigabitEthernet0/0/2 32768  00e0-fca6-7f85 32768   6146   2609    11111100
GigabitEthernet0/0/3 32768  00e0-fca6-7f85 32768   6147   2609    11110000
[SW2] display eth-trunk 1
Eth-Trunk1's state information is:
Local:
LAG ID: 1                         WorkingMode: LACP
Preempt Delay: Disabled           Hash arithmetic: According to SIP-XOR-DIP
System Priority: 32768            System ID: 00e0-fca6-7f85
Least Active-linknumber: 1        Max Active-linknumber: 8
Operate status: up                Number Of Up Port In Trunk: 2
--------------------------------------------------------------------------
ActorPortName      Status   PortType PortPri PortNo PortKey PortState Weight
GigabitEthernet0/0/1 Selected 1GE     32768   6145   2609   11111100   1
GigabitEthernet0/0/2 Selected 1GE     32768   6146   2609   11111100   1
GigabitEthernet0/0/3 Unselect 1GE     32768   6147   2609   11100000   1
Partner:
--------------------------------------------------------------------------
ActorPortName      SysPri  SystemID       PortPri PortNo PortKey PortState
GigabitEthernet0/0/1 100   00e0-fca8-0417  100     6145   2865   11111100
GigabitEthernet0/0/2 100   00e0-fca8-0417  100     6146   2865   11111100
GigabitEthernet0/0/3 100   00e0-fca8-0417  32768   6147   2865   11110000
```

检查结果：通过检查在 SW1 的系统优先级为 100，高于 SW2 的系统优先级。交换机 SW1 和 SW2 的 GigabitEthernet0/0/1、GigabitEthernet0/0/2 端口状态为活动状态，并且在指令检查中为 Selected 状态，端口 GigabitEthernet0/0/3 处于备份状态，通过命令检查为 Unselect 状态，同时实现两条链路的负载分担和一条链路的冗余备份功能。

2.10 限制部门间特定主机通信

2.10.1 理论基石

ACL 是由一条或多条规则组成的集合。所谓规则，是指描述报文匹配条件的判断语句，这些条件可以是报文的源地址、目的地址、端口号等。ACL 本质上是一种报文过滤器，规则是过滤器的滤芯。设备基于这些规则进行报文匹配，可以过滤出特定的报文，并根据应用 ACL 业务模块的处理策略来允许或阻止该报文通过。

随着网络的飞速发展，网络安全和网络服务质量 QoS(Quality of Service)问题日益突出。

企业重要服务器资源被随意访问，企业机密信息容易泄露，造成安全隐患。Internet 病毒肆意侵略企业内网，内网环境的安全性堪忧。网络带宽被各类业务随意挤占，服务质量要求最高的语音、视频业务的带宽得不到保障，造成用户体验差。

以上种种问题，都对正常的网络通信造成了很大的影响。因此，提高网络安全性服务质量迫在眉睫。ACL 就在这种情况下应运而生了。

通过 ACL 可以实现对网络中报文流的精确识别和控制，达到控制网络访问行为、防止网络攻击和提高网络带宽利用率的目的，从而切实保障网络环境的安全性和网络服务质量的可靠性，如图 2-32 所示。

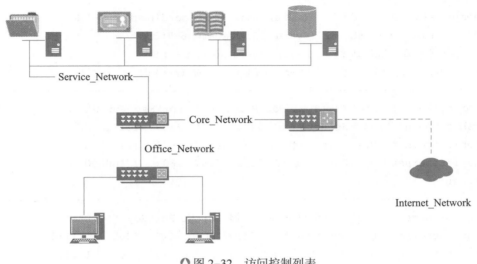

△ 图 2-32　访问控制列表

1.ACL 的基本原理

ACL 由一系列规则组成，设备通过将报文与 ACL 规则进行匹配，可以过滤出特定的报文。

ACL 编号：用于标识 ACL，表明该 ACL 是数字型 ACL。

根据 ACL 规则功能的不同，ACL 被划分为基本 ACL、高级 ACL、二层 ACL 和用户 ACL 几种类型，每类 ACL 编号的取值范围不同。

设备除了可以通过 ACL 编号标识 ACL，还支持通过名称来标识 ACL，就像用域名代替 IP 地址一样，更加方便记忆。这种 ACL，称为命名型 ACL。

命名型 ACL 实际上是"名字+数字"的形式，可以在定义命名型 ACL 的同时指定 ACL 编号。如果不指定编号，则由系统自动分配。

规则：描述报文匹配条件的判断语句。

（1）规则编号：用于标识 ACL 规则。可以自行配置规则编号，也可以由系统自动分配。ACL 规则的编号范围是 0 ~ 4294967294，所有规则均按照规则编号从小到大进行排序。系统按照从小到大的顺序，将规则依次与报文匹配，一旦匹配上一条规则即停止匹配。

（2）动作：包括 permit 和 deny 两种动作，分别表示允许和拒绝。

（3）匹配项：ACL 定义了极其丰富的匹配项。除了源地址和生效时间段外，ACL 还支持很多其他规则匹配项。例如，二层以太网帧头信息（如源 MAC、目的 MAC、以太帧协议类型）、三层报文信息（如目的地址、协议类型）以及四层报文信息（如 TCP/UDP 端口号）等。

2.ACL 匹配机制

设备将报文与 ACL 规则进行匹配时，遵循"一旦命中即停止匹配"的机制，如图 2-33 所示。

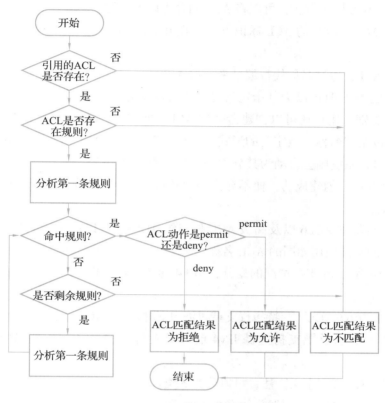

▲图 2-33　ACL 处理流程

首先系统会查找设备上是否配置了 ACL。

（1）如果 ACL 不存在，则返回 ACL 匹配结果为不匹配。

（2）如果 ACL 存在，则查找设备是否配置了 ACL 规则。

如果规则不存在，则返回 ACL 匹配结果为不匹配。

如果规则存在，则系统会从 ACL 中编号最小的规则开始查找。

（3）如果匹配上了 permit 规则，则停止查找规则，并返回 ACL 匹配结果为匹配（允许）。

（4）如果匹配上了 deny 规则，则停止查找规则，并返回 ACL 匹配结果为匹配（拒绝）。

（5）如果未匹配上规则，则继续查找下一条规则，以此循环。如果一直查到最后一条规则，报文仍未匹配上，则返回 ACL 匹配结果为不匹配。从整个 ACL 匹配流程可以看出，报文与 ACL 规则匹配后，会产生两种匹配结果，即"匹配"和"不匹配"。

（6）匹配（命中规则）：指存在 ACL，且在 ACL 中查找到了符合匹配条件的规则。不论匹配的动作是 permit 还是 deny，都称为匹配，而不只是匹配上 permit 规则才算匹配。

（7）不匹配（未命中规则）：指不存在 ACL、ACL 中无规则或者在 ACL 中遍历了所有规则都没有找到符合匹配条件的规则。这 3 种情况都叫作不匹配。

3.ACL 的分类

（1）基于 ACL 标识方法，可以将 ACL 划分为以下两类。

①数字型 ACL：传统的 ACL 标识方法。创建 ACL 时，指定一个唯一的数字标识该 ACL。

②命名型 ACL：通过名称代替编号来标识 ACL。

用户在创建 ACL 时可以为其指定编号，不同的编号对应不同类型的 ACL。同时，为了便于记忆和识别，用户还可以创建命名型 ACL，即在创建 ACL 时为其设置名称。命名型 ACL，也可以是"名称+数字"的形式，即在定义命名型 ACL 时，同时指定 ACL 编号。如果不指定编号，系统则会自动为其分配一个数字型 ACL 编号。

命名型 ACL 一旦创建成功，便不允许用户再修改其名称。如果删除 ACL 名称，则表示删除整个 ACL。

基本 ACL 与基本 ACL6 以及高级 ACL 与高级 ACL6，可以使用相同的 ACL 名称；其他类型 ACL 之间不能使用相同的 ACL 名称。

基于对 IPv4 和 IPv6 支持情况的划分，ACL4 通常直接叫作"ACL"，特指仅支持过滤 IPv4 报文的 ACL。

ACL6 又叫"IPv6 ACL"，特指仅支持过滤 IPv6 报文的 ACL。

以上两种 ACL 以及既支持过滤 IPv4 报文又支持过滤 IPv6 报文的 ACL，统一称作 ACL。

（2）基于 ACL 规则定义方法，可以分为 5 类。

基于 ACL 规则定义方式的划分如表 2-1 所示。

表 2-1 基于 ACL 规则定义方式的划分

类型	描述	编号范围
基本 ACL	仅检查源地址作为匹配对象	2000~2999
高级 ACL	能够通过检查源地址、目标地址及数据包的类型和端口匹配对象	3000~3999
二层 ACL	通过检查以太网数据帧的帧头信息，根据源 MAC 地址和目标 MAC 地址等匹配对象	4000~4999
用自定义 ACL	使用报文头、偏移位置、字符串掩码和用户自定义字符串定义匹配对象	5000~5999
用户 ACL	拥有和高级 ACL 同等的功能	6000~6031

4.ACL 的生效时间段

ACL 定义了丰富的匹配项，可以满足大部分的报文过滤需求。但需求是不断变化发展的，新的需求总是不断涌现。例如，某公司要求，在上班时间只允许员工浏览与工作相关的几个网站，下班或周末时间才可以访问其他网站；再如，在每天 20:00 ～ 22:00 的网络流量高峰期，为防止对等网络（Peer-to-Peer，P2P）下载类业务占用大量带宽对其他数据业务的正常使用造成影响，需要对 P2P 下载类业务的带宽进行限制。

基于时间的 ACL 过滤就是用来解决上述问题的。网络管理员可以根据网络访问行为的要求和网络的拥塞情况，配置一个或多个 ACL 生效时间段，然后在 ACL 规则中引用该时间段，从而实现在不同的时间段设置不同的策略，达到网络优化的目的。

5. 生效时间段模式

在 ACL 规则中引用的生效时间段存在以下两种模式。

第一种模式——周期时间段：以星期为参数来定义时间范围，表示规则以一周为周期（如每周一的 8 至 12 点）循环生效。

格式：time-range time-name start-time to end-time { days } &<1-7>

其中：

- time-name：时间段名称，以英文字母开头的字符串。
- start-time to end-time：开始时间和结束时间。格式为 [小时 : 分钟] to [小时 : 分钟]。
- days：有多种表达方式。

可以用 Mon、Tue、Wed、Thu、Fri、Sat、Sun 中的一个或者几个组合表达，也可以用数字表达，0 表示星期日，1 表示星期一，……，6 表示星期六。

- working-day：从星期一到星期五，五天。
- daily：包括一周七天。
- off-day：包括星期六和星期日，两天。

第二种模式——绝对时间段：从某年某月某日的某一时间开始，到某年某月某日的某一时间结束，表示规则在这段时间范围内生效。

格式：time-range time-name from time1 date1 [to time2 date2]

其中：

- time-name：时间段名称，以英文字母开头的字符串。
- time1/time2：格式为 [小时 : 分钟]。
- date1/date2：格式为 [YYYY/MM/DD]，表示年 / 月 / 日。

可以使用同一名称（time-name）配置内容不同的多条时间段，配置的各周期时间段之间以及各绝对时间段之间的交集将成为最终生效的时间范围。

例如，在 ACL 2001 中引用时间段 test，test 包含了 3 个生效时间段：

```
#
time-range test 8:00 to 18:00 working-day
time-range test 14:00 to 18:00 off-day
time-range test from 00:00 2021/01/01 to 23:59 2021/12/31
#acl number 2001
rule 5 permit time-range test
```

第一个时间段，表示在周一到周五每天 8:00 到 18:00 生效，这是一个周期时间段。

第二个时间段，表示在周六、周日下午 14:00 到 18:00 生效，这是一个周期时间段。

第三个时间段，表示从 2021 年 1 月 1 日 00:00 起到 2021 年 12 月 31 日 23:59 生效，这是一个绝对时间段。

时间段 test 最终描述的时间范围为：2021 年的周一到周五每天 8:00 到 18:00 以及周六和周日下午 14:00 到 18:00。

2.10.2 任务目标

- 理解访问控制列表的工作场景。
- 理解访问控制列表的工作原理。
- 掌握访问控制列表规则的书写。
- 掌握基于时间限制的访问控制列表的配置和管理。

2.10.3 任务规划

1. 任务描述

（1）PC 与设备之间路由可达，用户希望简单方便地配置和管理远程设备，可以在服务器端配置 Telnet 用户使用 AAA 验证登录，并配置安全策略，保证只有符合安全策略的用户才能登录设备。

（2）出于安全考虑，现要求在 SW1 上配置高级 ACL 限制 VLAN10 和 VLAN20 两个部门之间相互通信。

2. 实验拓扑（见图 2-34、图 2-35）

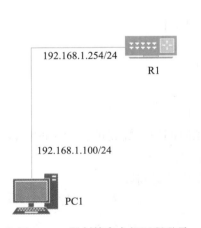

▲图 2-34 限制特定主机远程登录

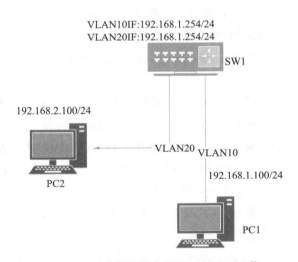

▲图 2-35 限制特定部门之间相互通信

2.10.4 实践环节

1. 使用基本 ACL 限制特定主机访问 Telnet

使能服务器功能。代码如下：

```
<HUAWEI> system-view
[HUAWEI] sysname R1
[R1] telnet server enable
```

配置 R1 路由，VTY 用户界面的最大个数为 15。代码如下：

```
[R1] user-interface maximum-vty 15
```

在 R1 上配置用于远程登录的主机 IP 地址。代码如下：

```
[R1] acl 2001
[R1-acl-basic-2001] rule permit source 192.168.1.100 0
[R1-acl-basic-2001] quit
[R1] user-interface vty 0 14
[R1-ui-vty0-14] protocol inbound telnet
[R1-ui-vty0-14] acl 2001 inbound
```

配置 VTY 用户界面的终端属性。代码如下：

```
[R1-ui-vty0-14] shell
[R1-ui-vty0-14] idle-timeout 20
[R1-ui-vty0-14] screen-length 0
[R1-ui-vty0-14] history-command max-size 20
```

配置 VTY 用户界面的用户验证方式。代码如下：

```
[R1-ui-vty0-14] authentication-mode aaa
[R1-ui-vty0-14] quit
```

配置登录用户的验证方式。代码如下：

```
[R1] aaa
[R1-aaa] local-user Radmin password irreversible-cipher P@ssw0rd
[R1-aaa] local-user Radmin service-type telnet
[R1-aaa] local-user Radmin privilege level 3
[R1-aaa] quit
```

在 PC1 上找到 putty.exe 程序，或者找到支持 telnet 的工具，输入 R1 的端口地址和连接端口后，在终端上按【Enter】键，此时会弹出身份验证窗口，输入 AAA 验证方式配置的登录用户名和密码，验证通过后，出现用户视图命令行提示符，至此用户登录设备成功。代码如下（以下显示信息仅为示意）：

```
Login authentication
Username:Radmin
```

```
Password:
Info: The max number of VTY users is 8, and the number
   of current VTY users on line is 2.
   The current login time is 2021-05-06 18:33:18+00:00.
<R1>
```

2. 使用高级ACL限制部门之间相互通信

在SW1上创建VLAN10和VLAN20,并把相应的端口划分到指定的VLAN中。代码如下:

```
<HUAWEI> system-view
[HUAWEI] sysname SW1
[SW1] vlan batch 10 20
[SW1] interface gigabitethernet 0/0/1
[SW1-GigabitEthernet0/0/1] port link-type access
[SW1-GigabitEthernet0/0/1] port default vlan 10
[SW1-GigabitEthernet0/0/1] quit
[SW1] interface gigabitethernet 0/0/2
[SW1-GigabitEthernet0/0/1] port link-type access
[SW1-GigabitEthernet0/0/1] port default vlan 20
[SW1-GigabitEthernet0/0/2] quit
```

给VLAN10和VLAN20的VLANIF端口配置IP地址。代码如下:

```
[SW1] interface vlanif 10
[SW1-Vlanif10] ip address 192.168.10.254 24
[SW1-Vlanif10] quit
[SW1] interface vlanif 20
[SW1-Vlanif20] ip address 192.168.20.254 24
[SW1-Vlanif20] quit
```

创建一条高级ACL 3001,并配置ACL规则,拒绝任一部门访问另一部门的报文通过。代码如下:

```
[SW1] acl 3001
[SW1-acl-adv-3001] rule deny ip source192.168.10.0 0.0.0.255 destination 192.168.20.0 0.0.0.255
[SW1-acl-adv-3001] quit
```

配置流分类TEST-TC1,对匹配ACL 3001的报文进行分类。代码如下:

```
[SW1] traffic classifier TEST-TC1
[SW1-classifier-tc1] if-match acl 3001
[SW1-classifier-tc1] quit
```

配置流行为TEST-TB1,动作为拒绝报文通过。代码如下:

```
[SW1] traffic behavior TEST-TB1
[SW1-behavior-tb1] deny
```

[SW1-behavior-tb1] quit

定义流策略，将流分类与流行为关联。代码如下：

[SW1] traffic policy TEST-TP1
[SW1-trafficpolicy-tp1] classifier TEST-TC1 behavior TEST-TB1
[SW1-trafficpolicy-tp1] quit

在端口下应用流策略，由于VLAN10的流量从端口GE0/0/1进入SW1，所以在端口GE0/0/1的入方向应用流策略。代码如下：

[SW1] interface gigabitethernet 0/0/1
[SW1-GigabitEthernet0/0/1] traffic-policy tp1 inbound
[SW1-GigabitEthernet0/0/1] quit

查看ACL规则的配置信息。代码如下：

[SW1] display acl 3001
Advanced ACL 3001, 1 rule
Acl's step is 5
 rule 5 deny ip source 192.168.10.0 0.0.0.255 destination 192.168.20.0 0.0.0.255

查看流分类的配置信息。代码如下：

[SW1] display traffic classifier user-defined
 User Defined Classifier Information:
 Classifier: TEST-TC1
 Operator: OR
 Rule(s) :   if-match acl 3001
Total classifier number is 1

查看流策略的配置信息。代码如下：

[SW1] display traffic policy user-defined tp1
 User Defined Traffic Policy Information:
 Policy: TEST-TP1
 Classifier: TEST-TC1
 Operator: OR
 Behavior: TEST-TB1
 Deny

实验完成后，在PC1上执行ping 192.168.20.100，此时PC1和PC2应该是无法通信的。在测试之前请把两台主机之间的防火墙配置为允许互联网控制报文协议（Internet Control Message Protocol，ICMP）流量通行，或者关闭PC1和PC2的本地防火墙，以避免防火墙影响实验的最终结果。

任务 3　搭建公司主架构网络

随着信息化进程的加快，计算机网络已深入到我们生活工作的方方面面，类似公司部门的网络也越来越多。部门网络是最小局域网组织单元，通过相同 VLAN 通信、VLAN 间通信、端口与 MAC 地址绑定等网络技术实现部门内通信与资源共享，保障公司日常功能部门工作顺利进行。部门网络的搭建是组建公司复杂网络的基础，是进行策略规范的控制粒度。

3.1　企业内部路由通信

3.1.1　理论基石

路由表就好比现实生活中的路牌，能够指引数据顺利到达目的地。

1. 网络路由器

网络路由是选择一个或多个网络上的路径的过程。路由原理可以应用于从电话网络到公共交通的任何类型的网络。在诸如 Internet 等数据包交换网络中，路由选择 Internet 协议数据包从起点到目的地的路径，而做出路由决定的硬件就是路由器硬件做出。

从 PC1 到达 Server1 的数据包，应该通过 Router1、Router3、Router4 和 Router6 还是通过 Router1、Router2 和 Router5。显然，数据包通过后者的路径会更短，但是通过前者在转发数据包时比通过后者速度更快，如图 3-1 所示。这些都是网络路由器不断做出的选择类型。

路由器通过参考内部路由表来决定如何沿网络路径路由数据包。路由表记录了数据包到达路由器所负责的每个目的地的路径。类似于列车时刻表，乘客会查阅时刻表以决定搭乘哪趟列车；路由表也是如此，它提供了诸多路径供数据包选择。

路由器工作方式为：路由器接收到数据包时，会读取数据包的标头以查看其预期的目的地，这种方式类似于列车票务员检查乘客的车票以确定他们应该乘坐的列车。然后，根据路由表中的信息确定将数据包路由到何处。

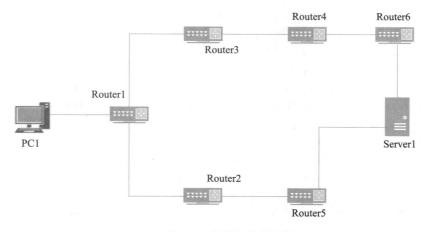

▲ 图 3-1　数据包路径选择

路由器以每秒数百万次的速度处理数百万个数据包。当数据包到达目的地时，它可能会已经被不同的路由器路由了多次。

2. 路由表和 FIB 表

路由器转发数据包的关键是路由表和 FIB 表，每个路由器都至少保存着一张路由表和一张转发信息库（Forwarding Information Base，FIB）表。路由器通过路由表选择路由，通过 FIB 表指导报文进行转发。

（1）路由表。

每台路由器中都保存着一张本地核心路由表（即设备的 IP 路由表），同时各个路由协议也维护着自己的路由表。

①本地核心路由表：路由器使用本地核心路由表来保存决策优选路由，并负责把优选路由下发到 FIB 表，通过 FIB 表指导报文进行转发。该路由表依据各种路由协议的优先级和度量值来选取路由。

②协议路由表：协议路由表中存放着该协议发现的路由信息。路由协议可以引入并发布其他协议生成的路由。例如，在路由器上运行开放最短通路优先（Open Shortest Path First，OSPF）协议，需要使用 OSPF 协议通告直连路由、静态路由或中间系统到中间系统（Intermediate System to Intermediate System，IS-IS）路由时，要将这些路由引入到 OSPF 协议路由表中。

在路由器中，执行 display ip routing-table 命令时，可以查看路由器的路由表概要信息。代码如下所示：

```
<HUAWEI> display ip routing-table
Proto: Protocol          Pre: Preference
Route Flags: R - relay, D - download to fib, T - to vpn-instance
------------------------------------------------------------------------
Routing Tables: Public
    Destinations : 14        Routes : 14
```

```
Destination/Mask      Proto  Pre  Cost  Flags  NextHop         Interface
       0.0.0.0/0      Static 60   0     RD     10.137.216.1    Vlanif20
     10.10.10.0/24    Direct 0    0     D      10.10.10.10     Vlanif20
    10.10.10.10/32    Direct 0    0     D      127.0.0.1       InLoopBack0
   10.10.10.255/32    Direct 0    0     D      127.0.0.1       InLoopBack0
     10.10.11.0/24    Direct 0    0     D      10.10.11.1      LoopBack0
    10.10.11.1/32     Direct 0    0     D      127.0.0.1       InLoopBack0
   10.10.11.255/32    Direct 0    0     D      127.0.0.1       InLoopBack0
   10.137.216.0/23    Direct 0    0     D      10.137.217.208  Vlanif20
  10.137.217.208/32   Direct 0    0     D      127.0.0.1       InLoopBack0
  10.137.217.255/32   Direct 0    0     D      127.0.0.1       InLoopBack0
       127.0.0.0/8    Direct 0    0     D      127.0.0.1       InLoopBack0
       127.0.0.1/32   Direct 0    0     D      127.0.0.1       InLoopBack0
   127.255.255.255/32 Direct 0    0     D      127.0.0.1       InLoopBack0
   255.255.255.255/32 Direct 0    0     D      127.0.0.1       InLoopBack0
```

路由表中包含了下列关键项。

① Destination：表示此路由的目的地址，用来标识 IP 包的目的地址或目的网络。

② Mask：表示此目的地址的子网掩码长度，与目的地址一起标识目的主机或路由器所在的网段的地址。

③ 将目的地址和子网掩码逻辑与后可得到目的主机或路由器所在网段的地址。例如，目的地址为 10.1.1.1、掩码为 255.255.255.0 的主机或路由器所在网段的地址为 10.1.1.0。

④ 掩码由若干个连续"1"构成，既可以用点分十进制表示，也可以用掩码中连续"1"的个数来表示。例如，掩码 255.255.255.0 长度为 24，即可以表示为 24。

⑤ Proto：表示学习此路由的路由协议。

⑥ Pre：表示此路由的路由协议优先级。针对同一目的地，可能存在不同下一跳和出端口等多条路由。这些路由可能是由不同的路由协议发现的，也可能是手工配置的静态路由。优先级高（数值小）者将成为当前的最优路由。

⑦ Cost：路由开销。当到达同一目的地的多条路由具有相同的路由优先级时，路由开销最小的将成为当前的最优路由。

⑧ NextHop：表示此路由的下一跳地址，指明数据转发的下一个设备。

⑨ Interface：表示此路由的出接口，指明数据将从本地路由器的哪个接口转发出去。

（2）FIB 表的匹配。

在路由表选择路由后，路由表会将激活路由下发到 FIB 表中。当报文到达路由器时，其会通过查找 FIB 表进行转发。

FIB 表中每条转发项都指明到达某网段或某主机的报文应通过路由器的哪个物理接口或逻辑接口发送，然后就可以到达该路径的下一个路由器，或者不再经过其他路由器传送到直接相连的网络中的目的主机上。

FIB 表的匹配遵循最长匹配原则。查找 FIB 表时，报文的目的地址和 FIB 表中各表项的掩码将进行按位逻辑与，得到的地址符合 FIB 表项中的网络地址，就匹配，最终选择一个最长匹配的 FIB 表项转发报文。

（3）影响路由选择的指标。

①路径长度：管理员将成本分配给每个路径（两节点之间），路径长度将是所有路径成本的总和，路径长度较小的路径将被选为最佳路径。

②延迟：是数据包从源路由到目标路由所花费的时间的度量。延迟取决于许多因素，如网络带宽、中间节点的数量、节点处的拥塞等。路由传输越快，延迟越小，服务质量就越好。

③带宽：指链接可以通过其传输的数据量。通常，企业通过租用网络线路来获得更高的链路和带宽。

④负载：是指路由器或链路正在处理的流量。不平衡或未处理的负载可能会导致拥塞和较低的传输数据包丢失率。

⑤通信成本：是公司通过在节点之间的租用线路上发送数据包而产生的运营费用。

⑥弹性和可靠性：是指路由器和路由算法的错误处理能力。如果网络中的某些节点发生故障，则弹性和可靠性度量将展示其他节点如何处理流量。

（4）路由类型。

路由表可以是静态的，也可以是动态的。其中静态路由表不发生变化，需要由网络管理员手动设置。除非管理员手动更新路由表，否则，路由表完全可以确定数据包在网络上的路由。

动态路由表会自动更新。动态路由器使用各种路由协议根据数据包到达目的地所需的时间来确定最短和最快的路径。

动态路由需要更多的算力，这就是较小的网络可能依赖静态路由的原因。但对于中型和大型网络，动态路由要高效得多。

静态路由的特点如下：

①路径是预定义的，因此路由器没有 CPU 开销来决定数据包的下一跳。

②管理员可以沿定义的路径自主处理数据包流权限，因此可以提供更高的安全性。

③在路由器之间不使用带宽用于更新表等任务。

如何正确地编写静态路由？代码如下：

```
ip route prefix mask {address|interface} [distance] [tag tag] [permanent]
```

其中：

● prefix：所要到达的目的网络。

● mask：子网掩码。

● address：下一跳的 IP 地址，即相邻路由器的端口地址。

● interface：本地网络接口。

● distance：管理距离（可选）。

● tag tag：tag 值（可选）。

● permanent：指定此路由即使该端口关掉也不被移除。

（5）路由选路的要素。

①路由类型（AD）——信任关系（可靠性）。

对于相同的目的地，不同的路由协议（包括静态路由）可能会发现不同的路由，但这些路由并不都是最优的。事实上，在某一时刻，到某一目的地的当前路由仅能由唯一的路由协议来决定。为了判断最优路由，各路由协议（包括静态路由）都被赋予了一个优先级，当存在多个路由信息源时，具有较高优先级（取值较小）的路由协议发现的路由将成为最优路由，并将此路由放入本地路由表中。

路由器分别定义了外部优先级和内部优先级。外部优先级是指用户可以手动为各路由协议配置优先级，默认情况如表 3-1 所示。

表 3-1 路由协议类型及优先级

路由协议	路由优先级
直连路由	0
OSPF	10
IS-IS	15
Static	60
RIP	100
IBGP	255
EBGP	255

注：Static 为静态路由，RIP 为路由信息协议（Routing Information Protocol），IBGP 为内部边界网关协议（Internal Border Gateway Protocol），EBGP 为外部边界网关协议（External Border Gateway Protocol）。

②链路成本，成本相同则负载均衡。

a. 路由表条目：去往同一目的地，通告距离（Administrative Distance，AD）值及链路成本越小越优先。路由的度量（Cost）标示出了这条路由到达指定目的地址的代价。通常，以下因素会影响路由的度量。

b. 路径长度：是最常见的影响路由度量的因素。链路状态路由协议可以为每一条链路设置一个链路开销来标示此链路的路径长度。在这种情况下，路径长度是指经过的所有链路的链路开销的总和。距离矢量路由协议使用跳数来标示路径长度。跳数是指数据从源端到目的端所经过的设备数量。例如，路由器到与它直接相连网络的跳数为 0，通过一台路由器可达的网络的跳数为 1，其余以此类推。

c. 网络带宽：是一个链路实际的传输能力。例如，一个约 10Gbits 的链路要比 1000Mbit/s 的链路更优越。虽然带宽是指一个链路能达到的最大传输速率，但这并不能说明路由在高带宽链路上要比在低带宽链路上更优越。比如，一个高带宽的链路正处于拥塞状态，那么报文在这条链路上转发时将会花费更多的时间。

d. 负载：是一个网络资源的使用程度。计算负载的方法包括 CPU 的利用率和其每秒处理数据包的数量。持续监测负载参数可以及时了解网络的使用情况。

e. 通信开销：是衡量一条链路的运营成本，尤其当企业只注重运营成本而忽略网络性能时，通信开销就成了一个重要的指标。

3.1.2 任务目标

- 理解网络路由的作用。
- 理解路由转发的工作原理。
- 掌握静态路由的配置和管理。

3.1.3 任务规划

1. 任务描述

R1 通过 R2 和服务器集群区域网络跨网段相连。在 R1 上通过静态路由与服务器集群进行正常的通信，并通过 BFD 实现 R1 与 R2 之间毫秒级故障感知，提高收敛速度。

2. 实验拓扑（见图 3-2）

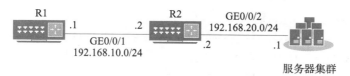

▲ 图 3-2　实现跨网段通信

3.1.4 实践环节

在 R1 和 R2 上根据图 3-2 配置相应端口的网络地址。代码如下：

```
<Huawei>system-view
[Huawei]sysname R1
[R1]interface GigabitEthernet 0/0/1
[R1-GigabitEthernet0/0/1] ip address 192.168.10.1 24
[R1-GigabitEthernet0/0/1]quit
<Huawei>system-view
[Huawei]sysname R2
[R2]interface GigabitEthernet 0/0/1
[R2-GigabitEthernet0/0/1] ip address 192.168.10.2 24
[R2-GigabitEthernet0/0/1]quit
[R2]interface GigabitEthernet 0/0/2
[R2-GigabitEthernet0/0/1] ip address 192.168.20.2 24
[R2-GigabitEthernet0/0/1]quit
```

配置 R1 和 R2 之间的 BFD 会话。代码如下：

```
[R1] bfd
[R1-bfd] quit
[R1] bfd TEST1 bind peer-ip 192.168.10.2
[R1-bfd-session-TEST1] discriminator local 10
[R1-bfd-session-TEST1] discriminator remote 20
```

```
[R1-bfd-session-TEST1] commit
[R1-bfd-session-TEST1] quit
[R2] bfd
[R2-bfd] quit
[R2] bfd TEST2 bind peer-ip 192.168.10.1
[R2-bfd-session-TEST2] discriminator local 20
[R2-bfd-session-TEST2] discriminator remote 10
[R2-bfd-session-TEST2] commit
[R2-bfd-session-TEST2] quit
```

配置静态路由并绑定 BFD 会话；在 R1 配置外部网络的静态路由，并绑定 BFD 会话 TEST1。代码如下：

```
[R1] ip route-static 192.168.20.0 24 192.168.10.2 track bfd-session TEST1
```

验证配置结果，如下代码所示：

```
[R1] display bfd session all
--------------------------------------------------------------------------
Local  Remote  PeerIpAddr     State   Type      InterfaceName
--------------------------------------------------------------------------
10     20      192.168.10.2   Up      S_IP_PEER    -
--------------------------------------------------------------------------
 Total UP/DOWN Session Number : 1/0
```

在 R1 查看 IP 路由表，静态路由存在于路由表中。代码如下：

```
[R1] display ip routing-table
Route Flags: R - relay, D - download to fib, T - to vpn-instance
--------------------------------------------------------------------------
Routing Tables: Public
     Destinations : 5    Routes : 5

Destination/Mask     Proto   Pre  Cost  Flags  NextHop       Interface
   192.168.10.0/24   Direct  0    0     D      10.1.1.1      GigabitEthernet 0/0/1
     192.168.10.1    Direct  0    0     D      127.0.0.1     GigabitEthernet 0/0/1
   192.168.20.0/24   Static  60   0     RD     192.168.10.2  GigabitEthernet 0/0/1
     127.0.0.0/8     Direct  0    0     D      127.0.0.1     InLoopBack0
     127.0.0.1/32    Direct  0    0     D      127.0.0.1     InLoopBack0
```

对 R2 端口 GigabitEthernet0/0/1 执行 shutdown 命令模拟链路故障。代码如下：

```
[R2] interface gigabitethernet 0/0/1
[R2-GigabitEthernet0/0/1] shutdown
```

查看 R1 路由表，发现静态路由 192.168.20.0 已不存在了，这是因为静态路由绑定了双向转发监测（Bidirectional Forwarding Detection，BFD）会话，当 BFD 检测到故障后，就会迅速通知所绑定的静态路由不可用。代码如下：

```
[R1]display ip routing-table
Route Flags: R - relay, D - download to fib, T - to vpn-instance
------------------------------------------------------------------
Routing Tables: Public
     Destinations : 2      Routes : 2
Destination/Mask    Proto   Pre  Cost   Flags  NextHop      Interface
    127.0.0.0/8     Direct   0    0       D    127.0.0.1    InLoopBack0
    127.0.0.1/32    Direct   0    0       D    127.0.0.1    InLoopBack0
```

对 R2 端口 GigabitEthernet0/0/1 执行 undo shutdown 命令模拟链路恢复正常。代码如下：

```
[R2-GigabitEthernet0/0/1]undo shutdown
```

查看 R1 路由表，发现静态路由 10.2.2.0/24 重新出现在路由表中，这是因为当 BFD 检测到链路恢复正常后，就会迅速通知所绑定的静态路由重新生效。

3.2 企业内部动态路由管理（RIP）

3.2.1 理论基石

1.RIP 路由信息协议简介

RIP 是一种较为简单的内部网关协议。RIP 是一种基于距离矢量（Distance-Vector）算法的协议，它使用跳数（Hop Count）作为度量来衡量到达目的网络的距离，通过 UDP 报文进行路由信息的交换，使用的端口号为 520。RIP 包括 RIP-1 和 RIP-2 两个版本，RIP-2 对 RIP-1 进行了扩充，使其更具有优势。

由于 RIP 的实现较为简单，在配置和维护管理方面也比 OSPF 和 IS-IS 容易得多，因此，RIP 主要应用于规模较小的网络中，例如校园网及结构较简单的地区性网络。对于更为复杂的环境和大型网络，一般不使用 RIP。

2.RIP 路由表的形成

RIP 启动时初始路由表仅包含本设备的一些直连端口路由。相邻设备通过互相学习路由表项后，才能实现各网段路由互通，如图 3-3 所示。

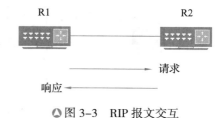

▲图 3-3　RIP 报文交互

（1）RIP 启动后，R1 会向相邻的交换机广播一个 Request 报文。

（2）R2 从端口接收到 R1 发送的 Request 报文后，把自己的 RIP 路由表封装在 Response 报文内，然后向该端口对应的网络广播。

（3）R1 根据 R2 发送的 Response 报文，形成自己的路由表。

RIP 按照路由通告进行路由更新和路由选择。这种情况下交换机并不了解整个网络的拓扑，只知道到达目的网络的距离，以及到达目的网络应该走哪个方向或哪个端口。如图 3-4 所示，R2 收到了来自 R1 的路由通告，此时 R2 知道经过 R1 可以到达 192.168.10.0/24 网络，度量值是 1 跳，除此之外 R2 不知道其他的信息。即使这个通告因为某种原因已经是错误的信息，R2 依然认为经过 R1 可以到达 192.168.10.0/24 网络，度量值是 1。这是导致 RIP 网络容易产生路由环路的最根本原因。

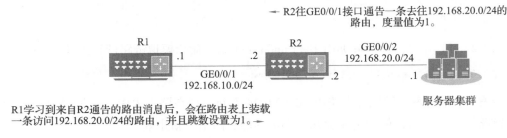

▲图 3-4　RIP 路由传递与学习

3.RIP 度量

在 RIP 网络中，默认情况下，设备到与它直接相连网络的跳数为 0，经过一个设备可达的网络的跳数为 1，其余依此类推。也就是说，度量值等于从本网络到达目的网络间的设备数量。

如图 3-5 所示，PC1 访问 SERVER1 有两条路径可走：可以通过 Router1、Router3、Router4 和 Router6 达到，同时也可通过 Router1、Router2 和 Router5 到达。数据包通过 Router1、Router2 和 Router5 的路径会更短，对于 RIP 该路径的度量值为 3；通过 Router1、Router3、Router4 和 Router6 在转发数据包时可能比通过 Router1、Router2 和 Router5 时更快，对于 RIP，该路径的度量值为 4。此时对于 RIP 而言，度量值较小的路由才是最优路由。

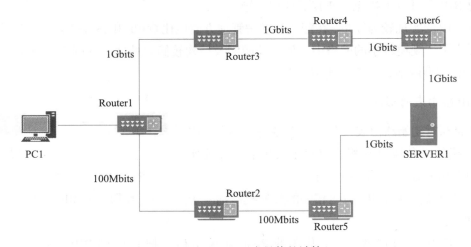

▲图 3-5　RIP 度量值的计算

此外，为了防止 RIP 路由在网络中被无限泛洪使得跳数累加到无穷大，同时也为了限制收敛时间，RIP 规定度量值取 0 ~ 15 之间的整数，大于或等于 16 的跳数被定义为无穷大，即目的网络或主机不可达。最大跳数的设定虽然解决了度量值计数到无穷大的问题，但也限制了 RIP 所能支持的网络规模，使得 RIP 不适合在大型网络中应用。

4.RIP 的更新与维护

RIP 在更新和维护路由信息时主要使用以下 3 个定时器。

（1）更新定时器（Update timer）：当此定时器超时，立即发送更新报文。

（2）老化定时器（Age timer）：RIP 设备如果在老化时间内没有收到邻居发来的路由更新报文，则认为该路由不可达。

（3）垃圾收集定时器（Garbage-collect timer）：如果在垃圾收集定时器倒计时结束前，不可达路由没有收到来自同一邻居的更新报文，则该路由将从 RIP 路由表中被彻底删除。

5.RIP 路由与定时器之间的关系

（1）RIP 的更新信息发布是由更新定时器控制的，默认为每 30 秒发送一次。

（2）每一条路由表项对应两个定时器：老化定时器和垃圾收集定时器。当学到一条路由并添加到 RIP 路由表中时，老化定时器启动。如果老化定时器超时，设备仍没有收到邻居发来的更新报文，则把该路由的度量值置为 16（表示路由不可达），并启动垃圾收集定时器。如果垃圾收集定时器超时，设备仍然没有收到更新报文，则在 RIP 路由表中删除该路由。

触发更新是指当路由信息发生变化时，立即向相邻设备发送触发更新报文，而不用等待更新定时器超时，从而避免产生路由环路。

6.RIP-2 的增强特性

RIP 包括 RIP-1 和 RIP-2 两个版本，RIP-2 对 RIP-1 进行了扩充。

（1）RIP-1（RIP version1）是有类别路由协议（Classful Routing Protocol），其只支持以广播形式发布协议报文。RIP-1 的协议报文中没有携带掩码信息，只能识别 A、B、C 类的自然网段路由，因此 RIP-1 无法支持路由聚合，也不支持不连续子网（Discontiguous Subnet）。

（2）RIP-2（RIP version2）是一种无分类路由协议（Classless Routing Protocol），其支持外部路由标记（Route Tag），可以在路由策略中根据 Tag 对路由进行灵活控制。

RIP-2 报文中携带掩码信息，支持路由聚合和 CIDR（Classless Inter-Domain Routing）。

RIP-2 支持指定下一跳，在广播网上可以选择到目的网段最优下一跳地址。

RIP-2 支持以组播方式发送更新报文。只有支持 RIP-2 的设备才能接收协议报文，减少资源消耗。此外，RIP-2 还支持对协议报文进行验证，以增强安全性。

7.RIP-2 路由聚合

路由聚合的原理是，同一个自然网段内的不同子网的路由在向外（其他网段）发送时聚合成一个网段的路由发送。在 RIP-2 中进行路由聚合可提高大型网络的可扩展性和效率，缩减路由表。

路由聚合有两种方式：

（1）基于 RIP 进程的有类聚合：聚合后的路由使用自然掩码的路由形式发布。比如，对于 10.1.1.0/24（metric=2）和 10.1.2.0/24（metric=3）两条路由，会聚合成自然网段路由 10.0.0.0/8（metric=2）。RIP-2 聚合是按类聚合的，聚合得到最优的 metric 值。

（2）基于端口的聚合：用户可以指定聚合地址。比如，对于 10.1.1.0/24（metric=2）和 10.1.2.0/24（metric=3）两条路由，可以在指定端口上配置聚合路由 10.1.0.0/16（metric=2）来代替原始路由。

8.RIP 水平分割和 RIP 毒性逆转

（1）RIP 水平分割。水平分割（Split Horizon）的原理是，RIP 从某个端口学到的路由，不会从该端口再发回给相邻路由器。这样不但减少了带宽消耗，还可以防止路由环路。水平分割在不同网络中实现有所区别，分为按照端口和按照邻居进行水平分割。广播网 P2P 和点对多点（Point to Multiple Point，P2MP）是按照端口进行水平分割的。

（2）RIP 毒性逆转。毒性逆转（Poison Reverse）的原理是，RIP 从某个端口学到路由后，从原端口发回相邻路由器，并将该路由的开销设置为 16（指明该路由不可达）。利用这种方式，可以清除对方路由表中的无用路由。

3.2.2 任务目标

- 理解 RIP 的工作原理。
- 理解 RIP 的增强特性功能的作用和工作原理。
- 掌握 RIP 的配置和管理。

3.2.3 任务规划

1. 任务描述

在小型网络中有 4 台交换机，要求在 SW1、SW2、SW3 和 SW4 上实现网络互连。

2. 实验拓扑（见图 3-6）

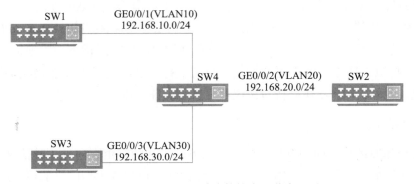

▲图 3-6　通过 RIP 路由协议实现节点互通

3.2.4 实践环节

分别在 SW1、SW2、SW3、SW4 上配置各端口所属的 VLAN。代码如下：

```
<HUAWEI> system-view
[HUAWEI] sysname SW1
[SW1] vlan 10
[SW1-vlan10] quit
[SW1] interface gigabitethernet 0/0/1
[SW1-GigabitEthernet0/0/1] port link-type trunk
[SW1-GigabitEthernet0/0/1] port trunk allow-pass vlan 10
[SW1-GigabitEthernet0/0/1] quit
<HUAWEI> system-view
[HUAWEI] sysname SW2
[SW2] vlan 20
[SW2-vlan10] quit
[SW2] interface gigabitethernet 0/0/2
[SW2-GigabitEthernet0/0/2] port link-type trunk
[SW2-GigabitEthernet0/0/2] port trunk allow-pass vlan 20
[SW2-GigabitEthernet0/0/2] quit
<HUAWEI> system-view
[HUAWEI] sysname SW3
[SW3] vlan 30
[SW3-vlan10] quit
[SW3] interface gigabitethernet 0/0/3
[SW3-GigabitEthernet0/0/3] port link-type trunk
[SW3-GigabitEthernet0/0/3] port trunk allow-pass vlan 30
[SW3-GigabitEthernet0/0/3] quit
<HUAWEI> system-view
[HUAWEI] sysname SW4
[SW4] vlan batch 10 20 30
[SW4] interface gigabitethernet 0/0/1
[SW4-GigabitEthernet0/0/1] port link-type trunk
[SW4-GigabitEthernet0/0/1] port trunk allow-pass vlan 10
[SW4-GigabitEthernet0/0/1] quit
[SW4] interface gigabitethernet 0/0/2
[SW4-GigabitEthernet0/0/2] port link-type trunk
[SW4-GigabitEthernet0/0/2] port trunk allow-pass vlan 20
[SW4-GigabitEthernet0/0/2] quit
[SW4] interface gigabitethernet 0/0/3
[SW4-GigabitEthernet0/0/3] port link-type trunk
[SW4-GigabitEthernet0/0/3] port trunk allow-pass vlan 30
[SW4-GigabitEthernet0/0/3] quit
```

配置各 VLANIF 端口的 IP 地址。代码如下：

```
[SW1] interface vlanif 10
[SW1-Vlanif10] ip address 192.168.10.253 24
[SW1-Vlanif10] quit
[SW2] interface vlanif 20
[SW2-Vlanif20] ip address 192.168.20.253 24
[SW2-Vlanif20] quit
[SW3] interface vlanif 30
[SW3-Vlanif30] ip address 192.168.30.253 24
[SW3-Vlanif30] quit
[SW4] interface vlanif 10
[SW4-Vlanif10] ip address 192.168.10.254 24
[SW4-Vlanif10] quit
[SW4] interface vlanif 20
[SW4-Vlanif20] ip address 192.168.20.254 24
[SW4-Vlanif20] quit
[SW4] interface vlanif 30
[SW4-Vlanif30] ip address 192.168.30.254 24
[SW4-Vlanif30] quit
```

配置 SW1、SW2、SW3。代码如下：

```
[SW1] rip
[SW1-rip-1] version 2
[SW1-rip-1] network 192.168.10.0
[SW1-rip-1] quit
[SW2] rip
[SW2-rip-1] version 2
[SW2-rip-1] network 192.168.20.0
[SW2-rip-1] quit
[SW3] rip
[SW3-rip-1] version 2
[SW3-rip-1] network 192.168.20.0
[SW3-rip-1] quit
[SW4] rip
[SW4-rip-1] version 2
[SW4-rip-1] network 192.168.10.0
[SW4-rip-1] network 192.168.20.0
[SW4-rip-1] network 192.168.30.0
[SW4-rip-1] quit
```

查看 SW1 的 RIP 路由表。代码如下：

```
[SW1] display rip 1 route
Route Flags : R - RIP
    A - Aging, G - Garbage-collect
```

```
Peer 192.168.1.2 on Vlanif10
   Destination/Mask    Nexthop         Cost  Tag  Flags  Sec
   192.168.20.0/24     192.168.10.254  1     0    RA     14
   192.168.30.0/24     192.168.10.254  1     0    RA     14
```

3.3 企业内部动态路由管理（OSPF）

3.3.1 理论基石

OSPF 是因特网工程任务组（Internet Engineering Task Force，IETF）开发的一个基于链路状态的内部网关协议。目前针对 IPv4 协议使用的是 OSPF Version 2（RFC2328）；针对 IPv6 协议使用的是 OSPF Version 3（RFC2740）。如无特殊说明，本节所指的 OSPF 均为 OSPF Version 2。

出于创建 Internet 通用互操作内部网关协议的考虑，1987 年，Internet 工程工作小组着手开发 OSPF。1989 年，OSPFv1 规范发布；1991 年，OSPFv2 由 John May 在 RFG1247 中引入。OSPF 协议不同于传统 Internet 路由协议（如 RIP）中使用的基于距离矢量的算法，其是基于链路状态技术。OSPF 引入了一些新概念，如可变长度子网掩码、路由汇总等。

1.OSPF 基础知识

（1）Router ID。

如果要运行 OSPF 协议，必须存在 Router ID。Router ID 是一个 32 比特无符号整数，是一台路由器在自治系统中的唯一标识。

Router ID 的设定有两种方式：

①通过命令行手动配置。在实际网络部署中，出于对协议稳定性的考虑建议手动配置 OSPF 的 Router ID。

②通过协议自动选取。如果没有手动配置 Router ID，设备会从当前接口的 IP 地址中自动选取一个作为 Router ID。其选取顺序是：优先从 Loopback 地址中选择最大的 IP 地址作为 Router ID。如果没有配置 Loopback 接口，则在接口地址中选取最大的 IP 地址作为 Router ID。

在路由器运行了 OSPF 并确定了 Router ID 后，如果该 Router ID 对应的接口 Down 或者接口消失（如执行了 undo interface loopback loopback-number）或者出现了更大的 IP 地址，那么 OSPF 仍将保持原 Router ID。只有重新配置系统的 Router ID 或者 OSPF 的 Router ID，并重新启动 OSPF 进程后，Router ID 才会重新选取。

（2）链路状态。

OSPF 协议是一种链路状态协议，可以将链路视为路由器的接口。链路状态是对端口及端口与相邻路由器的关系的描述。例如端口的信息包括端口的 IP 地址、掩码、所连接的网络的类型、连接的邻居等。所有这些链路状态的集合形成链路状态数据库。

（3）Cost。

OSPF 使用开销（Cost）作为路由度量值。每一个激活 OSPF 的端口都有一个 Cost 值。OSPF 端口 Cost=100Mbit/s/ 端口带宽，其中 100Mbit/s 为 OSPF 的参考带宽（reference-bandwidth）。一条 OSPF 路由的 Cost 由该路由从路由的起源一路到达本地的所有入端口 Cost 值的总和。

由于默认的参考带宽是 100Mbit/s，这意味着更高带宽的传输介质（高于 100Mbit/s）在 OSPF 协议中将会计算出一个小于 1 的分数，这在 OSPF 协议中是不允许的（会被四舍五入为 1）。而现今网络设备很多都是大于 100Mbit/s 带宽的端口，这种情况下路由 Cost 的计算其实就不精确了，这时可以使用 bandwidth-reference 命令修改，但是此命令要谨慎使用，一旦要配置，则建议全网 OSPF 路由器都配置。

（4）区域化的 OSPF。

OSPF 使用 4 类不同的路由，按优先顺序分别如下。

①区域内路由器（Internal Router）：该类设备的所有端口都属于同一个 OSPF 区域。

②区域边界路由器（Area Border Router，ABR）：该类设备可以同时属于两个以上的区域，但其中一个必须是骨干区域。ABR 用来连接骨干区域和非骨干区域，它与骨干区域之间既可以是物理连接，也可以是逻辑连接。

③骨干路由器（Backbone Router）：该类设备至少有一个端口属于骨干区域。所有的 ABR 和位于 Area 0 的内部设备都是骨干路由器。

④自治系统边界路由器（Autonomous System Boundary Router，ASBR）：与其他自治系统交换路由信息的设备称为 ASBR。ASBR 并不一定位于自治系统的边界，它可能是区域内设备，也可能是 ABR。只要一台 OSPF 设备引入了外部路由的信息，它就成为 ASBR，如图 3-7 所示。

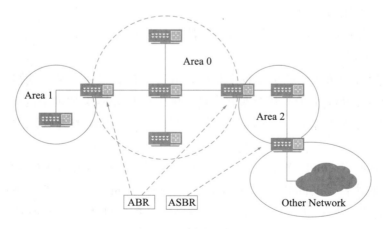

△图 3-7　OSPF 拓扑

区域内和区域间路由描述的是自治系统内部的网络结构，而外部路由则描述了应该如何选择到自治系统以外目的地的路由。一般来说，第一类外部路由对应于 OSPF 从其他内部路由协议所引入的信息，这些路由的花费和 OSPF 自身路由的花费具有可比性；第二类外部路由对应于 OSPF 从外部路由协议所引入的信息，它们的花费远大于 OSPF 自身的路由花费，因而在计算时，将只考虑外部的花费。

自治系统区域内和区域间路由描述的是自治系统内部的网络结构，自治系统外部路由则描述了应该如何选择到自治系统以外目的地址的路由。OSPF 将引入的自治系统外部路由分为 Type1 和 Type2 两类。

① Intra Area：区域内路由。

② Inter Area：区域间路由。

③ 第一类外部路由（Type1 External）：这类路由的可信度高一些，所以计算出的外部路由的开销与自治系统内部的路由开销是相当的，并且和 OSPF 自身路由的开销具有可比性。到第一类外部路由的开销等于本设备到相应的 ASBR 的开销 +ASBR 到该路由目的地址的开销。

④ 第二类外部路由（Type2 External）：这类路由的可信度比较低，所以 OSPF 协议认为从 ASBR 到自治系统之外的开销远大于在自治系统之内到达 ASBR 的开销。所以，OSPF 计算路由开销时只考虑 ASBR 到自治系统之外的开销，即到第二类外部路由的开销等于 ASBR 到该路由目的地址的开销。

报文类型如表 3-2 所示。

表 3-2　报文类型

报文类型	描述
Hello	周期性发送，主要用来发现和维护邻居关系
DD（Database Description，数据库描述）	用于两台设备之间进行 OSPF 数据库同步
LSR（Link State Request，链路状态请求）	用于发送链路状态数据请求，当 OSPF 邻居双方成功交换 DD 报文后向对方发出 LSR 报文，以请求 OSPF 数据库的更新
LSU（Link State Update，链路状态更新）	用于向对方发送其所需的 LSA（Link State Advertisement，链路状态通告）报文
LSAck（Link State Acknowledgment，链路状态确认）	针对接收到的 LSA 报文，给对方发送一个确认包

（5）LSA 类型。

OSPF 中对链路状态信息的描述都是封装在 LSA 中发布出去的。首先，需要有相应的 LSA 类型来决定 OSPF 数据库里的 LSA 类型；其次，经过 SPF 算法把相应的 LSA 类型的路由提到路由表中形成不同类型的 OSPF 路由。

① Router-LSA（Type1）：每个设备都会产生，描述了设备的链路状态和开销，在所属的区域内传播。

② Network-LSA（Type2）：由指定路由器（Designated Router，DR）产生，描述本网段的链路状态，在所属的区域内传播。

③ Network-summary-LSA（Type3）：由 ABR 产生，描述区域内某个网段的路由，并通告给发布或接收此 LSA 的非 Totally STUB 或 NSSA 区域。例如，ABR 同时属于 Area0 和 Area1，Area0 内存在网段 10.1.1.0，Area1 内存在网段 11.1.1.0。ABR 为 Area0 生成到网段 11.1.1.0 的 Type3 LSA；ABR 为 Area1 生成到网段 10.1.1.0 的 Type3 LSA，并通告给发布或接收此 LSA 的非 Totally Stub 或末梢节区域（Not-So-Stubby Area，NSSA）。

④ ASBR-summary-LSA（Type4）：由 ABR 产生，描述到 ASBR 的路由，通告给除 ASBR 所在区域的其他相关区域。

⑤ AS-external-LSA（Type5）：由 ASBR 产生，描述到自治系统外部的路由，通告到所有的区域（除了 Stub 区域和 NSSA）。

⑥ NSSA LSA（Type7）：由 ASBR 产生，描述到自治系统外部的路由，仅在 NSSA 内传播。

⑦ Opaque LSA（Type9/Type10/Type11）：Opaque LSA 提供用于 OSPF 扩展的通用机制。其中，Type9 LSA 仅在端口所在网段范围内传播。用于支持 GR 的 Grace LSA 就是 Type9 LSA 的一种。Type10 LSA 在区域内传播。用于支持 TE 的 LSA 就是 Type10 LSA 的一种。Type11 LSA 在自治域内传播，目前还没有实际应用的例子。

（6）OSPF 支持的网络类型

① 广播类型（Broadcast）：当链路层协议是 Ethernet、FDDI 时，默认情况下，OSPF 认为网络类型是 Broadcast。在该类型的网络中，通常以组播形式发送 Hello 报文、LSU 报文和 LSAck 报文。其中，224.0.0.5 的组播地址为 OSPF 设备的预留 IP 组播地址；224.0.0.6 的组播地址为 OSPF DR/BDR［BDR 为备份指定路由器（Backup Designated Router）］的预留 IP 组播地址，以单播形式发送 DD 报文和 LSR 报文。

② NBMA（Non-Broadcast Multi-Access，非广播多路访问）类型：当链路层协议是帧中继、X.25 时，默认情况下，OSPF 认为网络类型是 NBMA。在该类型的网络中，以单播形式发送协议报文（Hello 报文、DD 报文、LSR 报文、LSU 报文、LSAck 报文）。

③ P2MP 类型：没有一种链路层协议会被默认地认为是 Point-to-Multipoint 类型。点到多点必须是由其他的网络类型强制更改的。通常做法是将非全连通的 NBMA 改为点到多点的网络。在该类型的网络中，以组播形式（224.0.0.5）发送 Hello 报文，以单播形式发送其他协议报文（DD 报文、LSR 报文、LSU 报文、LSAck 报文）。

④ P2P 类型：当链路层协议是点到点协议（Point-to-Point Protocol，PPP）、高速数据链路控制（High level Data Link Control，HDLC）协议和链路访问过程平衡（Link Access Procedure Balanced，LAPB）时，默认情况下，OSPF 认为网络类型是 P2P。在该类型的网络中，以组播形式（224.0.0.5）发送协议报文（Hello 报文、DD 报文、LSR 报文、LSU 报文、LSAck 报文）。

（7）DR 和 BDR

在广播网和 NBMA 网络中，任意两台路由器之间都要传递路由信息。网络中有 n 台路由器，则需要建立 n×（n-1）÷2 个邻接关系。这使得任何一台路由器的路由变化都会导致多次传递，浪费了带宽资源。为解决这一问题，OSPF 定义了 DR 和 BDR。通过选举产生 DR 后，所有路由器都只将信息发送给 DR，由 DR 将网络链路状态 LSA 广播出去。

除 DR 和 BDR 之外的路由器（称为 DR Other）之间将不再建立邻接关系，也不再交换任何路由信息，这样就减少了广播网和 NBMA 网络上各路由器之间邻接关系的数量。

如果 DR 由于某种故障失效，则网络中的路由器必须重新选举 DR，并与新的 DR 同步，这需要较长的时间。在这段时间内，路由的计算有可能是不正确的。为了能够缩短这个过程，OSPF 提出了 BDR 概念。BDR 是对 DR 的一个备份，在选举 DR 的同时也选举出 BDR，BDR 和本网段内的所有路由器建立邻接关系并交换路由信息。当 DR 失效后，BDR 会立即成为 DR。由于不需要重新选举，且邻接关系已建立，所以这个过程非常短暂，这时还需要再重新选举出一个 BDR，虽然同样需要较长的时间，但并不会影响路由的计算。

DR 和 BDR 不是人为指定的，而是由本网段中所有的路由器共同选举出来的。路由器端口的 DR 优先级决定了该端口在选举 DR、BDR 时所具有的资格。本网段内 DR 优先级大于 0 的路由器都可作为"候选人"，选举中使用的"选票"就是 Hello 报文。每台路由器将自己选出的 DR 写入 Hello 报文中，发给网段上的其他路由器。当处于同一网段的两台路由器同时宣布自己是 DR 时，DR 优先级高者胜出。如果优先级相等，则 Router ID 大者胜出。如果一台路由器的优先级为 0，则它不会被选举为 DR 或 BDR。

2.OSPF 基本原理

（1）OSPF 协议路由计算过程

OSPF 协议路由的计算过程如下。

①建立邻接关系。

a.本端设备通过端口向外发送 Hello 报文与对端设备建立邻居关系。

b.两端设备进行主/从关系协商和 DD 报文交换。

c.两端设备通过更新 LSA 完成链路状态数据库（Link State Data Base，LSDB）的同步。此时，邻接关系建立成功。

②路由计算。OSPF 采用最短通路优先（Shortest Dath First，SPF）算法计算路由，可以达到路由快速收敛的目的。

在上述邻居状态机的变化中，有两处决定是否建立邻接关系：

一是当与邻居的双向通信初次建立时。二是当网段中的 DR 和 BDR 发生变化时。

（2）OSPF 建立邻接关系的过程

OSPF 在不同网络类型中，其邻接关系建立的过程不同，分为广播网络、NBMA 网络、P2P/P2MP 网络。

①在广播网络中建立 OSPF 邻接关系。在广播网络中，DR、BDR 和网段内的每一台路由器都形成邻接关系，但 DR other 之间只形成邻居关系。

a.建立邻居关系。R1 的一个连接到广播类型网络的端口上激活了 OSPF 协议，并发送了一个 Hello 报文（使用组播地址 224.0.0.5）。此时，R1 认为自己是 DR（DR=1.1.1.1），但不确定邻居是哪台路由器（Neighbors Seen=0）。

R2 收到 R1 发送的 Hello 报文后，发送一个 Hello 报文回应给 R1，并在报文中的 Neighbors Seen 字段填入 R1 的 Router ID（Neighbors Seen=1.1.1.1），表示已收到 R1 的

Hello 报文，并宣告 DR 是 R2（DR=2.2.2.2），然后 R2 的邻居状态机置为 Init。

R1 收到 R2 回应的 Hello 报文后，将邻居状态机置为 2-way 状态，下一步双方开始发送各自的链路状态数据库。

b. 主/从关系协商、DD 报文交换。R1 先发送一个 DD 报文，宣称自己是 Master（MS=1），并规定序列号 Seq=X。I=1 表示是第一个 DD 报文，报文中并不包含 LSA 的摘要，只是为了协商主从关系。M=1 说明这不是最后一个报文。为了提高发送的效率，R1 和 R2 先了解对端数据库中哪些 LSA 是需要更新的，如果某一条 LSA 在 LSDB 中已经存在，那么就不再需要请求更新了。为了达到这个目的，R1 和 R2 先发送 DD 报文，DD 报文中包含了对 LSDB 中 LSA 的摘要描述（每一条摘要可以唯一标识一条 LSA）。为了保证报文传输的可靠性，在 DD 报文的发送过程中需要确定双方的主从关系，作为 Master 的一方，定义一个序列号 Seq，每发送一个新的 DD 报文将 Seq 加一；作为 Slave 的一方，每次发送 DD 报文时使用接收到的上一个 Master 的 DD 报文中的 Seq。

R2 在收到 R1 的 DD 报文后，将 R1 的邻居状态机改为 Exstart，并回应了一个 DD 报文（该报文中同样不包含 LSA 的摘要信息）。由于 R2 的 Router ID 较大，所以在报文中 R2 认为自己是 Master，并且重新规定了序列号 Seq=Y。

R1 收到报文后，同意了 R2 为 Master，并将 R2 的邻居状态机改为 Exchange。R1 使用 R2 的序列号 Seq=Y 来发送新的 DD 报文，该报文开始正式传送 LSA 摘要。在报文中 R1 将 MS=0，说明自己是 Slave。

R2 收到报文后，将 R1 的邻居状态机改为 Exchange，并发送新的 DD 报文来描述自己的 LSA 摘要，此时 R2 将报文的序列号改为 Seq=Y+1。上述过程持续进行，R1 通过重复 R2 的序列号来确认已收到 R2 的报文，R2 通过将序列号 Seq 加 1 来确认已收到 R1 的报文。当 R2 发送最后一个 DD 报文时，在报文中写上 M=0。

c. LSDB 同步（LSA 请求、LSA 传输、LSA 应答）。R1 收到最后一个 DD 报文后，发现 R2 的数据库中有许多 LSA 是自己没有的，将邻居状态机改为 Loading 状态。此时 R2 也收到了 R1 的最后一个 DD 报文，但 R1 的 LSA R2 都已经有了，不需要再请求，所以直接将 R1 的邻居状态机改为 Full 状态。

R1 发送 LSR 报文向 R2 请求更新 LSA，R2 用 LSU 报文来回应 R1 的请求。R1 收到后，发送 LSAck 报文确认。

上述过程持续到 R1 中的 LSA 与 R2 的 LSA 完全同步为止，此时 R1 将 R2 的邻居状态机改为 Full 状态。路由器交换完 DD 报文并更新所有的 LSA 后，邻接关系建立完成。

②在 NBMA 网络中建立 OSPF 邻接关系。NBMA 网络和广播网络的邻接关系建立过程只在交换 DD 报文前不一致。在 NBMA 网络中，所有路由器只与 DR 和 BDR 之间形成邻接关系。

a. 建立邻居关系。R2 向 R1 的一个状态为 Down 的端口发送 Hello 报文后，R2 的邻居状态机置为 Attempt。此时，R2 认为自己是 DR 路由器（DR=2.2.2.2），但不确定邻居是哪台路由器（Neighbors Seen=0）。

R1 收到 Hello 报文后将邻居状态机置为 Init，然后再回复一个 Hello 报文。此时，R1

同意 R2 是 DR 路由器（DR=2.2.2.2），并且在 Neighbors Seen 字段中填入邻居路由器的 Router ID（Neighbors Seen=2.2.2.2）。

b. 主/从关系协商、DD 报文交换过程同广播网络的邻接关系建立过程。

c. LSDB 同步（LSA 请求、LSA 传输、LSA 应答）过程同广播网络的邻接关系建立过程。

③在 P2P/P2MP 网络中建立 OSPF 邻接关系。在 P2P/P2MP 网络中，邻接关系的建立过程和广播网络一样，唯一不同的是不需要选举 DR 和 BDR，DD 报文是组播发送的。

3. OSPF 的 SPF 算法

OSPF 协议使用链路状态通告 LSA 描述网络拓扑，即有向图。Router LSA 描述路由器之间的链接和链路属性。路由器将 LSDB 转换成一张带权的有向图，其便是对整个网络拓扑结构的真实反映。各个路由器得到的有向图完全相同，如图 3-8 所示。

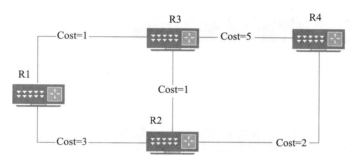

▲ 图 3-8　各路由器所得到的有向图

每台路由器根据有向图使用 SPF 算法计算出一棵以自己为根的最短路径树，这棵树给出了到自治系统各节点的路由，如图 3-9 所示。

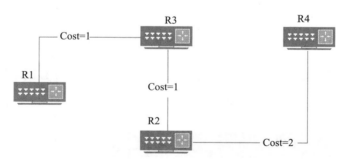

▲ 图 3-9　到自治系统各节点的路由

当 OSPF 的 LSDB 发生改变时，需要重新计算最短路径，如果每次改变都立即计算最短路径，那么将占用大量资源，并影响路由器的效率。通过调节 SPF 的计算间隔时间，可以抑制由于网络频繁变化带来的过多占用资源问题。默认情况下，SPF 时间间隔为 5s。

具体的计算过程如下：

①计算区域内路由。Router LSA 和 Network LSA 可以精确地描述出整个区域内部的网络拓扑，根据 SPF 算法，可以计算出到各个路由器的最短路径。根据 Router LSA 描述的

与路由器的网段情况，得到到达各网段的具体路径。在计算过程中，如果有多条等价路由，那么 SPF 算法会将所有等价路径都保留在 LSDB 中。

②计算区域外路由。从一个区域内部看，相邻区域的路由对应的网段好像是直接连接在 ABR 上，而到 ABR 的最短路径已经在上一过程中计算完毕，所以直接检查 Network Summary LSA，就能很容易地得到这些网段的最短路径。另外，ASBR 也可以看成是连接在 ABR 上，所以 ASBR 的最短路径也可以在这个阶段计算出来。如果进行 SPF 计算的路由器是 ABR，那么只需要检查骨干区域的 Network Summary LSA 即可。

③计算自治系统外路由。

由于自治系统外部的路由可以看成是直接连接在 ASBR 上，而到 ASBR 的最短路径在上一过程已计算完毕，所以逐条检查 AS External LSA 就可以得到到达各外部网络的最短路径。

3.3.2 任务目标

- 理解 OSPF 的工作原理。
- 理解 OSPF 邻居建立和路由交换的过程。
- 掌握 OSPF 的配置和管理。

3.3.3 任务规划

1. 任务描述

网络中有三台交换机。现在需要实现三台交换机之间互通，且以后能依据 R1 和 R2 为主要业务设备来继续扩展整个网络。

2. 实验拓扑（见图 3-10）

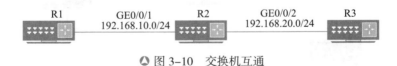

▲ 图 3-10 交换机互通

3.3.4 实践环节

1. 接入配置窗口

配置 R1，代码如下：

```
[R1] interface gigabitethernet 0/0/1
[R1-GigabitEthernet0/0/1] ip address 192.168.10.1 24
[R1-GigabitEthernet0/0/1] quit
[R3] interface LoopBack 1
[R3-LoopBack1] ip add 192.168.1.1 24
```

```
[R3-LoopBack1] quit
[R2] interface gigabitethernet 0/0/1
[R2-GigabitEthernet0/0/1] ip address 192.168.10.2 24
[R2-GigabitEthernet0/0/1] quit
[R2] interface gigabitethernet 0/0/2
[R2-GigabitEthernet0/0/1] ip address 192.168.20.2 24
[R2-GigabitEthernet0/0/1] quit
[R2] interface LoopBack 1
[R2-LoopBack1] ip add 192.168.2.1 24
[R2-LoopBack1] quit
[R3] interface gigabitethernet 0/0/2
[R3-GigabitEthernet0/0/1] ip address 192.168.20.3 24
[R3-GigabitEthernet0/0/1] quit
[R3] interface LoopBack 1
[R3-LoopBack1] ip add 192.168.3.1 24
[R3-LoopBack1] quit
```

R2 和 R3 的配置与 R1 类似。配置 R1。代码如下：

```
[R1] ospf 1 router-id 1.1.1.1
[R1-ospf-1] area 0
[R1-ospf-1-area-0.0.0.0] network 192.168.10.0 0.0.0.255
[R1-ospf-1-area-0.0.0.0] quit
[R1-ospf-1] area 1
[R1-ospf-1-area-0.0.0.1] network 192.168.1.0 0.0.0.255
[R1-ospf-1-area-0.0.0.1] return
```

配置 R2。代码如下：

```
[R2] ospf 1 router-id 2.2.2.2
[R2-ospf-1] area 0
[R2-ospf-1-area-0.0.0.0] network 192.168.10.0 0.0.0.255
[R2-ospf-1-area-0.0.0.0] quit
[R2-ospf-1] area 2
[R2-ospf-1-area-0.0.0.2] network 192.168.2.0 0.0.0.255
[R2-ospf-1-area-0.0.0.2] return
```

配置 R3。代码如下：

```
[R3] ospf 1 router-id 3.3.3.3
[R3-ospf-1] area 0
[R3-ospf-1-area-0.0.0.0] network 192.168.20.0 0.0.0.255
[R3-ospf-1-area-0.0.0.0] quit
[R3-ospf-1] area 3
[R3-ospf-1-area-0.0.0.3] network 192.168.3.0 0.0.0.255
[R3-ospf-1-area-0.0.0.3] return
```

2. 验证配置结果

查看 R3 的 OSPF 路由信息。代码如下：

```
<R3> display ospf routing
     OSPF Process 1 with Router ID 3.3.3.3
          Routing Tables
Routing for Network
Destination         Cost  Type        NextHop       AdvRouter    Area
192.168.10.0/24     1     Transit     192.168.1.2   10.3.3.3     0.0.0.1
 192.168.0.0/24     2     Inter-area  192.168.1.1   10.1.1.1     0.0.0.1
Total Nets: 2
Intra Area: 1 Inter Area: 1 ASE: 0 NSSA: 0
```

由以上回显可以看出，R3 有到 192.168.0.0/24 网段的路由，且此路由被标识为区域间路由。

查看 R2 的路由表。代码如下：

```
<R2> display ospf routing
     OSPF Process 1 with Router ID 10.2.2.2
          Routing Tables
Routing for Network
Destination         Cost  Type        NextHop       AdvRouter    Area
192.168.0.0/24      1     Transit     192.168.0.2   10.2.2.2     0.0.0.0
192.168.1.0/24      2     Inter-area  192.168.0.1   10.1.1.1     0.0.0.0
Total Nets: 2
Intra Area: 1 Inter Area: 1 ASE: 0 NSSA: 0
```

由以上回显可以看出，R2 有到 192.168.1.0/24 网段的路由，且此路由被标识为区域间路由。

在 R2 上使用 ping 命令测试 R2 和 R3 之间的连通性。代码如下：

```
<R2> ping 192.168.1.2
 PING 192.168.1.2: 56 data bytes, press CTRL_C to break
  Reply from 192.168.1.2: bytes=56 Sequence=1 ttl=253 time=62 ms
  Reply from 192.168.1.2: bytes=56 Sequence=2 ttl=253 time=16 ms
  Reply from 192.168.1.2: bytes=56 Sequence=3 ttl=253 time=62 ms
  Reply from 192.168.1.2: bytes=56 Sequence=4 ttl=253 time=94 ms
  Reply from 192.168.1.2: bytes=56 Sequence=5 ttl=253 time=63 ms
  --- 192.168.1.2 ping statistics ---
  5 packet(s) transmitted
  5 packet(s) received
  0.00% packet loss
  round-trip min/avg/max = 16/59/94 ms
```

3.4 企业内部策略路由（PBR）管理

3.4.1 理论基石

策略路由（Policy Based Routing, PBR）是一种依据用户制定的策略进行路由选择的机制。设备配置策略路由后，若接收的报文（包括二层报文）匹配策略路由的规则，则按照规则转发；若匹配失败，则根据目的地址按照正常转发流程转发。

策略路由与路由策略（Routing Policy）存在以下不同：

策略路由的操作对象是数据包，在路由表已经产生的情况下，不按照路由表进行转发，而是根据需要，依照某种策略改变数据包转发路径。

路由策略的操作对象是路由信息，其主要实现了路由过滤和路由属性设置等功能，通过改变路由属性（包括可达性）改变网络流量所经过的路径。

传统的路由转发原理是先根据报文的目的地址查找路由表，然后进行报文转发。但是目前越来越多的用户希望能够在传统路由转发的基础上根据自己定义的策略进行报文转发和选路。

策略路由具有如下优点：

①可以根据用户实际需求制定策略进行路由选择，增强路由选择的灵活性和可控性。

②可以使不同的数据流通过不同的链路进行发送，提高链路的利用效率。

在满足业务服务质量的前提下，选择费用较低的链路传输业务数据，从而降低企业数据服务的成本。

3.4.2 任务目标

- 理解策略路由的工作原理。
- 理解策略路由的使用场景。
- 掌握策略路由的配置和管理。

3.4.3 任务规划

1. 任务描述

运行OSPF协议的网络中，R1从internet网络接收路由，并为OSPF网络提供Internet路由。用户希望OSPF网络中只能访问172.16.17.0/24、172.16.18.0/24和172.16.19.0/24三个网段的网络，其中Switch C连接的网络只能访问172.16.18.0/24网段的网络。

2. 实验拓扑（见图 3-11）

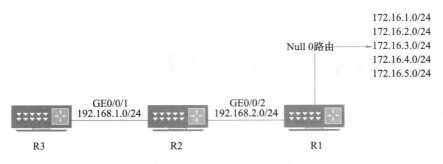

图 3-11　策略路由管理

3.4.4　实践环节

配置各端口所属的 VLAN，配置 R1，R2 和 R3 的配置与 R1 类似。代码如下：

```
<HUAWEI> system-view
[HUAWEI] sysname R1
[R1] interface gigabitethernet 0/0/2
[R1-GigabitEthernet0/0/2] ip address 192.168.2.1 24
[R1-GigabitEthernet0/0/2] quit
<HUAWEI> system-view
[HUAWEI] sysname R2
[R2] interface gigabitethernet 0/0/2
[R2-GigabitEthernet0/0/2] ip address 192.168.2.2 24
[R2-GigabitEthernet0/0/2] quit
[R2] interface gigabitethernet 0/0/1
[R2-GigabitEthernet0/0/1] ip address 192.168.1.2 24
[R2-GigabitEthernet0/0/1] quit
[HUAWEI] sysname R3
[R3] interface gigabitethernet 0/0/1
[R3-GigabitEthernet0/0/1] ip address 192.168.1.3 24
[R3-GigabitEthernet0/0/1] quit
```

配置 OSPF 基本功能，配置 R1。代码如下：

```
[R1] ospf
[R1-ospf-1] area 0
[R1-ospf-1-area-0.0.0.0] network 192.168.2.0 0.0.0.255
[R1-ospf-1-area-0.0.0.0] quit
[R1-ospf-1] quit
```

配置 R2。代码如下：

```
[R2] ospf
[R2-ospf-1] area 0
[R2-ospf-1-area-0.0.0.0] network 192.168.1.0 0.0.0.255
```

```
[R2-ospf-1-area-0.0.0.0] network 192.168.2.0 0.0.0.255
[R2-ospf-1-area-0.0.0.0] quit
[R2-ospf-1] quit
```

配置 R3。代码如下：

```
[R3] ospf
[R3C-ospf-1] area 0
[R3-ospf-1-area-0.0.0.0] network 192.168.1.0 0.0.0.255
[R3-ospf-1-area-0.0.0.0] quit
[R3-ospf-1] quit
```

在 R1 配置 5 条静态路由，并将这些静态路由引入 OSPF 协议中。代码如下：

```
[R1] ip route-static 172.16.1.0 24 NULL 0
[R1] ip route-static 172.16.2.0 24 NULL 0
[R1] ip route-static 172.16.3.0 24 NULL 0
[R1] ip route-static 172.16.4.0 24 NULL 0
[R1] ip route-static 172.16.5.0 24 NULL 0
[R1] ospf
[R1-ospf-1] import-route static
[R1-ospf-1] quit
```

在 R2 查看 IP 路由表，可以看到 OSPF 引入的 5 条静态路由。代码如下：

```
[R2] display ip routing-table
Route Flags: R - relay, D - download to fib, T - to vpn-instance
------------------------------------------------------------------------
Routing Tables: Public
    Destinations : 11    Routes : 11
Destination/Mask    Proto   Pre  Cost  Flags  NextHop       Interface
    127.0.0.0/8     Direct  0    0     D      127.0.0.1     InLoopBack0
    127.0.0.1/32    Direct  0    0     D      127.0.0.1     InLoopBack0
    172.16.1.0/24   O_ASE   150  1     D      192.168.2.1   GigabitEthernet0/0/2
    172.16.2.0/24   O_ASE   150  1     D      192.168.2.1   GigabitEthernet0/0/2
    172.16.3.0/24   O_ASE   150  1     D      192.168.2.1   GigabitEthernet0/0/2
    172.16.4.0/24   O_ASE   150  1     D      192.168.2.1   GigabitEthernet0/0/2
    172.16.5.0/24   O_ASE   150  1     D      192.168.2.1   GigabitEthernet0/0/2
    192.168.1.0/24  Direct  0    0     D      192.168.1.2   GigabitEthernet0/0/1
    192.168.1.2/32  Direct  0    0     D      127.0.0.1     GigabitEthernet0/0/1
    192.168.2.0/24  Direct  0    0     D      192.168.2.1   GigabitEthernet0/0/2
    192.168.2.2/32  Direct  0    0     D      127.0.0.1     GigabitEthernet0/0/2
```

配置路由发布策略，在 R1 配置地址前缀列表 PBR。代码如下：

```
[R1] ip ip-prefix PBR index 10 permit 172.16.1.0 24
[R1] ip ip-prefix PBR index 20 permit 172.16.2.0 24
[R1] ip ip-prefix PBR index 30 permit 172.16.3.0 24
```

在 R1 配置发布策略，引用地址前缀列表 PBR 进行过滤。代码如下：

```
[R1] ospf
[R1-ospf-1] filter-policy ip-prefix PBR export static
```

在 R2 查看 IP 路由表，可以看到 R2 仅接收到列表 PBR 中定义的 3 条路由。代码如下：

```
[R2] display ip routing-table
Route Flags: R - relay, D - download to fib, T - to vpn-instance
------------------------------------------------------------------------
Routing Tables: Public
     Destinations : 9     Routes : 9
Destination/Mask    Proto  Pre  Cost   Flags NextHop       Interface
     127.0.0.0/8    Direct 0    0      D     127.0.0.1     InLoopBack0
     127.0.0.1/32   Direct 0    0      D     127.0.0.1     InLoopBack0
     172.16.1.0/24  O_ASE  150  1      D     192.168.2.1   GigabitEthernet0/0/2
     172.16.2.0/24  O_ASE  150  1      D     192.168.2.1   GigabitEthernet0/0/2
     172.16.3.0/24  O_ASE  150  1      D     192.168.2.1   GigabitEthernet0/0/2
     192.168.1.0/24 Direct 0    0      D     192.168.1.2   GigabitEthernet0/0/1
     192.168.1.2/32 Direct 0    0      D     127.0.0.1     GigabitEthernet0/0/1
     192.168.2.0/24 Direct 0    0      D     192.168.2.2   GigabitEthernet0/0/2
     192.168.2.2/32 Direct 0    0      D     127.0.0.1     GigabitEthernet0/0/2
```

配置路由接收策略，在 R3 配置地址前缀列表 PBR-IN。代码如下：

```
[R3] ip ip-prefix PBR-IN index 10 permit 172.16.2.0 24
```

在 R3 配置接收策略，引用地址前缀列表 PBR-IN 进行过滤。代码如下：

```
[R3] ospf
[R3-ospf-1] filter-policy ip-prefix PBR-IN import
[R3-ospf-1] quit
```

查看 R3 的 IP 路由表，可以看到 R3 的 IP 路由表中，仅接收了列表 PBR-IN 定义的 1 条路由。

```
[R3] display ip routing-table
Route Flags: R - relay, D - download to fib, T - to vpn-instance
------------------------------------------------------------------------
Routing Tables: Public
     Destinations : 5     Routes : 5
Destination/Mask    Proto  Pre  Cost   Flags NextHop       Interface
     127.0.0.0/8    Direct 0    0      D     127.0.0.1     InLoopBack0
     127.0.0.1/32   Direct 0    0      D     127.0.0.1     InLoopBack0
     172.16.2.0/24  O_ASE  150  1      D     192.168.1.2   GigabitEthernet0/0/1
     192.168.1.0/24 Direct 0    0      D     192.168.1.2   GigabitEthernet0/0/1
     192.168.1.3/32 Direct 0    0      D     127.0.0.1     GigabitEthernet0/0/1
```

3.5 部门网络网关冗余

3.5.1 理论基石

随着网络的迅速普及和相关应用的日益深入，各种增值业务（如实时通话、视频会议等）已经开始广泛部署，基础网络的可靠性日益成为用户关注的焦点，能够保证网络传输不中断对于终端用户来说非常重要。

现网中，主机一般使用默认网关与外部网络联系，如果默认网关发生故障，主机与外部网络的通信将被中断。配置动态路由协议如 RIP、OSPF 协议或 ICMP 等可以提高系统可靠性，但是配置过程复杂，且并不能保证每台主机都支持配置动态路由协议。虚拟路由冗余协议（Virtual Router Redundancy Protocol，VRRP）的出现很好地解决了这个问题。VRRP 能够在不改变组网的情况下，将多台路由设备组成一个虚拟路由器，通过配置虚拟路由器的 IP 地址为默认网关，实现默认网关的备份。当网关设备发生故障时，VRRP 机制能够选举新的网关设备承担数据流量，从而保障网络的可靠通信。

现网中，主机一般使用默认网关与外部网络联系，主机发出目的地址不在本网段的报文，通过默认路由发往出口网关（图 3-12 中的 Gateway），通过网关转发数据流，从而实现主机与外部网络的通信。

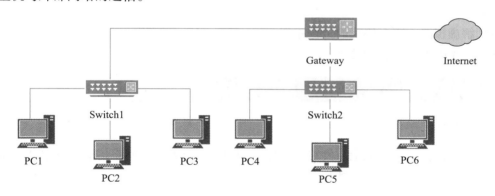

▲图 3-12 单网关拓扑

如果 Gateway 出现故障，与其相连的主机将与外界失去联系，导致业务中断。VRRP 的出现很好地解决了这个问题。VRRP 能够在不改变组网的情况下，只在相关路由器上进行简单的配置，就能实现下一跳网关的备份，而不会给主机带来任何负担。

如图 3-13 所示，在 Gateway1 和 Gateway2 路由器上成功配置 VRRP 后，将物理网络中的 Gateway1 和 Gateway2 路由器虚拟为一台路由器，这台虚拟路由器拥有虚拟的 IP 地址和虚拟的 MAC 地址，主机只感知到这个虚拟路由器的存在，实际的 Gateway1 和 Gateway2 路由器无法感知用户，主机直接通过虚拟路由器与非本网段的其他设备进行通信。

一个虚拟路由器由一个主路由器和若干个备份路由器组成，主路由器实现真正的转发功能。当主路由器出现故障时，通过 VRRP 协商，从原备份路由器中选出一个，成为新的主路由器来接替故障路由器进行工作。

在具有多播或广播能力的局域网（如以太网）中，VRRP 提供逻辑网关以确保重要传输链路的可靠性。这样不仅解决了因某网关设备故障带来的业务中断，而且无须修改路由协议等配置信息，具有配置简单、可靠性强的优势。

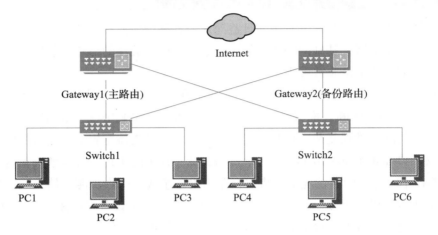

▲ 图 3-13　网关冗余拓扑

3.5.2　任务目标

- 理解网关冗余的工作场景。
- 理解虚拟路由冗余协议的工作原理。
- 掌握 VRRP 的配置和管理。

3.5.3　任务规划

1. 任务描述

用户通过网关设备接入上层网络，为保证用户的各种业务在网络传输中不中断，需在网关设备上配置 VRRP 主备份功能。

2. 实验拓扑（见图 3-14）

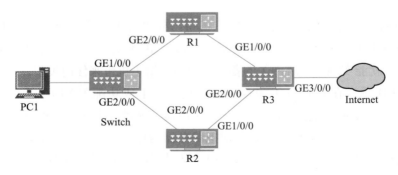

▲ 图 3-14　网关冗余 VRRP 实验拓扑

3.5.4 实践环节

配置设备各端口的 IP 地址,以 R1 为例,R2 和 R3 的配置与 R1 类似。代码如下:

```
<Huawei> system-view
[Huawei] sysname R1
[R1] interface gigabitethernet 2/0/0
[R1-GigabitEthernet2/0/0] ip address 10.1.1.1 24
[R1-GigabitEthernet2/0/0] quit
[R1] interface gigabitethernet 1/0/0
[R1-GigabitEthernet1/0/0] ip address 192.168.1.1 24
[R1-GigabitEthernet1/0/0] quit
```

配置 R1、R2 和 R3 间采用 OSPF 协议进行互连。以 R1 为例,R2 和 R3 的配置与 R1 类似。代码如下:

```
[R1] ospf 1
[R1-ospf-1] area 0
[R1-ospf-1-area-0.0.0.0] network 10.1.1.0 0.0.0.255
[R1-ospf-1-area-0.0.0.0] network 192.168.1.0 0.0.0.255
[R1-ospf-1-area-0.0.0.0] quit
[R1-ospf-1] quit
```

在 R1 上创建 VRRP 备份组 1,配置 R1 在该备份组中的优先级为 120,并配置抢占时间为 20 秒。代码如下:

```
[R1] interface gigabitethernet 2/0/0
[R1-GigabitEthernet2/0/0] vrrp vrid 1 virtual-ip 10.1.1.111
[R1-GigabitEthernet2/0/0] vrrp vrid 1 priority 120
[R1-GigabitEthernet2/0/0] vrrp vrid 1 preempt-mode timer delay 20
[R1-GigabitEthernet2/0/0] quit
```

在 R2 上创建 VRRP 备份组 1,R2 在该备份组中的优先级为默认值 100。代码如下:

```
[R2] interface gigabitethernet 2/0/0
[R2-GigabitEthernet2/0/0] vrrp vrid 1 virtual-ip 10.1.1.111
[R2-GigabitEthernet2/0/0] vrrp vrid 1 priority 100
[R2-GigabitEthernet2/0/0] quit
```

完成上述配置后,在 R1 和 R2 上分别执行 display vrrp 命令,可以看到 R1 在备份组中的状态为 Master,R2 在备份组中的状态为 Backup。代码如下:

```
[R1] display vrrp
GigabitEthernet2/0/0 | Virtual Router 1
  State          : Master
  Virtual IP     : 10.1.1.111
  Master IP      : 10.1.1.1
  PriorityRun    : 120
  PriorityConfig : 120
```

```
  MasterPriority : 120
  Preempt : YES  Delay Time : 20 s
  TimerRun : 1 s
  TimerConfig : 1 s
  Auth type : NONE
  Virtual MAC : 0000-5e00-0101
  Check TTL : YES
  Config type : normal-vrrp
  Backup-forward : disabled
  Create time : 2021-07-21 11:39:18
  Last change time : 2021-07-21 11:38:58
[R2] display vrrp
  GigabitEthernet2/0/0 | Virtual Router 1
    State    : Backup
    Virtual IP   : 10.1.1.111
    Master IP    : 10.1.1.1
    PriorityRun  : 100
    PriorityConfig : 100
    MasterPriority : 120
    Preempt : YES  Delay Time : 0 s
    TimerRun : 1 s
    TimerConfig : 1 s
    Auth type : NONE
    Virtual MAC : 0000-5e00-0101
    Check TTL : YES
    Config type : normal-vrrp
    Backup-forward : disabled
    Create time : 2021-07-21 11:39:18
    Last change time : 2021-07-21 11:38:58
```

在 R1 的端口 GE2/0/0 上执行 shutdown 命令，模拟 R1 出现故障。代码如下：

```
[R1] interface gigabitethernet 2/0/0
[R1-GigabitEthernet2/0/0] shutdown
[R1-GigabitEthernet2/0/0] quit
```

在 R2 上执行 display vrrp 命令查看 VRRP 状态信息，可以看到 R2 的状态是 Master。代码如下：

```
[R2] display vrrp
  GigabitEthernet2/0/0 | Virtual Router 1
    State    : Master
    Virtual IP   : 10.1.1.111
    Master IP    : 10.1.1.2
    PriorityRun  : 100
    PriorityConfig : 100
```

```
    MasterPriority : 100
    Preempt : YES  Delay Time : 0 s
    TimerRun : 1 s
    TimerConfig : 1 s
    Auth type : NONE
    Virtual MAC : 0000-5e00-0101
    Check TTL : YES
    Config type : normal-vrrp
    Backup-forward : disabled
    Create time : 2021-07-21 11:39:18
    Last change time : 2021-07-21 11:38:58
```

在 R1 的端口 GE2/0/0 上执行 undo shutdown 命令，等待 20 秒后，在 R1 上执行 display vrrp 命令查看 VRRP 状态信息，可以看到 R1 的状态恢复成了 Master。代码如下：

```
[R1] interface gigabitethernet 2/0/0
[R1-GigabitEthernet2/0/0] undo shutdown
[R1-GigabitEthernet2/0/0] quit
[R1] display vrrp
 GigabitEthernet2/0/0 | Virtual Router 1
    State       : Master
    Virtual IP  : 10.1.1.111
    Master IP   : 10.1.1.1
    PriorityRun : 120
    PriorityConfig : 120
    MasterPriority : 120
    Preempt : YES  Delay Time : 20 s
    TimerRun : 1 s
    TimerConfig : 1 s
    Auth type : NONE
    Virtual MAC : 0000-5e00-0101
    Check TTL : YES
    Config type : normal-vrrp
    Backup-forward : disabled
    Create time : 2021-07-21 11:39:18
    Last change time : 2021-07-21 11:38:58
```

3.6 企业网络设备远程管理（SSH）

3.6.1 理论基石

SSH（Secure Shell）协议是一种远程管理协议，允许用户通过 Internet 远程管理其服务器或者网络设备。该服务是作为未加密 Telnet 的安全替代创建的，并使用加密技术确保与远程服务器之间的所有通信都以加密方式进行。SSH 提供了一种机制，用于验证远程用户，将输入从客户端传输到主机，将输出中继回客户端。

SSH 协议在预设状态提供两个服务器功能：

①类似 Telnet 的远程联机使用 shell 服务器，即 SSH。

②类似 FTP 服务的 sftp-server，提供更安全的 FTP 服务。

1.SSH 协议基本框架

SSH 协议框架中最主要的部分是 3 个协议：传输层协议、用户认证协议和连接协议。同时 SSH 协议框架中还为许多高层网络安全应用协议提供了扩展支持。它们之间的层次关系如图 3-15 来表示。

▲图 3-15 SSH 协议的层次结构示意图

在 SSH 协议框架中，传输层协议（The Transport Layer Protocol）提供服务器认证、数据机密性、信息完整性等的支持；用户认证协议（The User Authentication Protocol）则为服务器提供客户端身份鉴别；连接协议（The Connection Protocol）将加密的信息隧道复用成若干个逻辑通道，提供给更高层的应用协议使用；各种高层应用协议可以相对地独立于 SSH 基本体系之外，并依靠这个基本框架通过连接协议使用 SSH 的安全机制。

2.SSH 工作方式

SSH 的工作方式是利用客户端—服务器模型来对两个远程系统进行身份验证，并对它们之间传递的数据进行加密。

SSH 默认情况下在 TCP 端口 22 上运行（尽管可以根据需要更改），主机（服务器）在端口 22（或任何其他 SSH 分配的端口）上侦听传入的连接。如果验证成功，SSH 将通过对客户端进行身份验证并打开正确的外壳环境来组织安全连接，如图 3-16 所示。

客户端必须通过与服务器启动 TCP 握手，确保安全的对称连接，验证服务器显示的身份是否与以前的记录（通常记录在 RSA 密钥存储文件中）匹配，并提供所需的用户凭据开始 SSH 连接。建立连接有两个阶段：首先，两个系统都必须同意加密标准以保护将来的通信，其次，用户必须对自己进行身份验证。如果凭据匹配，则授予用户访问权限。

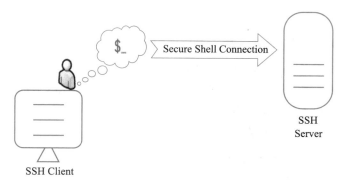

▲ 图3-16　SSH 连接建立

当客户端尝试通过 TCP 连接到服务器时，服务器会显示其支持的加密协议和相应版本。如果客户端具有相似的匹配协议和版本，将达成协议，并以接受的协议开始连接。服务器还使用非对称公钥，客户端可以使用该公钥来验证主机的真实性。

一旦建立连接，两方就使用所谓的 Diffie-Hellman 密钥交换算法来创建对称密钥。此算法允许客户端和服务器都获得一个共享的加密密钥，此密钥以后将用于对整个通信会话进行加密。

该算法在基本级别上的工作方式如下：

（1）客户端和服务器都同意非常大的质数，这当然没有任何共同因素，此质数值也称为种子值。

（2）双方同意采用通用的加密机制，以特定算法方式处理种子值生成另一组值。这些机制（也称为加密生成器）对种子执行大量操作。这种生成器的一个示例是 AES（高级加密标准）。

（3）双方独立生成另一个质数，用作交互的秘密私钥。

（4）具有共享号和加密算法［如高级加密标准（Advanced Encryption Standard，AES）］的新生成的私钥用于计算分配给另一台计算机的公钥。

（5）各方使用他们的个人私钥、另一台计算机的共享公钥和原始素数来创建最终共享密钥。该密钥由两台计算机独立计算，但是会在两侧创建相同的加密密钥。

（6）既然双方都有一个共享密钥，那么他们就可以对称地加密整个 SSH 会话。相同的密钥可用于加密和解密消息。

（7）现在已经建立了安全的对称加密会话，开始对用户进行身份验证。

在授予用户访问服务器权限之前的最后阶段是验证用户凭据。为此，大多数 SSH 用户使用密码。要求用户输入用户名和密码。这些凭据安全地通过对称加密隧道，不会被第三方捕获。

尽管密码是加密的，但仍然不建议使用密码进行安全连接。这是因为许多漫游器可以通过暴力破解简单密码或默认密码来获取用户账户的访问权限。相反，推荐的替代方法是 SSH Key Pairs。这是一组非对称密钥，用于在不需要输入任何密码的情况下对用户进行身份验证。

3.SSH 数据加密方式

网络封包的加密技术通常由一对公钥与私钥（Public and Private Keys）进行加密与解密的操作。主机端要传给客户端（Client）的数据先由公钥加密，然后才在网络上传输。到达客户端后，再由私钥将加密资料解密。经过公钥（Publick Key）加密的数据在传输过程中，即使被截取，也不容易被破解。

SSH 数据使用 3 种不同的加密技术，分别为：

①对称加密（Symmetric Encryption）。
②非对称加密（Asymmetric Encryption）。
③散列（Hashing）对称加密（Symmetric Encryption）。

对称加密，是指用同一密钥进行信息的加解密，也称为单密钥加密，具体如图 3-17 所示。实际上，拥有密钥的任何人都可以解密正在传输的消息。

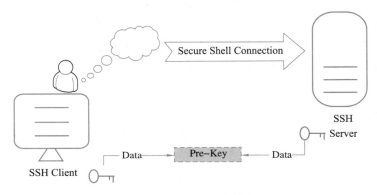

▲图 3-17　对称加密示意图

对称加密一般称为共享密钥或共享秘密加密，通常只使用一个键，有时使用一对键，这时根据一个键很容易计算出另一个键。

对称密钥用于在 SSH 会话期间加密整个通信。客户端和服务器都使用商定的方法来导出秘密密钥，并且所产生的密钥永远不会透露给任何第三方。创建对称密钥的过程是通过密钥交换算法执行的。使该算法特别安全的原因是，密钥永远不会在客户端和主机之间传输。相反，两台计算机共享公共数据，然后对其进行处理以独立计算密钥。即使另一台计算机捕获了公共共享数据，也将无法计算密钥，因为密钥交换算法未知。

但是必须注意，秘密令牌特定于每个 SSH 会话，并且是在客户端身份验证之前生成的。生成密钥后，必须使用私钥对给在两台计算机之间移动的所有数据包进行加密，这包括用户在控制台中输入的密码，因此始终保护凭据不受网络数据包嗅探器的攻击。

存在多种对称加密密码，包括但不限于 AES、CAST128、Blowfish 等。在建立安全连接之前，客户端和主机通过发布以下列表来决定使用哪种密码：支持的密码按照优先顺序排列。主机列表中存在的客户端支持密码中最优选的密码被用作双向密码。

例如，如果两台 Ubuntu 14.04 LTS 计算机通过 SSH 相互通信，则它们将使用 aes128-ctr 作为其默认密码。

非对称加密与对称加密不同，其使用两个单独的密钥进行加密和解密。这两个密钥称为公钥和私钥，它们一起形成一个公共—私有密钥对，如图 3-18 所示。

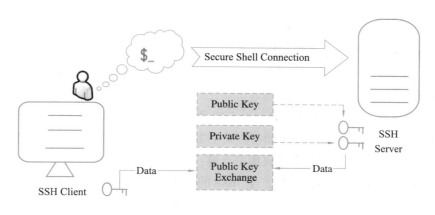

▲图 3-18 非对称加密示意图

顾名思义，公钥已公开分发并与所有各方共享。尽管从功能上讲它与私钥紧密联系，但是私钥不能从公钥中进行数学计算。这两个密钥之间的关系非常复杂：用计算机的公共密钥加密的消息只能用同一台计算机的私有密钥解密。这种单向关系意味着公钥不能解密自己的消息，也不能解密由私钥加密的任何消息。

私钥必须保持私密，即为了确保连接的安全性，任何第三方都不能知道。整个连接的优势在于，从不公开私钥，因为它是唯一能够解密并使用自己的公钥加密的消息的组件。因此，具有解密公共签名消息能力的任何一方都必须拥有相应的私钥。

与一般的看法不同，不对称加密不用于加密整个 SSH 会话。相反，它仅在对称加密的密钥交换算法期间使用。在启动安全连接之前，双方会生成临时的公共—私有密钥对，并共享各自的私有密钥以产生共享的秘密密钥。

一旦建立了安全的对称通信，服务器就会使用客户端生成的公钥来对质询进行"加密"，并将其传输给客户端进行身份验证。如果客户端可以成功解密消息，则表示该客户端拥有连接所需的私钥。然后，SSH 会话开始。

散列（Hashing）单向哈希是安全外壳连接中使用的另一种加密形式。单向散列函数与上述两种形式的加密有所不同，因为它们永远都不会被解密。它们为每个输入生成一个固定长度的唯一值，该值没有明显的趋势可以利用。这实际上使它们不可能反转。

从给定的输入生成加密哈希很容易，但是从哈希生成输入则是不可能的。这意味着，如果客户端持有正确的输入，则它们可以生成密码散列并比较其值以验证它们是否拥有正确的输入。

SSH 使用 HMACs（Hash-based Message Authentication Codes，哈希运算消息认证码）来验证消息的真实性。这确保了接收到的命令不会以任何方式被篡改。

在选择对称加密算法的同时，还选择了合适的消息认证算法。如对称加密部分中所述，其工作方式与选择密码的方式类似。

传输的每个消息必须包含 MAC，该 MAC 使用对称密钥、数据包序列号和消息内容来计算。MAC 被作为通信包的结尾部分发送到对称加密的数据之外。

4.SSH 协议版本

SSH 是由客户端和服务端的软件组成的，包含 1.x 和 2.x 两个不兼容的版本，也就是说，用 SSH 2.x 的客户程序是不能连接到 SSH 1.x 的服务程序上去的。Open SSH 2.x 同时支持 SSH 1.x 和 2.x。

（1）SSH Protocol Version 1。每一部 SSH 服务器主机都可以用 RSA 加密方式产生一个 1024B 的 RSA Key，这个 RSA 的加密方式主要用来产生公钥与私钥的演算方法。

SSH Protocol Version 1 的整个联机加密步骤：

SSH daemon（sshd）每次启动时，产生 768B 的公钥（或称为 Server Key）存放在 Server 中；若有客户端的 SSH 联机需求传送过来时，Server 将该公钥传给客户端。此时，客户端比对该公钥的正确性，方法是利用 /etc/ssh/ssh_known_hosts 或 ~/.ssh/known_hosts 的档案内容。

当客户端接受该 768B 的 Server Key 后，客户端随机产生 256B 的私钥（Host Key），并且以加密方式将 Server Key 与 Host Key 整合成完整的 Key，并将该 Key 传送给 Server。

Server 与客户端在本次联机中以 1024B 的 Key 进行数据传递。由于客户端每次 256B 的 Key 是随机选取的，因而本次联机与下次联机的 Key 可能不一样。

（2）SSH Protocol Version 2。在 SSH Protocol Version 1 的联机中，Server 单纯地接受来自客户端的 Private Key，如果在联机过程中 Private Key 被取得后，Cracker 就可能在既有的联机当中插入一些攻击码，使得联机发生问题。

为了改进这个缺点，在 SSH Protocol Version 2 中，SSH Server 不再重复产生 Server Key，而是在与客户端搭建 Private Key 时，利用 Diffie-Hellman 的演算方式来共同确认搭建 Private Key，然后将该 Private Key 与 Public Key 组成一组加解密的金钥。同样，这组金钥也仅在本次的联机中有效。

透过这个机制可见，由于 Server/Client 两者之间共同搭建了 Private Key，若 Private Key 落入别人手中，由于 Server 端还会确认联机的一致性，使 Cracker 没有机会插入有问题的攻击码，即 SSH Protocol Version 2 是比较安全的。

3.6.2 任务目标

- 理解 SSH 的工作原理。
- 掌握 SSH 的配置和管理。

3.6.3 任务规划

1.任务描述

企业管理为方便日常设备运维巡检，先要求在网络设备上部署 SSH，用于远程登录。

2. 实验拓扑（见图 3-19）

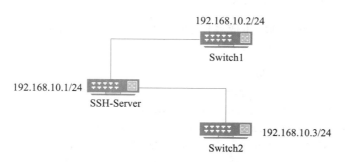

▲ 图 3-19　SSH 管理实验拓扑

3.6.4　实践环节

1. 接入配置窗口

在服务器端生成本地密钥对。代码如下：

```
<HUAWEI> system-view
[HUAWEI] sysname SSH-Server
[SSH-Server] dsa local-key-pair create
Info: The key name will be: SSH-Server_Host_DSA.
Info: The DSA host key named SSH-Server_Host_DSA already exists.
Info: The key modulus can be any one of the following : 1024, 2048.
Info: If the key modulus is greater than 512, it may take a few minutes.
Please input the modulus [default=2048]:
Info: Generating keys........
Info: Succeeded in creating the DSA host keys.
```

配置虚拟终端用户界面。代码如下：

```
[SSH-Server] user-interface vty 0 4
[SSH-Server-ui-vty0-4] authentication-mode aaa
[SSH-Server-ui-vty0-4] protocol inbound ssh
[SSH-Server-ui-vty0-4] quit
```

新建用户名为 client 001 的 SSH 用户，且认证方式为 password。代码如下：

```
[SSH-Server] aaa
[SSH-Server-aaa] local-user client001 password irreversible-cipher Huawei@123
[SSH-Server-aaa] local-user client001 privilege level 3
[SSH-Server-aaa] local-user client001 service-type ssh
[SSH-Server-aaa] quit
[SSH-Server] ssh user client001
[SSH-Server] ssh user client001 authentication-type password
```

新建用户名为 client 002 的 SSH 用户，且认证方式为 DSA（数字签名算法）。代码如下：

```
[SSH-Server] ssh user client002
[SSH-Server] ssh user client002 authentication-type dsa
```

在 STelnet 客户端 Client 002 生成客户端的本地密钥对。代码如下：

```
<HUAWEI> system-view
[HUAWEI] sysname client002
[client002] dsa local-key-pair create
Info: The key name will be: SSH-Server_Host_DSA.
Info: The DSA host key named SSH-Server_Host_DSA already exists.
Info: The key modulus can be any one of the following : 1024, 2048.
Info: If the key modulus is greater than 512, it may take a few minutes.
Please input the modulus [default=2048]:
Info: Generating keys........
Info: Succeeded in creating the DSA host keys.
```

查看客户端上生成的 DSA 密钥对的公钥部分。代码如下：

```
[client002] display dsa local-key-pair public
=====================================================
Time of Key pair created: 2021-07-21 16:57:28-06:13
Key name: client002_Host
Key modulus : 2048
Key type: DSA encryption Key
Key fingerprint: c0:52:b0:37:4c:b2:64:d1:8f:ff:a1:42:87:09:8c:6f
=====================================================
Key code:
30820109
 02820100
  CA97BCDE 697CEDE9 D9AB9475 9E004D15 C8B95116
  87B79B0C 5698C582 69A9F4D0 45ED0E53 AF2EDEC1
  A09DF4BE 459E34B6 6697B85D 2191A00E 92F3A5E7
  FB0E73E7 F0212432 E898D979 8EAA491E E2B69727
  4B51A2BE CD86A144 16748D1E 4847A814 3FE50862
  6EB1AD81 EB49A05E 64F6D186 C4E94CDB 04C53074
  B839305A 7F7BCE2C 606F6C91 EA958B6D AC46C12B
  8C2B1E03 98F1C09D 3AF2A69D 6867F930 DF992692
  9A921682 916273FC 4DD875D4 44BC371E DDBB8F6A
  C0A4CDB3 ADDAE853 DB86B9FA DB13CCA9 D8CF6EC1
  530CC2F5 697C4707 90829982 4339507F F354FAF9
  0F9CD2C2 F7D6FF3D 901D700F F0588104 856B9592
  71D773E2 E76E8EEB 431FB60D 60ABC20B
 0203
  010001
Host public key for PEM format code:
---- BEGIN SSH2 PUBLIC KEY ----
```

```
AAAAB3NzaC1yc2EAAAADAQABAAABAQDKl7zeaXzt6dmrlHWeAE0VyLlRFoe3mwxW
mMWCaan00EXtDlOvLt7BoJ30vkWeNLZml7hdIZGgDpLzpef7DnPn8CEkMuiY2XmO
qkke4raXJ0tRor7NhqFEFnSNHkhHqBQ/5QhibrGtgetJoF5k9tGGxOlM2wTFMHS4
OTBaf3vOLGBvbJHqlYttrEbBK4wrHgOY8cCdOvKmnWhn+TDfmSaSmpIWgpFic/xN
2HXURLw3Ht27j2rApM2zrdroU9uGufrbE8yp2M9uwVMMwvVpfEcHkIKZgkM5UH/z
VPr5D5zSwvfW/z2QHXAP8FiBBIVrlZJx13Pi526O60Mftg1gq8IL
---- END SSH2 PUBLIC KEY ----
Public key code for pasting into OpenSSH authorized_keys file:
ssh-dsa
AAAAB3NzaC1yc2EAAAADAQABAAABAQDKl7zeaXzt6dmrlHWeAE0VyLlRFoe3mwxWmMWCaan00EX
tDlOvLt7BoJ30vkWeNLZml7hdIZGgDpLzpef7DnPn8CEkMuiY2XmOqkke4raXJ0tRor7NhqFEFnSNHk
hHqBQ/5QhibrGtgetJoF5k9tGGxOlM2wTFMHS4OTBaf3vOLGBvbJHqlYttrEbBK4wrHgOY8cCdOvKmn
Whn+TDfmSaSmpIWgpFic/xN2HXURLw3Ht27j2rApM2zrdroU9uGufrbE8yp2M9uwVMMwvVpfEcHkIKZ
gkM5UH/zVPr5D5zSwvfW/z2QHXAP8FiBBIVrlZJx13Pi526O60Mftg1gq8IL dsa-key
```

将客户端上产生的 DSA 公钥配置到服务器端（上面 display 命令显示信息中黑体部分即为客户端产生的 DSA 公钥，将其复制粘贴至服务器端）。代码如下：

```
[SSH-Server] dsa peer-public-key dsakey001 encoding-type der
[SSH-Server-dsa-public-key] public-key-code begin
Info: Enter "DSA key code" view, return the last view with "public-key-code end".
[SSH-Server-dsa-key-code] 30820109
[SSH-Server-dsa-key-code] 2820100
[SSH-Server-dsa-key-code] CA97BCDE 697CEDE9 D9AB9475 9E004D15 C8B95116
[SSH-Server-dsa-key-code] 87B79B0C 5698C582 69A9F4D0 45ED0E53 AF2EDEC1
[SSH-Server-dsa-key-code] A09DF4BE 459E34B6 6697B85D 2191A00E 92F3A5E7
[SSH-Server-dsa-key-code] FB0E73E7 F0212432 E898D979 8EAA491E E2B69727
[SSH-Server-dsa-key-code] 4B51A2BE CD86A144 16748D1E 4847A814 3FE50862
[SSH-Server-dsa-key-code] 6EB1AD81 EB49A05E 64F6D186 C4E94CDB 04C53074
[SSH-Server-dsa-key-code] B839305A 7F7BCE2C 606F6C91 EA958B6D AC46C12B
[SSH-Server-dsa-key-code] 8C2B1E03 98F1C09D 3AF2A69D 6867F930 DF992692
[SSH-Server-dsa-key-code] 9A921682 916273FC 4DD875D4 44BC371E DDBB8F6A
[SSH-Server-dsa-key-code] C0A4CDB3 ADDAE853 DB86B9FA DB13CCA9 D8CF6EC1
[SSH-Server-dsa-key-code] 530CC2F5 697C4707 90829982 4339507F F354FAF9
[SSH-Server-dsa-key-code] 0F9CD2C2 F7D6FF3D 901D700F F0588104 856B9592
[SSH-Server-dsa-key-code] 71D773E2 E76E8EEB 431FB60D 60ABC20B
[SSH-Server-dsa-key-code] 203
[SSH-Server-dsa-key-code] 10001
[SSH-Server-dsa-key-code] public-key-code end
[SSH-Server-dsa-public-key] peer-public-key end
```

在 SSH 服务器端为 SSH 用户 client 002 绑定 STelnet 客户端的 DSA 公钥。代码如下：

```
[SSH-Server] ssh user client002 assign dsa-key dsakey001
```

开启 STelnet 服务功能。代码如下：

```
[SSH-Server] stelnet server enable
```

配置 SSH 用户 client 001、client 002 的服务方式为 stelnet。代码如下：

```
[SSH-Server] ssh user client001 service-type stelnet
[SSH-Server] ssh user client002 service-type stelnet
```

第一次登录，需要使能 SSH 客户端首次认证功能。

使能客户端 Switch 1 首次认证功能。代码如下：

```
<HUAWEI> system-view
[HUAWEI] sysname Switch1
[Switch1] ssh client first-time enable
```

使能客户端 Switch 2 首次认证功能。代码如下：

```
[Switch2] ssh client first-time enable
```

STelnet 客户端 Switch1 用 password 认证方式连接 SSH 服务器，输入配置的用户名和密码。代码如下：

```
[Switch1] stelnet 192.168.10.1
Please input the username:client001
Trying 192.168.10.1 ...
Press CTRL+K to abort
Connected to 192.168.10.1 ...
The server is not authenticated. Continue to access it? [Y/N] :y
Save the server's public key? [Y/N] :y
The server's public key will be saved with the name 10.1.1.1. Please wait...
Please select public key type for user authentication [R for RSA; D for DSA; Enter for Skip publickey authentication; Ctrl_C for Cancel],Please select [R,D,Enter or Ctrl_C]:d
Enter password:
```

输入密码，显示登录成功信息如下：

```
<SSH-Server>
```

STelnet 客户端 Switch2 用 DSA 认证方式连接 SSH 服务器。代码如下：

```
[Switch2] stelnet 192.168.10.1 user-identity-key dsa
Please input the username:client002
Trying 192.168.10.1 ...
Press CTRL+K to abort
Connected to 192.168.10.1 ...
Please select public key type for user authentication [R for RSA; D for DSA; Enter for Skip publickey authentication; Ctrl_C for Can
cel], Please select [R, D, Enter or Ctrl_C]:d
<SSH-Server>
```

如果登录成功，用户将进入用户视图界面；登录失败，用户将收到 Session is disconnected 的信息。

2. 验证配置结果

在 SSH 服务器端执行 display ssh server status 命令可以查看到 STelnet 服务已经使能。执行 display ssh user-information 命令可以查看服务器端 SSH 用户信息。

查看 SSH 状态信息。代码如下：

```
[SSH Server] display ssh server status
SSH version                           :2.0
SSH connection timeout                :60 seconds
SSH server key generating interval    :0 hours
SSH authentication retries            :3 times
SFTP server                           :Disable
Stelnet server                        :Enable
Scp server                            :Disable
SSH server source                     :0.0.0.0
ACL4 number                           :0
ACL6 number                           :0
```

查看 SSH 用户信息。代码如下：

```
[SSH Server] display ssh user-information
User 1:
  User Name            : client001
  Authentication-type  : password
  User-public-key-name : -
  User-public-key-type : -
  Sftp-directory       : -
  Service-type         : stelnet
  Authorization-cmd    : No
User 2:
  User Name            : client002
  Authentication-type  : dsa
  User-public-key-name : dsakey001
  User-public-key-type : dsa
  Sftp-directory       : -
  Service-type         : stelnet
  Authorization-cmd    : No
```

3.7 企业网络设备监控管理（SNMP）

3.7.1 理论基石

随着网络技术的飞速发展，在网络不断普及的同时也给网络管理带来了一些问题：网络设备数量呈几何级增加，使得网络管理员对设备的管理变得越来越困难；同时，网络作为一个复杂的分布式系统，其覆盖地域不断扩大，也使得对这些设备进行实时监控和故障排查变得极为困难。

网络设备种类多样，不同设备厂商提供的管理端口（如命令行端口）各不相同，这使得网络管理变得愈加复杂。在这种背景下，SNMP应运而生。

1. SNMP简介

SNMP是广泛应用于TCP/IP网络的网络管理标准协议，其通过利用网络管理网络的方式，SNMP实现了对网络设备的高效和批量管理；同时，SNMP也屏蔽了不同产品之间的差异，实现了不同种类和不同厂商网络设备之间的统一管理。

网络管理员可以利用SNMP平台在网络上的任意节点完成信息查询、信息修改和故障排查等工作，提高了工作效率。

SNMP屏蔽了设备间的物理差异，仅提供最基本的功能集，使得管理任务与被管理设备的物理特性、网络类型相互独立，实现了对不同设备的统一管理，降低了管理成本。

SNMP设计简单、运行代价低，其采用尽可能简单的设计思想，在设备上无论添加软/硬件还是报文，种类和格式都力求简单，因而运行SNMP给设备造成的影响和代价都达到了最小化。

2. SNMP特点

（1）简单。SNMP采用轮询机制，提供最基本的功能集，以UDP报文为承载，能得到绝大多数设备的支持，适用于小型、快速、低价格的网络环境。

（2）强大。SNMP的目标是保证管理信息在任意两点传送，便于管理员在网络上的任何节点检索信息，进行故障排查。

SNMP分为3个版本：SNMPv1、SNMPv2c和SNMPv3。

（1）SNMPv1是SNMP的最初版本，提供最小限度的网络管理功能。SNMPv1基于团体名认证，安全性较差，且返回报文的错误码也较少。

（2）SNMPv2c采用团体名认证。在SNMPv1版本的基础上引入了GetBulk和Inform操作，支持更多的标准错误码信息和更多的数据类型（Counter64、Counter32）。

（3）SNMPv3主要在安全性方面进行了增强，提供了基于USM（User Security Module）的认证加密和基于VACM（View-based Access Control Model）的访问控制。SNMPv3版本支持的操作和SNMPv2c版本支持的操作一样。

3. SNMP版本演进

RFC1157提供了一种监控和管理计算机网络的系统方法。1990年5月，RFC 1157定义了SNMP的第一个版本SNMPv1。SNMPv1基于团体名认证，安全性较差，且返回报文的错误码也较少。

后来，IETF颁布了SNMPv2c。SNMPv2c引入了GetBulk和Inform操作，支持更多的标准错误码信息和更多的数据类型（Counter 64、Counter 32）。

鉴于SNMPv2c在安全性方面没有得到改善，IETF又颁布了SNMPv3版本，提供了基于基于用户的安全模型（User-based Security Model，USM）的认证加密和基于视图的访问控制模型（View-based Access Control Model，VACM）的访问控制。

4.SNMP 系统组成

SNMP 由网络管理系统（Network Management System，NMS）、SNMP Agent、被管对象（Managed Object）和管理信息库（Management Information Base，MIB）四部分组成。NMS 作为整个网络的网管中心，对设备进行管理，如图 3-20 所示。

每个被管理设备中都包含驻留在设备上的 SNMP Agent 进程、MIB 和多个被管对象。NMS 通过与运行在被管理设备上的 SNMP Agent 交互，由 SNMP Agent 通过对设备端的 MIB 进行操作，完成 NMS 指令。

（1）NMS：是网络中的管理者，是一个采用 SNMP 协议对网络设备进行管理/监视的系统，运行在 NMS 服务器上。NMS 可以向设备上的 SNMP Agent 发出请求，查询或修改一个或多个具体的参数值。此外，NMS 还可以接收设备上的 SNMP Agent 主动发送的 SNMP Traps，以获知被管理设备当前的状态。

（2）SNMP Agent：是被管理设备中的一个代理进程，用于维护被管理设备的信息数据并响应来自 NMS 的请求，把管理数据汇报给发送请求的 NMS。SNMP Agent 接收到 NMS 的请求信息后，通过 MIB 表完成相应指令，并把操作结果响应给 NMS。当设备发生故障或者其他事件时，会通过 SNMP Agent 主动发送 SNMP Traps 给 NMS，向 NMS 报告其当前的状态变化。

（3）Managed Object：指被管理对象。每一个设备都可能包含多个被管理对象，被管理对象可以是设备中的某个硬件，也可以是在硬件、软件（如路由选择协议）上配置的参数集合。

（4）MIB：是一个数据库，指明了被管理设备所维护的变量。MIB 中定义了被管理设备的一系列属性：对象的名称、对象的状态、对象的访问权限和对象的数据类型等。MIB 也可以看作是 NMS 和 SNMP Agent 之间的一个接口，通过这个接口，NMS 对被管理设备所维护的变量进行查询/设置操作。MIB 是以树状结构进行存储的，如图 3-21 所示。树的节点表示被管理对象，其可以用从根开始的对象标识符（Object Identifier，OID）（如 system 的 OID 为 1.3.6.1.2.1.1，interfaces 的 OID 为 1.3.6.1.2.1.2）路径进行唯一的识别。子树可以用该子树根节点的 OID 来标识。如以 private 为根节点的子树的 OID 为 private 的 OID——{1.3.6.1.4}。用户可以配置 MIB 视图来限制 NMS 能够访问的 MIB 对象。MIB 视图是 MIB 的子集合，用户可以将 MIB 视图内的对象配置为 exclude 或 include。exclude 表示当前视图不包含该 MIB 子树的所有节点，include 表示当前视图包含该 MIB 子树的所有节点。

5.SNMP 端口号

SNMP 报文是普通的 UDP 报文，协议中规定有两个默认端口号：

（1）端口号 161：NMS 发送 Get、GetNext、GetBulk 和 Set 操作请求以及 SNMP Agent 响应这些请求操作时，使用该端口号。该端口号支持用户配置，但是需要保证 NMS 发送请求报文使用的端口号与 SNMP Agent 响应请求报文使用的端口号一致。

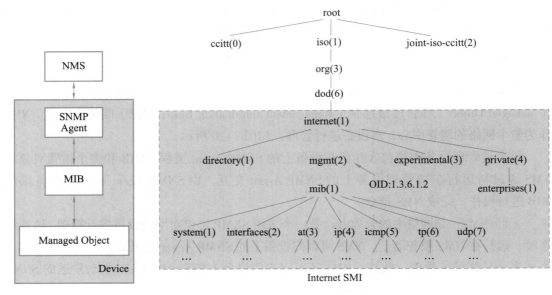

▲ 图 3-20　SNMP 系统组成　　　　▲ 图 3-21　MIB 节点

（2）端口号 162：SNMP Agent 向 NMS 发送 Trap 或 Inform 时，使用该端口号。该端口号支持用户配置，但是需要保证 SNMP Agent 发送 Trap 或 Inform 的端口号与 NMS 监听 Trap 或 Inform 的端口号一致。

3.7.2　任务目标

- 理解 SNMP 的工作原理。
- 掌握 SNMPv2c 与网关通信的配置和管理。

3.7.3　任务规划

1. 任务描述

现有网络中网管 NMS1 和 NMS2 对网络中的设备进行监管。由于网络规模较大，安全性较高，运行的业务较为繁忙，因此在规划时配置设备使用 SNMPv2c 版本与网管进行通信。现在由于扩容需要增加一台交换机，并由网管 NMS2 对其进行监管。用户希望利用现有的网络资源对交换机进行监管，并希望在发生故障后能够快速对故障进行定位和排除。根据用户业务需要，网管站需要对路由器的除 RMON 之外的节点进行管理。

2. 实验拓扑（见图 3-22）

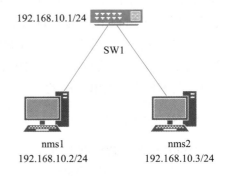

▲ 图 3-22　SNMP 实验拓扑

3.7.4 实践环节

1. 接入配置窗口

①配置交换机的 SNMP 版本为 SNMPv2c。代码如下：

```
[Switch] snmp-agent sys-info version v2c
```

②配置访问权限。

配置 ACL，使 NMS2 可以管理交换机，NMS1 不允许管理交换机。代码如下：

```
[Switch] acl 2001
[Switch-acl-basic-2001] rule 5 permit source 192.68.10.3 0.0.0.0
[Switch-acl-basic-2001] rule 6 deny source 192.168.10.2 0.0.0.0
[Switch-acl-basic-2001] quit
```

配置 MIB 视图，限制 NMS2 可以管理交换机上除 RMON 之外的节点。代码如下：

```
[Switch] snmp-agent mib-view excluded allextrmon 1.3.6.1.2.1.16
```

配置团体名并引用 ACL 和 MIB 视图。代码如下：

```
[Switch] snmp-agent community write adminnms2 mib-view allextrmon acl 2001
```

③配置告警主机。代码如下：

```
[Switch] snmp-agent target-host inform address udp-domain 192.168.10.3 params securityname adminnms2 v2c
[Switch] snmp-agent inform timeout 5 resend-times 6 pending 7
```

④配置网管站（NMS2）。

在使用 SNMPv2c 版本的 NMS 上需要设置"读写团体名"。网管的配置请根据采用的网管产品和对应的网管配置手册进行。网管系统的认证参数配置必须和设备保持一致，否则网管系统将无法管理设备。如果设备上只配置了 write 团体名，那么网管端读和写团体名都用设备上配置的 write 团体名。

2. 验证配置结果

配置完成后，可以执行下面的命令，检查配置内容是否生效。

查看 SNMP 版本。代码如下：

```
[Switch] display snmp-agent sys-info version
 SNMP version running in the system:
    SNMPv2c SNMPv3
```

查看告警的目标主机。代码如下：

```
[Switch] display snmp-agent target-host
Target-host NO. 1
-----------------------------------------------------------
 IP-address    : 192.168.10.3
```

```
Source interface : -
VPN instance    : -
Security name : %%#uq/!YZfvW4*vf[~C|.:Cl}UqS(vXd#wwqR~5M(rU%%%#
Port         : 162
Type         : inform
Version      : v2c
Level        : No authentication and privacy
NMS type     : NMS
With ext-vb  : No
--------------------------------------------------------------
```

3.8 企业内部网络访问互联网

3.8.1 理论基石

1. NAT 简介

随着 Internet 的发展和网络应用的增多，IPv4 地址枯竭已成为制约网络发展的瓶颈。尽管 IPv6 可以从根本上解决 IPv4 地址空间不足的问题，但目前大多网络设备和网络应用都是基于 IPv4 的，因此在 IPv6 广泛应用之前，一些过渡技术［如无类别域间路由选择（Classless Inter-Domain Routing，CIDR）、私网地址等］的使用仍然是解决这个问题的最主要的技术手段。网络地址转换（Network Address Translation，NAT）是将 IP 数据报文头中的 IP 地址转换为另一个 IP 地址的过程，主要用于实现内部网络（简称内网，使用私有 IP 地址）访问外部网络（简称外网，使用公有 IP 地址）的功能。当内网的主机要访问外网时，通过 NAT 技术可以将其私网地址转换为公网地址，可以实现多个私网用户共用一个公网地址来访问外部网络，这样既可保证网络互通，又节省了公网地址。

Basic NAT 是实现一对一的 IP 地址转换，而网络地址端口转换（Network Address Port Translation，NAPT）可以实现多个私有 IP 地址映射到同一个公有 IP 地址上。

2. NAT 类型

（1）Basic NAT。Basic NAT 方式属于一对一的地址转换，在这种方式下只转换 IP 地址，而不处理 TCP/UDP 协议的端口号，一个公网 IP 地址不能同时被多个私网用户使用。

（2）NAPT。除了一对一的 NAT 转换方式外，还有可以实现并发的地址转换的 NAPT 方式。NAPT 允许多个内部地址映射到同一个公有地址上，因此也可以称为"多对一地址转换"或地址复用。

NAPT 通过 "IP 地址+端口号" 的形式进行转换，属多对一的地址转换，可使多个私网用户可共用一个公网 IP 地址访问外网。

3. NAT 实现

Basic NAT 和 NAPT 是私网 IP 地址通过 NAT 设备转换成公网 IP 地址的过程，分别实现一对一和多对一的地址转换功能。在现网环境下，NAT 功能的实现还要依据 Basic NAT 和 NAPT 的原理，NAT 实现主要包括 Easy IP、地址池 NAT、NAT Server 和静态 NAT/NAPT。

其中地址池 NAT 和 Easy IP 类似，此处不介绍。

（1）Easy IP。Easy IP 方式可以利用访问控制列表控制哪些内部地址可以进行地址转换。Easy IP 方式特别适合小型局域网访问 Internet 的情况。这里的小型局域网主要指中小型网吧、小型办公室等环境，一般具有以下特点：内部主机较少、出接口通过拨号方式获得临时公网 IP 地址以供内部主机访问 Internet。对于这种情况，可以使用 Easy IP 方式使局域网用户都通过这个 IP 地址接入 Internet。

（2）NAT Server。NAT 具有屏蔽内部主机的作用，但有时内网需要向外网提供服务，比如提供 WWW 服务或者 FTP 服务。这种情况下需要内网的服务器不被屏蔽，外网用户可以随时访问内网服务器。

NAT Server 可以很好地解决这个问题，当外网用户访问内网服务器时，它通过事先配置好的"公网 IP 地址＋端口号"与"私网 IP 地址＋端口号"间的映射关系，将服务器的"公网 IP 地址＋端口号"根据映射关系替换成对应的"私网 IP 地址＋端口号"。

（3）静态 NAT/NAPT。静态 NAT 是指在进行 NAT 转换时，内部网络主机的 IP 同公网 IP 是一对一静态绑定的，静态 NAT 中的公网 IP 只会给唯一且固定的内网主机转换使用。

静态 NAPT 是指"内部网络主机的 IP＋协议号＋端口号"同"公网 IP＋协议号＋端口号"是一对一静态绑定的，静态 NAPT 中的公网 IP 可以为多个私网 IP 使用。

此外，静态 NAT/NAPT 还支持将指定私网范围内的主机 IP 转换为指定的公网范围内的主机 IP。当内部主机访问外部网络时，如果该主机地址在指定的内部主机地址范围内，则会被转换为对应的公网地址；同样，当公网主机对内部主机进行访问时，如果该公网主机 IP 经过 NAT 转换后其对应的私网 IP 地址在指定的内部主机地址范围内，那么该公用主机是可以直接访问到内部主机的。

4. NAT 应用

（1）私网主机访问公网。在许多小区、学校和企业的内网规划中，由于公网地址资源有限，内网用户实际使用的都是私网地址。在这种情况下，可以使用 NAT 技术来实现私网用户对公网的访问。如图 3-23 所示，通过在 Edge Router 上配置 Easy IP，可以实现私网主机访问公网服务器。

（2）公网主机访问私网服务器。在某些场合，私网内部有一些服务器需要向公网提供服务，比如一些位于私网内的 Web 服务器、FTP 服务器等，NAT 可以支持这样的应用。如图 3-24 所示，通过配置 NAT Server，即定义"公网 IP 地址＋端口号"与"私网 IP 地址＋端口号"间的映射关系，使位于公网的主机能够通过该映射关系访问到位于私网的服务器。

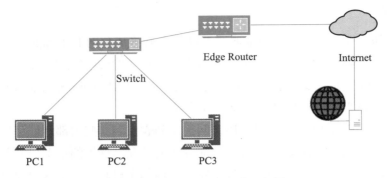

▲ 图 3-23　Easy_NAT 应用场景

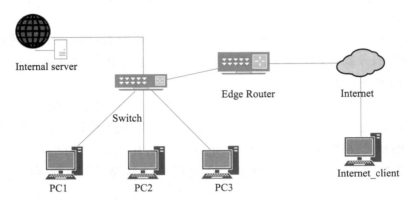

▲ 图 3-24　NAT Server 应用场景

3.8.2　任务目标

- 理解 Basic NAT 和 NAPT 的工作原理。
- 掌握 Easy IP、地址池 NAT、NAT Server 和静态 NAT/NAPT 的配置和管理。

3.8.3　任务规划

1. 任务描述

路由器的出接口 GE2/0/0 的 IP 地址为 100.100.100.2/24，LAN 侧网关地址为 192.168.0.1/24，对端运营商侧地址为 100.100.100.254/24，该主机内网地址为 192.168.0.100/24，需要使用的固定地址为 100.100100.100/24。要求公司内部能够把私网地址转换为公网地址，连接到广域网。

2. 实验拓扑（见图 3-25）

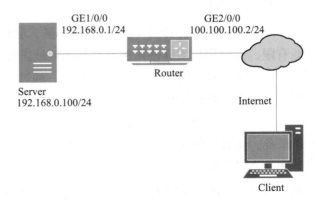

▲ 图 3-25　静态 NAT

3.8.4 实践环节

1. 静态 NAT

在 Router 上配置接口 IP 地址。代码如下：

```
<Huawei> system-view
[Huawei] sysname Router
[Router] interface gigabitethernet 2/0/0
[Router-GigabitEthernet2/0/0] ip address 100.100.100.2 24
[Router-GigabitEthernet2/0/0] quit
[Router] interface gigabitethernet 1/0/0
[Router-GigabitEthernet1/0/0] ip address 192.168.0.1 24
[Router-GigabitEthernet1/0/0] quit
```

在 Router 上配置默认路由，指定下一跳地址为 100.100.100.254。代码如下：

```
[Router] ip route-static 0.0.0.0 0.0.0.0 100.100.100.254
```

在 Router 的上行接口 GE2/0/0 上配置一对一的 NAT 映射。代码如下：

```
[Router] interface gigabitethernet 2/0/0
[Router-GigabitEthernet2/0/0] nat static global 100.100.100.100 inside 192.168.0.100
[Router-GigabitEthernet2/0/0] quit
```

在 Router 上执行 display nat static 命令查看地址池映射关系。代码如下：

```
<Router> display nat static
 Static Nat Information:
 Interface : GigabitEthernet2/0/0
  Global IP/Port   : 100.100.100.100/----
  Inside IP/Port   : 192.168.0.100/----
  Protocol : ----
  VPN instance-name : ----
  Acl number       : ----
  Vrrp id          : ----
  Netmask : 255.255.255.255
  Description : ----
 Total : 1
```

2. NAT 地址池（见图 3-26）

Net1 和 Net2 的内网用户通过路由器和 Internet 相连，他们都有访问 Internet 的需求。Net1 用户规划的外网 IP 地址较多，其希望使用外网地址池中（100.100.100.10~100.100.100.19）和 Net1 内部主机的地址（网段为 192.168.10.0/24）进行一对一转换后访问 Internet。Net2 用户规划的外网 IP 地址较少，其希望使用外网地址池中的地址（100.100.100.20~100.100.100.29）和 Net2 内部主机的地址（网段为 192.168.20.0/24）

进行一对多转换后访问Internet。公司为路由器WAN侧接口规划的外网IP地址为100.100.100.2/24，对端运营商侧IP地址为100.100.100.1/24。

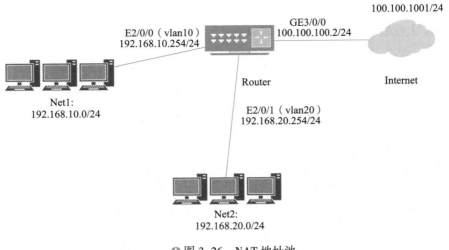

图3-26　NAT地址池

在Router上配置接口IP地址。代码如下：

```
<Huawei> system-view
[Huawei] sysname Router
[Router] vlan 10
[Router-vlan10] quit
[Router] interface vlanif 10
[Router-Vlanif10] ip address 192.168.10.254 24
[Router-Vlanif10] quit
[Router] interface ethernet 2/0/0
[Router-Ethernet2/0/0] port link-type access
[Router-Ethernet2/0/0] port default vlan 100
[Router-Ethernet2/0/0] quit
[Router] vlan 20
[Router-vlan20] quit
[Router] interface vlanif 20
[Router-Vlanif20] ip address 192.168.20.254 24
[Router-Vlanif20] quit
[Router] interface ethernet 2/0/1
[Router-Ethernet2/0/1] port link-type access
[Router-Ethernet2/0/1] port default vlan 200
[Router-Ethernet2/0/1] quit
[Router] interface gigabitethernet 3/0/0
[Router-GigabitEthernet3/0/0] ip address 100.100.100.2 24
[Router-GigabitEthernet3/0/0] quit
```

在Router上配置默认路由，指定下一跳地址为100.100.100.1。代码如下：

```
[Router] ip route-static 0.0.0.0 0.0.0.0 100.100.100.1
```

在 Router 上配置不带端口转换的 nat outbound。代码如下：

```
[Router] nat address-group 1 100.100.100.10 100.100.100.19
[Router] acl 2000
[Router-acl-basic-2000] rule 5 permit source 192.168.10.0 0.0.0.255
[Router-acl-basic-2000] quit
[Router] interface gigabitethernet 3/0/0
[Router-GigabitEthernet3/0/0] nat outbound 2000 address-group 1 no-pat
[Router-GigabitEthernet3/0/0] quit
```

在 Router 上配置带端口转换的 nat outbound。代码如下：

```
[Router] nat address-group 2 100.100.100.20 100.100.100.29
[Router] acl 2001
[Router-acl-basic-2001] rule 5 permit source 192.168.20.0 0.0.0.255
[Router-acl-basic-2001] quit
[Router] interface gigabitethernet 3/0/0
[Router-GigabitEthernet3/0/0] nat outbound 2001 address-group 2
[Router-GigabitEthernet3/0/0] quit
[Router] quit
```

在 Router 上执行命令 display nat outbound，查看地址池配置。代码如下：

```
<Router> display nat outbound
NAT Outbound Information:
--------------------------------------------------------------
Interface          Acl    Address-group/IP/Interface Type
--------------------------------------------------------------
GigabitEthernet3/0/0   2000       1         no-pat
GigabitEthernet3/0/0   2001       2         pat
--------------------------------------------------------------
Total : 2
```

在 Router 上执行 ping 命令，验证内网可以访问 Internet。代码如下：

```
<Router> ping -a 192.168.10.1 100.100.100.1
 PING 100.100.100.1: 56 data bytes, press CTRL_C to break
  Reply from 100.100.100.1: bytes=56 Sequence=1 ttl=255 time=1 ms
  Reply from 100.100.100.1: bytes=56 Sequence=2 ttl=255 time=1 ms
  Reply from 100.100.100.1: bytes=56 Sequence=3 ttl=255 time=1 ms
  Reply from 100.100.100.1: bytes=56 Sequence=4 ttl=255 time=1 ms
  Reply from 100.100.100.1 bytes=56 Sequence=5 ttl=255 time=1 ms
 --- 100.100.100.1 ping statistics ---
  5 packet(s) transmitted
  5 packet(s) received
  0.00% packet loss
  round-trip min/avg/max = 1/1/2 ms
```

```
<Router> ping -a 192.168.20.1 100.100.100.1
 PING 100.100.100.1: 56 data bytes, press CTRL_C to break
  Reply from 100.100.100.1: bytes=56 Sequence=1 ttl=255 time=1 ms
  Reply from 100.100.100.1: bytes=56 Sequence=2 ttl=255 time=1 ms
  Reply from 100.100.100.1: bytes=56 Sequence=3 ttl=255 time=1 ms
  Reply from 100.100.100.1: bytes=56 Sequence=4 ttl=255 time=1 ms
  Reply from 100.100.100.1: bytes=56 Sequence=5 ttl=255 time=1 ms
 --- 100.100.100.1 ping statistics ---
  5 packet(s) transmitted
  5 packet(s) received
  0.00% packet loss
  round-trip min/avg/max = 1/1/2 ms
```

在 NAT 表项老化时间到期前, 在 Router 上执行 display nat session all 命令, 查看地址转换结果。代码如下:

```
<Router> display nat session all
 NAT Session Table Information:
  Protocol      : ICMP(1)
  SrcAddr  Vpn  : 192.168.10.1
  DestAddr Vpn  : 100.100.100.1
  Type Code IcmpId : 8  0  44004
  NAT-Info
   New SrcAddr  : 100.100.100.10
   New DestAddr : ----
   New IcmpId   : ----
  Protocol      : ICMP(1)
  SrcAddr  Vpn  : 192.168.20.1
  DestAddr Vpn  : 100.100.100.1
  Type Code IcmpId : 8  0  44005
  NAT-Info
   New SrcAddr  : 100.100.100.20
   New DestAddr : ----
   New IcmpId   : 10243
  Total : 2
```

任务 4　搭建公共网络环境

广域网，也叫公共网络，通常跨越的物理范围较大，从几十千米到几千千米，能连接多个城市或国家。广域网的通信子网可以利用公用分组交换网、卫星通信网和无线分组交换机将分布在不同地区的局域网或计算机系统互联起来，达到资源共享的目的。

4.1　公共网络链路 PPP 封装

4.1.1　理论基石

路由器不仅能实现局域网之间的连接，更重要的是还能实现局域网与广域网、广域网与广域网之间的连接。路由器与广域网连接的端口称为广域网端口。

1. 广域网接口

串口是最常用的广域网端口之一，分为同步串口和异步串口，现在应用广泛的是同步串口。下面提到的如无特别说明，串口均指同步串口。由 E-载波和 CPOS 等通道构成的串口，其逻辑特性和同步串口相同，也是最常见的串口。串口的工作方式有数据终端设备（Data Terminal Equipment，DTE）和数据电路端接设备（Data Circut-Terminating Equipment，DCE）两种，可以外接多种类型的电缆，同时还支持 PPP 和时分多路复用（Time Division Multiplexing，TDM）协议。

2. 广域网数据链路层 PPP

点到点的直接连接是广域网连接的一种比较简单的形式，点到点连接的线路上链路层封装的协议主要有 PPP 和高级数据链路控制（High-level Data Link Control，HDLC），此处仅介绍 PPP。

PPP 处于 OSI 模型的第二层，主要用在支持全双工的同异步链路上，进行点到点之间的数据传输。由于 PPP 能够提供用户验证，易于扩充，并且支持同异步通信，因而获得广泛应用。

PPP 定义的协议组件包括以下 3 类。

①数据封装方式：定义封装多协议数据包的方法。

②链路控制协议（Link Control Protocol，LCP）主要用来建立、监控和拆除数据链路。

③网络控制协议（Network Control Protocol，NCP）主要用来建立和配置不同的网络层协议，协商在该数据链路上所传输的数据包的格式与类型。

同时，PPP 还提供了用于网络安全方面的验证协议族密码认证协议（Password Authentication Protocol，PAP）和挑战握手身份认证协议（Challenge Handshake Authentication Protocol，CHAP），用于网络安全方面的验证。

当用户对带宽的要求较高时，单个的 PPP 链路无法提供足够的带宽，这时将多个 PPP 链路进行捆绑形成 MP 链路，旨在增加链路的带宽并增强链路可靠性。

PPP 的认证方式分为两种：一种是 PAP，另一种是 CHAP。相对来说 PAP 的认证方式安全性没有 CHAP 高。PAP 在传输密码时是明文的，而 CHAP 不传输密码，取代密码的是 hash（哈希值）。PAP 认证是通过两次握手实现的，而 CHAP 则是通过 3 次握手实现的。

（1）PAP 认证。PAP 在初始链接建立时提供简单的密码验证。这不是一种强力的身份验证方法，因为密码是在链接上以明文方式传输的，并且在链接的整个生命周期内都不会受到重复攻击的保护。

在链路建立阶段，链路的一端请求 PAP 身份验证时，另一端必须以有效且可识别的标识符和密码对进行响应。如果无法响应，或者标识符或密码被拒绝，则身份验证将失败且链接关闭。

PAP 身份验证可以仅通过链接的一端进行请求，也可以通过链接的两端同时进行请求。如果两端都请求 PAP 身份验证，则它们会交换标识符和密码。两端的身份验证必须成功，否则链接将关闭。

（2）CHAP 认证。CHAP 基于三向握手机制在初始链接建立时提供密码身份验证。CHAP 依赖于 CHAP 机密，只有身份验证者及其对等方才知道，它不会通过链接传输。当链路的一端请求 CHAP 身份验证时，它会生成包含质询值的质询消息，质询值是根据 CHAP 机密计算得出的。另一端必须用一个响应值来响应质询消息，该响应值是根据收到的质询值和公共机密计算出来的。如果未能响应，或者响应与验证者所期望的响应不符，则将关闭链接。

CHAP 是一种比 PAP 更强的身份验证方法，因为一来该秘密不会通过链接传输，二来它提供了在链接生命周期内防止重复攻击的保护。如果同时启用 PAP 和 CHAP 身份验证，则始终首先执行 CHAP 身份验证。

CHAP 身份验证可以仅通过链接的一端进行请求，也可以同时通过链接的两端进行请求。如果两端都请求 CHAP 身份验证，则它们将交换质询和响应消息。两端的身份验证必须成功，否则链接将关闭。

4.1.2 任务目标

● 理解广域网链路封装模式。

- 理解 PPP 工作过程。
- 掌握 PPP 身份验证 PAP 认证和 CHAP 认证的工作原理。
- 掌握 PPP 的配置和管理。

4.1.3 任务规划

1. 任务描述

R1 的 Serial1/0/0 和 R2 的 Serial1/0/0 相连。链路采用 PPP 进行封装，并且在 R1 上启用对 R2 进行可靠的认证，而 R2 不需要对 R1 进行认证。

2. 实验拓扑（见图 4-1）

图 4-1 广域网链路采用 PPP 封装

4.1.4 实践环节

1. 接入配置窗口

（1）配置 R1。

配置接 Serial1/0/0 的 IP 地址及封装的链路层协议为 PP。代码如下：

```
<Huawei> system-view
[Huawei] sysname R1
[R1] interface serial 1/0/0
[R1-Serial1/0/0] link-protocol ppp
[R1-Serial1/0/0] ip address 100.0.0.1 30
[R1-Serial1/0/0] quit
```

配置本地用户及域。代码如下：

```
[R1] aaa
[R1-aaa] authentication-scheme system_a
[R1-aaa-authen-system_a] authentication-mode local
[R1-aaa-authen-system_a] quit
[R1-aaa] domain system
[R1-aaa-domain-system] authentication-scheme system_a
[R1-aaa-domain-system] quit
[R1-aaa] local-user testppp@system password
Please configure the login password (8-128)
```

```
It is recommended that the password consist of at least 2 types of characters,
including lowercase letters, uppercase letters, numerals and special characters.
Please enter password:
Please confirm password:
Info: Add a new user.
Warning: The new user supports all access modes. The management user access modes
such as Telnet, SSH, FTP, HTTP, and Terminal have security risks. You are advised
to configure the required access modes only.
[R1-aaa] local-user testppp@system service-type ppp
[R1-aaa] quit
```

配置 PPP 认证方式为 CHAP，认证域为 System。代码如下：

```
[R1] interface serial 1/0/0
[R1-Serial1/0/0] ppp authentication-mode chap domain system
```

重启端口，保证配置生效。代码如下：

```
[R1-Serial1/0/0] shutdown
[R1-Serial1/0/0] undo shutdown
```

（2）配置 R2。

配置端口 Serial1/0/0 的 IP 地址及封装的链路层协议为 PPP。代码如下：

```
<Huawei> system-view
[Huawei] sysname R2
[R2] interface serial 1/0/0
[R2-Serial1/0/0] link-protocol ppp
[R2-Serial1/0/0] ip address 100.0.0.2 30
```

配置本地被 R1 以 CHAP 方式认证时 R2 发送的 CHAP 用户名和密码。代码如下：

```
[R2-Serial1/0/0] ppp chap user testppp@system
[R2-Serial1/0/0] ppp chap password cipher huawei123
```

重启端口，保证配置生效。代码如下：

```
[R2-Serial1/0/0] shutdown
[R2-Serial1/0/0] undo shutdown
```

2. 验证配置结果

通过执行 display interface serial 1/0/0 命令查看端口的配置信息，端口的物理层和链路层的状态都是 UP 状态，并且 PPP 的 LCP 和 IP 控制协议（IP Control Protocol，IPCP）都是 opened 状态，说明链路的 PPP 协商已经成功，并且 R1 和 R2 可以互相 ping 通对方。代码如下：

```
[R2] display interface serial 1/0/0
Serial1/0/0 current state : UP
Line protocol current state : UP
Last line protocol up time : 2021-07-10 12:29:39
```

```
Description:HUAWEI, AR Series, Serial3/0/0 Interface
Route Port,The Maximum Transmit Unit is 1500, Hold timer is 10(sec)
Internet Address is 10.10.10.9/30
Link layer protocol is PPP
LCP opened, IPCP opened
Last physical up time   : 2021-07-10 12:29:39
Last physical down time : 2021-07-10 12:29:39
Current system time: 2021-07-10 12:29:56
Physical layer is synchronous, Virtualbaudrate is 64000 bps
Interface is DTE, Cable type is V35, Clock mode is TC
Last 300 seconds input rate 8 bytes/sec 64 bits/sec 0 packets/sec
Last 300 seconds output rate 7 bytes/sec 56 bits/sec 0 packets/sec
Input: 20239 packets, 465621 bytes
    Broadcast:        0, Multicast:        0
    Errors:           0, Runts:            0
    Giants:           0, CRC:              0
    Alignments:       0, Overruns:         0
    Dribbles:         0, Aborts:           0
    No Buffers:       0, Frame Error:      0
Output: 15591 packets, 327478 bytes
    Total Error:      0, Overruns:         0
    Collisions:       0, Deferred:         0
DCD=UP DTR=UP DSR=UP RTS=UP CTS=UP
  Input bandwidth utilization : 0.06%
  Output bandwidth utilization : 0.05%
```

4.2 公共网络路由（BGP）

4.2.1 理论基石

1.BGP 简介

BGP 是一种标准化的外部网关协议，旨在于 Internet 上的自治系统（Autonomous System，AS）之间交换路由和可达性信息。BGP 被归类为一个路径向量路由协议，它基于路径、网络策略或规则集来决定路由。

（1）BGP 路径属性——AS。AS 是指在一个实体管辖下的拥有相同选路策略的 IP 网络。BGP 网络中的每个 AS 都被分配了一个唯一的 AS 号，用于区分不同的 AS。AS 号分为 2 字节 AS 号和 4 字节 AS 号，其中 2 字节 AS 号的范围为 1~65535，4 字节 AS 号的范围为 1~4294967295。支持 4 字节 AS 号的设备能够与支持 2 字节 AS 号的设备兼容。

在 AS 内用于路由的 BGP 称为 IBGP。相反，该协议的 Internet 应用称为 EBGP，如图 4-2 所示。

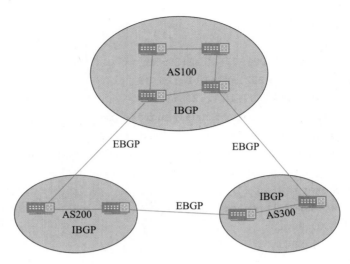

▲ 图 4-2　BGP 路由分类

① EBGP：运行于不同 AS 之间的 BGP 称为 EBGP。为了防止 AS 间产生环路，当 BGP 设备接收 EBGP 对等体发送的路由时，会将带有本地 AS 号的路由丢弃。

② IBGP：运行于同一 AS 内部的 BGP 称为 IBGP。为了防止 AS 内产生环路，BGP 设备不会将从 IBGP 对等体学到的路由通告给其他 IBGP 对等体，但其会与所有 IBGP 对等体建立全连接。为了解决 IBGP 对等体连接数量太多的问题，BGP 设计了路由反射器和 BGP 联盟。

（2）BGP 报文交互中的角色。

BGP 报文交互分为 Speaker 和 Peer 两种角色。

① Speaker：发送 BGP 报文的设备，它接收或产生新的报文信息，并发布（Advertise）给其他 BGP Speaker。

② Peer：相互交换报文的 Speaker 之间互称对等体（Peer）。若干相关的对等体可以构成对等体组（Peer Group）。

（3）BGP 的路由器号（Router ID）。

BGP 的 Router ID 是一个用于标识 BGP 设备的 32 位值，通常是 IPv4 地址的形式，在 BGP 会话建立时发送的 Open 报文中携带。对等体之间建立 BGP 会话时，每个 BGP 设备都必须有唯一的 Router ID，否则对等体之间不能建立 BGP 连接。

BGP 的 Router ID 在 BGP 网络中必须是唯一的，可以采用手工配置，也可以让设备自动选取。默认情况下，BGP 选择设备上的 Loopback 端口的 IPv4 地址作为 BGP 的 Router ID。如果设备上没有配置 Loopback 端口，那么系统会选择端口中最大的 IPv4 地址作为 BGP 的 Router ID。一旦选出 Router ID，除非发生端口地址删除等事件，否则即使配置了更大的地址，也会保持原来的 Router ID。

2.BGP 工作原理

BGP 对等体的建立、更新和删除等交互过程主要有 5 种报文、6 种状态机和 5 个原则。

（1）BGP 报文。BGP 对等体间通过以下 5 种报文进行交互，其中 KeepAlive 报文为周期性发送，其余报文为触发式发送。

① Open 报文：用于建立 BGP 对等体连接。

② Update 报文：用于在对等体之间交换路由信息。

③ Notification 报文：用于中断 BGP 连接。

④ KeepAlive 报文：用于保持 BGP 连接。

⑤ Route-refresh 报文：用于在改变路由策略后请求对等体重新发送路由信息。只有支持路由刷新（Route-refresh）能力的 BGP 设备会发送和响应此报文。

（2）BGP 状态机。BGP 对等体的交互过程中存在 6 种状态机：空闲（Idle）、连接（Connect）、活跃（Active）、Open 报文已发送（OpenSent）、Open 报文已确认（OpenConfirm）和连接已建立（Established）。在 BGP 对等体建立过程中，通常可见的 3 个状态是 Idle、Active 和 Established，如图 4-3 所示。

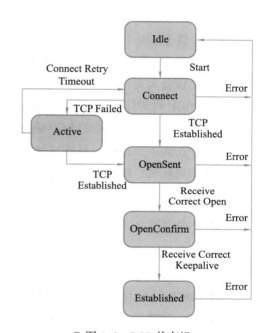

▲图 4-3　BGP 状态机

① Idle 状态是 BGP 初始状态。在 Idle 状态下，BGP 拒绝邻居发送的连接请求。只有在收到本设备的 Start 事件后，BGP 才开始尝试和其他 BGP 对等体进行 TCP 连接，并转至 Connect 状态。

②在 Connect 状态下，BGP 启动连接重传定时器（Connect Retry），等待 TCP 完成连接。如果 TCP 连接成功，那么 BGP 向对等体发送 Open 报文，并转至 OpenSent 状态。如果 TCP 连接失败，那么 BGP 转至 Active 状态。如果连接重传定时器超时，BGP 仍没有收到 BGP 对等体的响应，那么 BGP 继续尝试和其他 BGP 对等体进行 TCP 连接，停留在 Connect 状态。

③在 Active 状态下，BGP 总是在试图建立 TCP 连接。如果 TCP 连接成功，那么 BGP 向对等体发送 Open 报文，关闭连接重传定时器，并转至 OpenSent 状态。如果 TCP 连接失败，那么 BGP 停留在 Active 状态。如果连接重传定时器超时，BGP 仍没有收到 BGP 对等体的响应，那么 BGP 转至 Connect 状态。

④在 OpenSent 状态下，BGP 等待对等体的 Open 报文，并对收到的 Open 报文中的 AS 号、版本号、认证码等进行检查。如果收到的 Open 报文正确，那么 BGP 发送 KeepAlive 报文，并转至 OpenConfirm 状态。如果发现收到的 Open 报文有错误，那么 BGP 发送 Notification

报文给对等体，并转至 Idle 状态。

⑤在 OpenConfirm 状态下，BGP 等待 KeepAlive 或 Notification 报文。如果收到 KeepAlive 报文，则转至 Established 状态；如果收到 Notification 报文，则转至 Idle 状态。

⑥在 Established 状态下，BGP 可以和对等体交换 Update、KeepAlive、Route-refresh 报文和 Notification 报文。如果收到正确的 Update 或 KeepAlive 报文，那么 BGP 就认为对端处于正常运行状态，将保持 BGP 连接。如果收到错误的 Update 或 KeepAlive 报文，那么 BGP 发送 Notification 报文通知对端，并转至 Idle 状态。Route-refresh 报文不会改变 BGP 状态。如果收到 Notification 报文，那么 BGP 转至 Idle 状态。如果收到 TCP 拆链通知，那么 BGP 断开连接，转至 Idle 状态。

（3）BGP 对等体之间的交互原则。BGP 设备将最优路由加入 BGP 路由表，形成 BGP 路由。BGP 设备与对等体建立邻居关系后，采取以下交互原则：

①从 IBGP 对等体获得的 BGP 路由，BGP 设备只发布给它的 EBGP 对等体。
②从 EBGP 对等体获得的 BGP 路由，BGP 设备发布给它所有的 EBGP 和 IBGP 对等体。
③当存在多条到达同一目的地址的有效路由时，BGP 设备只将最优路由发布给对等体。
④路由更新时，BGP 设备只发送更新的 BGP 路由。
⑤所有对等体发送的路由，BGP 设备都会接收。

3.BGP 与 IGP 交互

BGP 与 IGP 在设备中使用不同的路由表，为了实现不同 AS 间的相互通信，BGP 需要与 IGP 进行交互，即 BGP 路由表和 IGP 路由表相互引入。

（1）BGP 引入 IGP 路由。BGP 协议本身不发现路由，因此需要将其他路由引入到 BGP 路由表，实现 AS 间的路由互通。当一个 AS 需要将路由发布给其他 AS 时，AS 边缘路由器会在 BGP 路由表中引入 IGP 的路由。为了更好地规划网络，BGP 在引入 IGP 的路由时，可以使用路由策略进行路由过滤和路由属性设置，也可以设置 MED 值指导 EBGP 对等体判断流量进入 AS 时的选路。

BGP 引入路由时支持 Import 和 Network 两种方式：

① Import 方式是按协议类型，将 RIP、OSPF、ISIS 等协议的路由引入到 BGP 路由表中。为了保证引入的 IGP 路由的有效性，Import 方式还可以引入静态路由和直连路由。

② Network 方式是逐条将 IP 路由表中已经存在的路由引入到 BGP 路由表中，比 Import 方式更精确。

（2）IGP 引入 BGP 路由。当一个 AS 需要引入其他 AS 的路由时，AS 边缘路由器会在 IGP 路由表中引入 BGP 的路由。为了避免大量 BGP 路由对 AS 内设备造成影响，当 IGP 引入 BGP 路由时，可以使用路由策略进行路由过滤和路由属性设置。

4.2.2 任务目标

- 理解 BGP 的工作原理。
- 理解 BGP 邻居建立过程。

- 理解 IBGP 和 EBGP 的路由交换原理。
- 掌握 BGP 的配置和管理。

4.2.3 任务规划

1. 任务描述

需要在所有 Router 间运行 BGP，R1、R2 之间建立 EBGP 连接，R2、R3 和 R4 之间建立 IBGP 全连接。

2. 实验拓扑（见图 4-4）

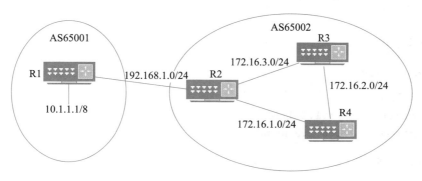

△ 图 4-4 BGP 实验拓扑

4.2.4 实践环节

1. 配置各接口的 IP 地址

配置 R1。代码如下：

```
<Huawei> system-view
[Huawei] sysname R1
[R1] interface gigabitethernet 1/0/0
[R1-GigabitEthernet1/0/0] ip address 10.1.1.1 8
[R1-GigabitEthernet1/0/0] quit
```

其他路由器各端口的 IP 地址与此配置一致（略）。

2. 配置 IBGP 连接

配置 R2。代码如下：

```
[R2] bgp 65002
[R2-bgp] router-id 2.2.2.2
[R2-bgp] peer 172.16.1.4 as-number 65002
[R2-bgp] peer 172.16.3.3 as-number 65002
```

配置 R3。代码如下：

```
[R3] bgp 65002
[R3-bgp] router-id 3.3.3.3
[R3-bgp] peer 172.16.3.2 as-number 65002
[R3-bgp] peer 172.16.2.4 as-number 65002
[R3-bgp] quit
```

配置 R4。代码如下：

```
[RouterD] bgp 65002
[RouterD-bgp] router-id 4.4.4.4
[RouterD-bgp] peer 172.16.1.2 as-number 65002
[RouterD-bgp] peer 172.16.2.3 as-number 65002
[RouterD-bgp] quit
```

3. 配置 EBGP 连接

配置 R1。代码如下：

```
[R1] bgp 65001
[R1-bgp] router-id 1.1.1.1
[R1-bgp] peer 192.168.1.2 as-number 65002
```

配置 R2。代码如下：

```
[R2-bgp] peer 192.168.1.1 as-number 65001
```

查看 BGP 对等体的连接状态。代码如下：

```
[R2-bgp] display bgp peer
BGP local router ID : 2.2.2.2
Local AS number : 65002
Total number of peers : 3        Peers in established state : 3
  Peer        V  AS    MsgRcvd MsgSent OutQ Up/Down   State PrefRcv
  172.16.1.4  4  65002   49      62     0  00:44:58 Established  0
  172.16.3.3  4  65002   56      56     0  00:40:54 Established  0
  192.168.1.1 4  65001   49      65     0  00:44:03 Established  1
```

可以看出，R2 到其他路由器的 BGP 连接均已建立。

4. 配置 R1 发布路由 10.0.0.0/8

配置 R1 发布路由。代码如下：

```
[R1-bgp] ipv4-family unicast
[R1-bgp-af-ipv4] network 10.0.0.0 255.0.0.0
[R1-bgp-af-ipv4] quit
```

查看 R1 路由表信息。代码如下：

```
[R1-bgp] display bgp routing-table
BGP Local router ID is 1.1.1.1
```

```
Status codes: * - valid, > - best, d - damped,
         h - history, i - internal, s - suppressed, S - Stale
         Origin : i - IGP, e - EGP, ? - incomplete
Total Number of Routes: 1
   Network        NextHop      MED     LocPrf    PrefVal Path/Ogn
 *> 10.0.0.0      0.0.0.0      0                 0       i
```

查看 R2 的路由表。代码如下：

```
[R2-bgp] display bgp routing-table
BGP Local router ID is 2.2.2.2
Status codes: * - valid, > - best, d - damped,
         h - history, i - internal, s - suppressed, S - Stale
         Origin : i - IGP, e - EGP, ? - incomplete
Total Number of Routes: 1
   Network        NextHop       MED     LocPrf    PrefVal Path/Ogn
 *> 10.0.0.0      192.168.1.1   0                 0       65008i
```

查看 R3 的路由表。代码如下：

```
[R3] display bgp routing-table
BGP Local router ID is 3.3.3.3
Status codes: * - valid, > - best, d - damped,
         h - history, i - internal, s - suppressed, S - Stale
         Origin : i - IGP, e - EGP, ? - incomplete
Total Number of Routes: 1
   Network        NextHop       MED     LocPrf    PrefVal Path/Ogn
  i 10.0.0.0      192.168.1.1   0       100       0       65008i
```

从路由表可以看出，R3 虽然学到了 AS65001 中的 10.0.0.0 的路由，但因为下一跳 192.168.1.1 不可达，所以不是有效路由。

5. 配置 BGP 引入直连路由

配置 R2。代码如下：

```
[R2-bgp] ipv4-family unicast
[R2-bgp-af-ipv4] import-route direct
```

查看 R1 的 BGP 路由表。代码如下：

```
[R1-bgp] display bgp routing-table
BGP Local router ID is 1.1.1.1
Status codes: * - valid, > - best, d - damped,
         h - history, i - internal, s - suppressed, S - Stale
         Origin : i - IGP, e - EGP, ? - incomplete
Total Number of Routes: 4
   Network        NextHop      MED     LocPrf    PrefVal Path/Ogn
 *> 10.0.0.0      0.0.0.0      0                 0       i
```

```
 *>  172.16.1.0/24    192.168.1.2    0           0   65002?
 *>  172.16.3.0/24    192.168.1.2    0           0   65002?
```

查看 R3 的路由表。代码如下:

```
[R3] display bgp routing-table
BGP Local router ID is 3.3.3.3
Status codes: * - valid, > - best, d - damped,
       h - history, i - internal, s - suppressed, S - Stale
       Origin : i - IGP, e - EGP, ? - incomplete
Total Number of Routes: 4
   Network       NextHop      MED    LocPrf  PrefVal Path/Ogn
 *>i 10.0.0.0    192.168.1.1   0      100      0     65001i
```

可以看出，到 10.0.0.0 的路由变为有效路由，下一跳为 R1 的地址。

使用 ping 命令进行验证。代码如下:

```
[R3] ping 10.1.1.1
 PING 10.1.1.1: 56 data bytes, press CTRL_C to break
  Reply from 10.1.1.1: bytes=56 Sequence=1 ttl=254 time=31 ms
  Reply from 10.1.1.1: bytes=56 Sequence=2 ttl=254 time=47 ms
  Reply from 10.1.1.1: bytes=56 Sequence=3 ttl=254 time=31 ms
  Reply from 10.1.1.1: bytes=56 Sequence=4 ttl=254 time=16 ms
  Reply from 10.1.1.1: bytes=56 Sequence=5 ttl=254 time=31 ms
 --- 10.1.1.1 ping statistics ---
  5 packet(s) transmitted
  5 packet(s) received
  0.00% packet loss
  round-trip min/avg/max = 16/31/47 ms
```

4.3 BGP 路由策略管理

4.3.1 理论基石

在 BGP 路由表中，到达同一目的地可能存在多条路由，此时 BGP 会选择其中一条作为最佳路由，并只把此路由发送给其对等体。BGP 为了选出最佳路由，会根据 BGP 的路由优选规则依次比较这些路由的 BGP 属性。

1. BGP 属性

路由属性是对路由的特定描述，所有的 BGP 路由属性都可以分为以下 4 类。

① 公认必须遵循（Well-known mandatory）：所有 BGP 设备都可以识别此类属性，且必须存在于 Update 报文中。如果缺少这类属性，路由信息就会出错。

② 公认任意（Well-known discretionary）：所有 BGP 设备都可以识别此类属性，但不

要求必须存在于 Update 报文中，即就算缺少这类属性，路由信息也不会出错。

③可选过渡（Optional transitive）：BGP 设备即使不识别此类属性，也仍然会接收这类属性，并通告给其他对等体。

④可选非过渡（Optional non-transitive）：BGP 设备如果不识别此类属性，就会忽略该属性，且不会通告给其他对等体。

下面介绍几种常用的 BGP 路由属性。

（1）Origin 属性。Origin 属性用来定义路径信息的来源，标记一条路由是怎么成为 BGP 路由的。它有以下 3 种类型：

①IGP：具有最高的优先级。通过 network 命令注入 BGP 路由表的路由，其 Origin 属性为 IGP。

②EGP：优先级次之。通过 EGP 得到的路由信息，其 Origin 属性为 EGP。

③Incomplete：优先级最低。通过其他方式学习到的路由信息。比如 BGP 通过 import-route 命令引入的路由，其 Origin 属性为 Incomplete。

（2）AS_Path 属性。AS_Path 属性按矢量顺序记录了某条路由从本地到目的地址所要经过的所有 AS 编号。在接收路由时，设备如果发现 AS_Path 列表中有本 AS 号，则不接收该路由，从而避免了 AS 间的路由环路。

当 BGP Speaker 传播自身引入的路由时：

①当 BGP Speaker 将这条路由通告到 EBGP 对等体时，便会在 Update 报文中创建一个携带本地 AS 号的 AS_Path 列表。

②当 BGP Speaker 将这条路由通告给 IBGP 对等体时，便会在 Update 报文中创建一个空的 AS_Path 列表。

当 BGP Speaker 传播从其他 BGP Speaker 的 Update 报文中学习到的路由时：

①当 BGP Speaker 将这条路由通告给 EBGP 对等体时，便会把本地 AS 编号添加在 AS_Path 列表的最前面（最左面）。收到此路由的 BGP 设备根据 AS_Path 属性就可以知道去目的地址所要经过的 AS。离本地 AS 最近的 AS 号排在前面，其他 AS 号按顺序依次排列。

②当 BGP Speaker 将这条路由通告给 IBGP 对等体时，不会改变这条路由相关的 AS_Path 属性。

（3）Next_Hop 属性。Next_Hop 属性记录了路由的下一跳信息。BGP 的下一跳属性和 IGP 的有所不同，不一定就是邻居设备的 IP 地址。通常情况下，Next_Hop 属性遵循下面的规则：

①BGP Speaker 在向 EBGP 对等体发布某条路由时，会把该路由信息的下一跳属性设置为本地与对端建立 BGP 邻居关系的接口地址。

②BGP Speaker 将本地始发路由发布给 IBGP 对等体时，会把该路由信息的下一跳属性设置为本地与对端建立 BGP 邻居关系的接口地址。

③BGP Speaker 在向 IBGP 对等体发布从 EBGP 对等体学来的路由时，并不改变该路由信息的下一跳属性。

（4）Local_Pref 属性。Local_Pref 属性表明路由器的 BGP 优先级，用于判断流量离开 AS 时的最佳路由。当 BGP 的设备通过不同的 IBGP 对等体得到目的地址相同但下一跳不同的多条路由时，将优先选择 Local_Pref 属性值较高的路由。Local_Pref 属性仅在 IBGP 对等体之间有效，不通告给其他 AS。Local_Pref 属性可以手动配置，如果路由没有配置 Local_Pref 属性，BGP 选路时将该路由的 Local_Pref 值按默认值 100 来处理。

（5）MED（Multi-Exit Discriminator，多出口鉴别器）属性。MED 属性用于判断流量进入 AS 时的最佳路由，当一个运行 BGP 的设备通过不同的 EBGP 对等体得到目的地址相同但下一跳不同的多条路由时，在其他条件相同的情况下，将优先选择 MED 值较小者作为最佳路由。

MED 属性仅在相邻两个 AS 之间传递，收到此属性的 AS 一方不会再将其通告给任何其他第三方 AS。MED 属性可以手动配置，如果路由没有配置 MED 属性，BGP 选路时将该路由的 MED 值按默认值 0 来处理。

（6）团体属性。团体属性（Community）用于标识具有相同特征的 BGP 路由，使路由策略的应用更加灵活，同时降低了维护管理的难度。

4.3.2 任务目标

- 熟悉 BGP 常见属性的类型。
- 理解 BGP 的路由优选规则。
- 掌握 BGP 路由优选规则的配置和管理。

4.3.3 任务规划

1. 任务描述

R1 与 R2、R2 与 R3 之间建立 EBGP 连接。用户希望 AS10 的设备和 AS30 的设备无法相互通信。

2. 实验拓扑（见图 4-5）

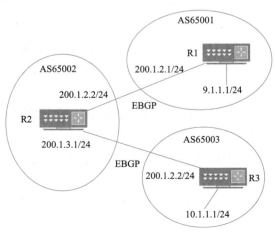

▲图 4-5 BGP 策略管理

4.3.4 实践环节

配置 R1 各端口的 IP 地址。代码如下：

```
<Huawei> system-view
[Huawei] sysname R1
[R1] interface gigabitethernet 1/0/0
[R1-GigabitEthernet1/0/0] ip address 9.1.1.1 255.255.255.0
[R1-GigabitEthernet1/0/0] quit
[R1] interface gigabitethernet 2/0/0
[R1-GigabitEthernet2/0/0] ip address 200.1.2.1 255.255.255.0
[R1-GigabitEthernet2/0/0] quit
```

R2 和 R3 的配置同 R1，此处略。

配置 EBGP。

配置 R1。代码如下：

```
[R1] bgp 65001
[R1-bgp] router-id 1.1.1.1
[R1-bgp] peer 200.1.2.2 as-number 65002
[R1-bgp] import-route direct
[R1-bgp] quit
```

配置 R2。代码如下：

```
[R2] bgp 65002
[R2-bgp] router-id 2.2.2.2
[R2-bgp] peer 200.1.2.1 as-number 65001
[R2-bgp] peer 200.1.3.2 as-number 65003
[R2-bgp] import-route direct
[R2-bgp] quit
```

配置 R3。代码如下：

```
[R3] bgp 65003
[R3-bgp] router-id 3.3.3.3
[R3-bgp] peer 200.1.3.1 as-number 65002
[R3-bgp] import-route direct
[R3-bgp] quit
```

查看 R2 的发布路由表。以 R2 发布给 R3 的路由表为例，可以看到 R2 发布了 AS10 引入的直连路由。代码如下：

```
<R2> display bgp routing-table peer 200.1.3.2 advertised-routes
BGP Local router ID is 2.2.2.2
Status codes: * - valid, > - best, d - damped,
       h - history, i - internal, s - suppressed, S - Stale
       Origin : i - IGP, e - EGP, ? - incomplete
Total Number of Routes: 5
```

```
       Network         NextHop       MED    LocPrf   PrefVal  Path/Ogn
    *> 9.1.1.0/24      200.1.3.1                       0      65002 65001?
    *> 10.1.1.0/24     200.1.3.1                       0      65002 65003?
    *> 200.1.2.0       200.1.3.1      0                0      65002?
    *> 200.1.2.1/32    200.1.3.1      0                0      65002?
    *> 200.1.3.0/24    200.1.3.1      0                0      65002?
```

同样，查看 R3 的路由表，可以看到 R3 也通过 R2 学习到了这条路由。代码如下：

```
<R3> display bgp routing-table
BGP Local router ID is 3.3.3.3
Status codes: * - valid, > - best, d - damped,
        h - history, i - internal, s - suppressed, S - Stale
        Origin : i - IGP, e - EGP, ? - incomplete
Total Number of Routes: 9
    Network         NextHop       MED    LocPrf   PrefVal  Path/Ogn
 *> 9.1.1.0/24      200.1.3.1                       0      65002 65001?
 *> 10.1.1.0/24     0.0.0.0        0                0      ?
 *> 10.1.1.1/32     0.0.0.0        0                0      ?
 *> 127.0.0.0       0.0.0.0        0                0      ?
 *> 127.0.0.1/32    0.0.0.0        0                0      ?
 *> 200.1.2.0       200.1.3.1      0                0      65002?
 *> 200.1.3.0/24    0.0.0.0        0                0      ?
 *                  200.1.3.1      0                0      65002?
 *> 200.1.3.2/32    0.0.0.0        0                0      ?
```

在 R2 上配置 as_path 过滤器，并在 R2 的出方向上应用该过滤器。

创建编号为 1 的 as_path 过滤器，拒绝包含 AS 号 65003 的路由通过（正则表达式 "_65003_" 表示任何包含 AS30 的 AS 列表，".*" 表示与任何字符匹配）。代码如下：

```
[R2] ip as-path-filter path-filter1 deny _65003_
[R2] ip as-path-filter path-filter1 permit .*
```

创建编号为 2 的 as_path 过滤器，拒绝包含 AS 号 65001 的路由通过。代码如下：

```
[R2] ip as-path-filter path-filter2 deny _65001_
[R2] ip as-path-filter path-filter2 permit .*
```

分别在 R2 的两个出方向上应用 as_path 过滤器。代码如下：

```
[R2] bgp 65002
[R2-bgp] peer 200.1.2.1 as-path-filter path-filter1 export
[R2-bgp] peer 200.1.3.2 as-path-filter path-filter2 export
[R2-bgp] quit
```

查看 R2 发往 AS 号 65003 的发布路由表，可以看到表中没有 R2 发布的 AS 号 65001 引入的直连路由。代码如下：

```
<R2> display bgp routing-table peer 200.1.3.2 advertised-routes
```

```
BGP Local router ID is 2.2.2.2
Status codes: * - valid, > - best, d - damped,
         h - history, i - internal, s - suppressed, S - Stale
         Origin : i - IGP, e - EGP, ? - incomplete
Total Number of Routes: 2
   Network         NextHop       MED    LocPrf    PrefVal Path/Ogn
 *> 200.1.2.0      200.1.3.1     0                0       65002?
 *> 200.1.3.0/24   200.1.3.1     0                0       65002?
```

同样，R3 的 BGP 路由表里也没有这些路由。代码如下：

```
<R3> display bgp routing-table
BGP Local router ID is 3.3.3.3
Status codes: * - valid, > - best, d - damped,
         h - history, i - internal, s - suppressed, S - Stale
         Origin : i - IGP, e - EGP, ? - incomplete
Total Number of Routes: 8
   Network         NextHop       MED    LocPrf    PrefVal Path/Ogn
 *> 10.1.1.0/24    0.0.0.0       0                0       ?
 *> 10.1.1.1/32    0.0.0.0       0                0       ?
 *> 127.0.0.0      0.0.0.0       0                0       ?
 *> 127.0.0.1/32   0.0.0.0       0                0       ?
 *> 200.1.2.0      200.1.3.1     0                0       65002?
 *> 200.1.3.0/24   0.0.0.0       0                0       ?
 *                 200.1.3.1     0                0       65002?
 *> 200.1.3.2/32   0.0.0.0       0                0       ?
```

查看 R2 发往 AS 号 65001 的发布路由表，可以看到表中没有 R2 发布的 AS 65003 引入的直连路由。代码如下：

```
<R2> display bgp routing-table peer 200.1.2.1 advertised-routes
BGP Local router ID is 2.2.2.2
Status codes: * - valid, > - best, d - damped,
         h - history, i - internal, s - suppressed, S - Stale
         Origin : i - IGP, e - EGP, ? - incomplete
Total Number of Routes: 2
   Network         NextHop       MED    LocPrf    PrefVal Path/Ogn

 *> 200.1.2.0      200.1.2.2     0                0       65002?
 *> 200.1.3.0/24   200.1.2.2     0                0       65002?
```

同样，R1 的 BGP 路由表里也没有这些路由。代码如下：

```
<R1> display bgp routing-table
BGP Local router ID is 1.1.1.1
Status codes: * - valid, > - best, d - damped,
         h - history, i - internal, s - suppressed, S - Stale
         Origin : i - IGP, e - EGP, ? - incomplete
```

```
Total Number of Routes: 8
   Network            NextHop      MED    LocPrf   PrefVal Path/Ogn
*> 9.1.1.0/24         0.0.0.0      0      0        ?
*> 9.1.1.1/32         0.0.0.0      0      0        ?
*> 127.0.0.0          0.0.0.0      0      0        ?
*> 127.0.0.1/32       0.0.0.0      0      0        ?
*> 200.1.2.0          0.0.0.0      0      0        ?
*                     200.1.2.2    0      0        65002?
*> 200.1.2.1/32       0.0.0.0      0      0        ?
*> 200.1.3.0/24       200.1.2.2    0      0        65002?
```

4.4 远程拨号 VPN

4.4.1 理论基石

随着企业的发展和服务的增加，在不同的地点设立了许多分支机构。有些员工经常出差，有些可能在家工作。他们需要与总部进行快速、安全、可靠的网络连接。传统的拨号网络使用的是 ISP 租用的电话线，并从 ISP 申请拨号字符串或 IP 地址，这导致了上网的高成本。此外，租用线路不能为异地工作人员尤其是出差人员提供服务。第 2 层隧道协议（Layer 2 Tunneling Protocol，L2TP）是一种虚拟专用拨号网络（Virtual Private Dial Network，VPDN）技术，能够使用户通过拨号建立起与远端的隧道连接。L2TP 使用公用电话交换网（Public Switched Telephone Network，PSTN）或综合业务数字网（Integrated Service Digital Network，ISDN），基于 PPP 协商来建立隧道。L2TP 扩展了 PPP 的应用，是远程拨号用户用来访问总部网络的重要 VPDN 技术。以太网 PPP（PPPoE）技术扩展了 L2TP 的应用，并可以通过以太网和 Internet 在远程用户和总部之间建立 L2TP 隧道。

在 IP 网络中，L2TP 协议使用注册端口 UDP 1701。因此，从某种意义上讲，L2TP 协议除了是一个数据链路层协议，在 IP 网络中，其还是一个会话层协议。

在 L2TP 网络服务器（L2TP Network Server，LNS）和 L2TP 访问集中器（L2TP Access Concentrator，LAC）之间建立 L2TP 隧道后，远程用户就可以访问总部的资源了。

LAC 是 L2TP 客户端，LNS 是 L2TP 服务器，可以将设备部署为 LAC 或 LNS。

4.4.2 任务目标

- 理解 L2TP 的工作过程。
- 掌握 L2TP 的配置和管理。

4.4.3 任务规划

1. 任务描述

移动办公用户的地理位置经常发生变动，并且需要随时和总部通信及访问总部内网资源，这时，直接通过 Internet 虽然可以访问总部网关，但却无法对接入的用户进行辨别和管理。在这种情况下，将总部网关部署为 LNS，移动办公用户在 PC 终端上使用 SecoClient 客户端，就可以在出差时和总部网关之间建立起虚拟的点到点连接。

2. 实验拓扑（见图 4-6）

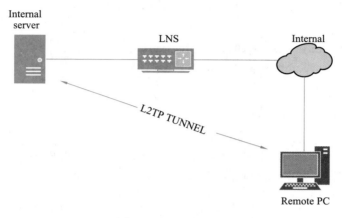

▲ 图 4-6　L2TP/VPN 拓扑

4.4.4　实践环节

1. 接入配置窗口

（1）配置 LNS。

配置公网 IP 地址及路由，假设访问公网路由的下一跳地址为 100.100.100.254。代码如下：

```
<Huawei> system-view
[Huawei] sysname LNS
[LNS] interface gigabitethernet 1/0/0
[LNS-GigabitEthernet1/0/0] ip address 100.100.100.100 24
[LNS-GigabitEthernet1/0/0] quit
[LNS] ip route-static 0.0.0.0 0 100.100.100.254
```

配置 L2TP 用户的用户名为 huawei，密码为 Huawei@PWD123，用户类型固定为 ppp。代码如下：

```
[LNS] aaa
[LNS-aaa] local-user huawei password
Please configure the login password (8-128)
It is recommended that the password consist of at least 2 types of characters, including lowercase letters, uppercase letters, numerals and special characters.
Please enter password:
Please confirm password:
Info: Add a new user.
```

```
Warning: The new user supports all access modes. The management user access mode
s such as Telnet, SSH, FTP, HTTP, and Terminal have security risks. You are advi
sed to configure the required access modes only.
[LNS-aaa] local-user huawei service-type ppp
[LNS-aaa] quit
```

定义一个地址池,为拨入用户分配地址。代码如下:

```
[LNS] ip pool lns
[LNS-ip-pool-lns] network 192.168.0.0 mask 24
[LNS-ip-pool-lns] gateway-list 192.168.0.254
[LNS-ip-pool-lns] quit
```

配置虚拟接口模板。代码如下:

```
[LNS] interface virtual-template 1
[LNS-Virtual-Template1] ip address 192.168.0.254 255.255.255.0
[LNS-Virtual-Template1] ppp authentication-mode chap
[LNS-Virtual-Template1] remote address pool lns
[LNS-Virtual-Template1] quit
```

使能 L2TP 功能,并创建 L2TP 组编号为 1。代码如下:

```
[LNS] l2tp enable
[LNS] l2tp-group 1
```

禁止隧道认证功能,Windows 7 不支持隧道认证。代码如下:

```
[LNS-l2tp1] undo tunnel authentication
```

配置 LNS 绑定虚拟接口模板。代码如下:

```
[LNS-l2tp1] allow l2tp virtual-template 1
```

(2)配置 SecoClient 客户端。打开 SecoClient,进入主界面。在 Connect 对应的下拉列表框中,选择"New Connection"选项,如图 4-7 所示。

在"New Connection"窗口左侧导航栏中选择 L2TP/IPSec 选项,在右侧进行相关参数的配置,如图 4-8 所示。

在"Connect"下拉列表框中选择已经创建的 L2TP VPN 连接,单击"Connect"按钮,如图 4-9 所示。

在登录界面输入用户名和密码,单击"Login"按钮,如图 4-10 所示,发起 VPN 连接。

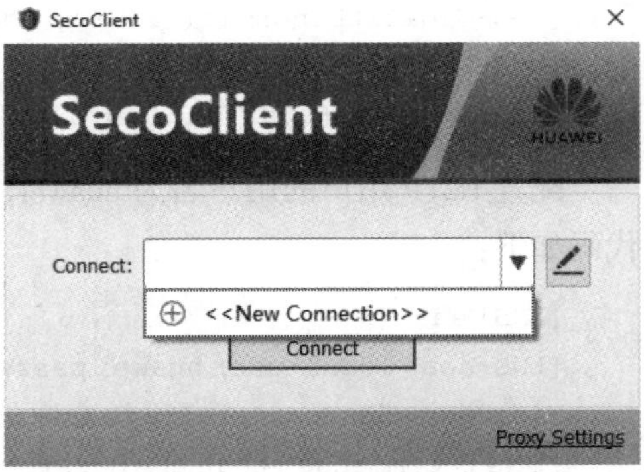

▲ 图 4-7 SecoClient 界面

VPN 接入成功时,系统会在界面右下角进行提示。连接成功后移动办公用户就可以和企业内网用户一样访问内网资源了。

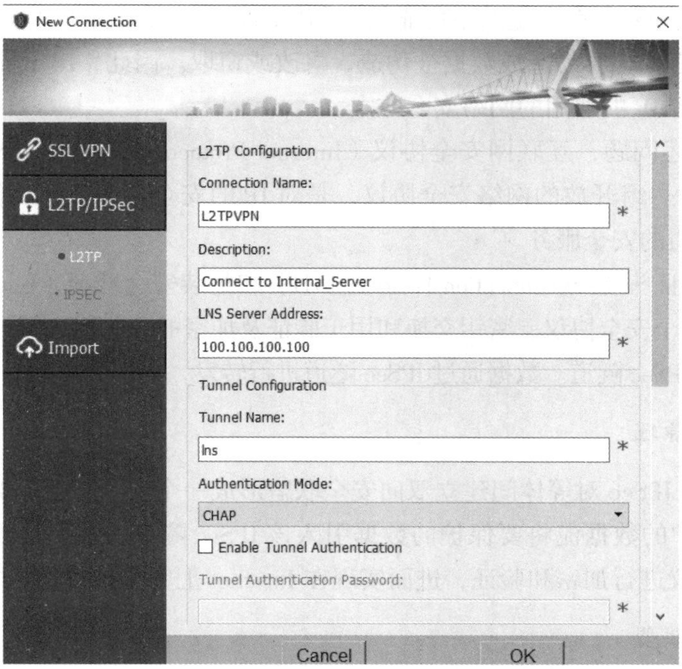

▲ 图 4-8　配置 L2TP/TPSec 参数

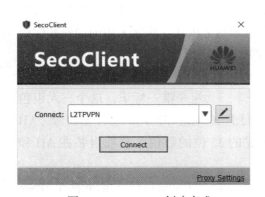

▲ 图 4-9　L2TPVPN 创建完成

▲ 图 4-10　输入用户名和密码

2. 验证配置结果

配置完成后 PC1 的 L2TP 连接正确，获取私网 IP 地址 192.168.1.254，和总部 PC 可以互通。

4.5　企业内部 VPN（IPSec）

4.5.1　理论基石

1. IPSec 简介

随着 Internet 的发展，越来越多的企业直接通过 Internet 进行互联。但由于 IP 未考虑安全性，加之 Internet 上有大量的不可靠用户和网络设备，因此用户业务数据要穿越这些未知网络进行传送，很容易造成数据被伪造、篡改或窃取。因此，出于安全性考虑，企业迫切需要一种兼容 IP 的通用的网络安全方案。

为了解决上述问题，互联网安全协议（Internet Protocol Security，IPSec）应运而生，其是 IETF 制定的一组开放的网络安全协议，是对 IP 的安全性补充，工作在 IP 层，为 IP 网络通信提供透明的安全服务。

IPSec 包括认证头（Authentication Header，AH）和封装安全载荷（Encapsulating Security Payload，ESP）两个安全协议、密钥交换和用于验证及加密的一些算法等，基于此在两个设备之间建立一条 IPSec 隧道。数据通过 IPSec 隧道进行转发，实现数据的安全性保护。

2.IPSec 基本原理

IPSec 通过在 IPSec 对等体间建立双向安全联盟形成一个安全互通的 IPSec 隧道，并通过定义 IPSec 保护的数据流将要保护的数据引入该 IPSec 隧道，然后对流经 IPSec 隧道的数据通过安全协议进行加密和验证，进而实现在 Internet 上安全传输指定的数据。

3.IPSec 安全联盟

IPSec 安全联盟可以手动建立，也可以通过 IKEv1 或 IKEv2 协议自动协商建立。

安全联盟（Security Association，SA）是通信对等体间对某些要素的协定，它描述了对等体间如何利用安全服务（如加密）进行安全通信。这些要素包括对等体间使用何种安全协议、需要保护的数据流特征、对等体间传输的数据的封装模式、协议采用的加密和验证算法，以及用于数据安全转换、传输的密钥和 SA 的生存周期等。

IPSec 安全传输数据的前提是在 IPSec 对等体（运行 IPSec 协议的两个端点）之间成功建立安全联盟。IPSec 安全联盟简称 IPSec SA，由一个三元组来唯一标识，这个三元组包括安全参数索引（Security Parameter Index，SPI）、目的 IP 地址和使用的安全协议号（AH 或 ESP）。其中，SPI 是一个为唯一标识 SA 而生成的 32 位的数值，它被封装在 AH 和 ESP 头中。

IPSec SA 是单向的逻辑连接，通常成对建立（Inbound 和 Outbound）。因此两个 IPSec 对等体之间的双向通信最少需要建立一对 IPSec SA 形成一个安全互通的 IPSec 隧道，以分别对两个方向的数据流进行安全保护。

另外，IPSec SA 的个数还与安全协议相关。如果只使用 AH 或 ESP 来保护两个对等体之间的流量，则对等体之间就有两个 SA，每个方向上一个。如果对等体同时使用了 AH 和 ESP，那么对等体之间就需要 4 个 SA，每个方向上两个，分别对应 AH 和 ESP。

4.IPSec 安全协议

IPSec 使用 AH 和 ESP 两种传输层协议来提供认证或加密等安全服务。

（1）AH 仅支持认证功能，不支持加密功能。AH 在每一个数据包的标准 IP 报头后面添加一个 AH 报文头。AH 对数据包和认证密钥进行 Hash 计算，接收方收到带有计算结果的数据包后，执行同样的 Hash 计算并与原计算结果进行比较，传输过程中对数据的任何更改都会使计算结果无效，这样就提供了数据来源认证和数据完整性校验。AH 协议的完整性验证范围为整个 IP 报文。

（2）ESP 支持认证和加密功能。ESP 在每一个数据包的标准 IP 报头后面添加一个 ESP 报文头，并在数据包后面追加一个 ESP 尾（ESP Trailer 和 ESP Auth data）。与 AH 不同的是，ESP 将数据中的有效载荷进行加密后再封装到数据包中，以保证数据的机密性。但 ESP 没有对 IP 头的内容进行保护，除非 IP 头被封装在 ESP 内部（采用隧道模式）。

5.IPSec 封装模式

封装模式是指将 AH 或 ESP 相关的字段插入到原始 IP 报文中，以实现对报文的认证和加密，封装模式有传输模式和隧道模式两种。

（1）传输模式。在传输模式中，AH 头或 ESP 头被插入到 IP 头与传输层协议头之间，保护 TCP/UDP/ICMP 负载。由于传输模式未添加额外的 IP 头，所以原始报文中的 IP 地址在加密后报文的 IP 头中可见。以 TCP 报文为例，原始报文经过传输模式封装后，报文格式如图 4-11 所示。

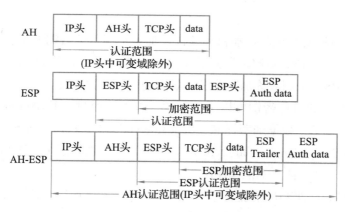

△ 图 4-11 传输模式数据包封装结构

传输模式下，与 AH 协议相比，ESP 协议的完整性验证范围不包括 IP 头，无法保证 IP 头的安全。

（2）隧道模式。在隧道模式下，AH 头或 ESP 头被插入到原始 IP 头之前，另外生成一个新的报文头放到 AH 头或 ESP 头之前，保护 IP 头和负载。以 TCP 报文为例，原始报文经隧道模式封装后的报文结构如图 4-12 所示。

隧道模式下，与 AH 协议相比，ESP 协议的完整性验证范围不包括新 IP 头，无法保证新 IP 头的安全。

传输模式和隧道模式的区别在于：

从安全性来讲，隧道模式优于传输模式，它可以完全地对原始 IP 数据包进行验证和加密。隧道模式下可以隐藏内部 IP 地址、协议类型和端口。

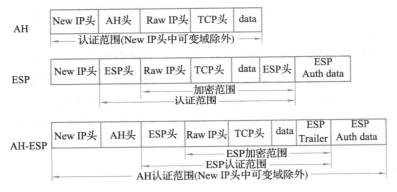

▲ 图 4-12 隧道模式数据包封装结构

从性能上来讲，隧道模式因为有一个额外的 IP 头，所以它比传输模式占用更多带宽。

从场景来讲，传输模式主要应用于两台主机或一台主机和一台 VPN 网关之间进行通信；隧道模式主要应用于两台 VPN 网关之间或一台主机与一台 VPN 网关之间进行通信。

当安全协议同时采用 AH 协议和 ESP 协议时，它们必须采用相同的封装模式。

6. IPSec 安全机制

IPSec 提供了两种安全机制：加密和验证。加密机制保证数据的机密性，防止数据在传输过程中被窃听；验证机制能保证数据真实可靠，防止数据在传输过程中被仿冒和篡改。

（1）加密。IPSec 采用对称加密算法对数据进行加密和解密。

用于加密和解密的对称密钥可以手动配置，也可以通过 IKE 协议自动协商生成。常用的对称加密算法包括：数据加密标准（Data Encryption Standard，DES）、三重数据加密标准（Triple Data Encryption Standard，3DES）、AES 和国密算法（SM1 和 SM4）。其中，DES 和 3DES 算法安全性低，不推荐使用。

（2）验证。IPSec 的加密功能无法验证解密后的信息是否是原始发送的信息或完整的信息。IPSec 采用 HMAC 功能通过比较完整性校验值（Integrity Check Value，ICV）来进行数据包的完整性和真实性验证。

通常情况下，加密和验证配合使用。在 IPSec 发送方，加密后的报文通过验证算法和对称密钥生成 ICV，IP 报文和 ICV 同时发给对端；在 IPSec 接收方，使用相同的验证算法和对称密钥对加密报文进行处理，同样得到 ICV，然后通过比较 ICV 来进行数据完整性和真实性验证，验证不通过的报文直接丢弃，验证通过的报文才进行解密。

同加密一样，用于验证的对称密钥也可以手动配置，或者通过 IKE 协议自动协商生成。

常用的验证算法包括：消息摘要 MD5（Message Digest 5）、安全散列算法 SHA1（Secure Hash Algorithm 1）和 SHA2（Secure Hash Algorithm 2）、国密算法 SM3（Senior Middle 3）。其中，MD5、SHA1 算法安全性低，不推荐使用。

7. 密钥交换

使用对称密钥进行加密、验证时，如何安全地共享密钥是一个很重要的问题。使用安全的密钥分发协议，通过 IKE 协议自动协商密钥。IKE 采用 DH（Diffie-Hellman）算法在不安全的网络上安全地分发密钥。这种方式配置简单，可扩展性好，特别是在大型动态的网络环境下其优点更加突出。同时，通信双方通过交换密钥和材料来计算共享密钥，即使第三方截获了双方用于计算密钥的所有交换数据，也无法计算出真正的密钥，这样极大地提高了安全性。

（1）IKE 协议。网络密钥交换 IKE 协议建立在互联网安全关联和密钥管理协议（Internet Security Association and Key Management Protocol，ISAKMP）定义的框架上，是基于 UDP 的应用层协议。它为 IPSec 提供了自动协商密钥、建立 IPSec 安全联盟的服务，能够简化 IPSec 的配置和维护工作。

对等体之间建立一个 IKE SA 完成身份验证和密钥信息交换后，在 IKE SA 的保护下，根据配置的 AH/ESP 安全协议等参数协商出一对 IPSec SA。此后，对等体间的数据将在 IPSec 隧道中加密传输。

IKE SA 是一个双向的逻辑连接，两个对等体间只建立一个 IKE SA。

（2）IKE 安全机制。IKE 具有一套自保护机制，可以在网络上安全地认证身份，分发密钥，建立 IPSec SA。

①身份认证。身份认证确认通信双方的身份（对等体的 IP 地址或名称），包括预共享密钥（Pre-Shared Key，PSK）认证、数字证书（Rsa-Signature，RSA）认证和数字信封认证。

a. 在预共享密钥认证中，通信双方采用共享的密钥对报文进行 Hash 计算，判断双方的计算结果是否相同。如果相同，则认证通过；否则认证失败。

当有 1 个对等体对应多个对等体时，需要为每个对等体配置预共享密钥。该方法在小型网络中容易建立，但安全性较低。

b. 在数字证书认证中，通信双方使用认证机构（Certification Authority，CA）证书进行数字证书合法性验证，双方各有自己的公钥（网络上传输）和私钥（自己持有）。发送方对原始报文进行 Hash 计算，并用自己的私钥对报文计算结果进行加密，生成数字签名。接收方使用发送方的公钥对数字签名进行解密，并对报文进行 Hash 计算，判断计算结果与解密后的结果是否相同。如果相同，则认证通过；否则认证失败。

使用数字证书安全性高，但需要 CA 来颁发数字证书，适合在大型网络中使用。

在数字信封认证中，发送方首先随机产生一个对称密钥，使用接收方的公钥对此对称密钥进行加密（被公钥加密的对称密钥称为数字信封），发送方用对称密钥加密报文，同时用自己的私钥生成数字签名。接收方用自己的私钥解密数字信封得到对称密钥，再用对称密钥解密报文，同时根据发送方的公钥对数字签名进行解密，验证发送方的数字签名是否正确。如果正确，则认证通过；否则认证失败。

c. 数字信封认证在设备需要符合国家密码管理局要求时使用，且只能在 IKEv1 的主模式协商过程中获得支持。

IKE 支持的认证算法有 MD5、SHA1、SHA2-256、SHA2-384、SHA2-512、SM3。

②身份保护。身份数据在密钥产生之后加密传送，实现了对自己的保护。

IKE 支持的加密算法有 DES、3DES、AES-128、AES-192、AES-256、SM1 和 SM4。

③DH 算法。DH 算法是一种公共密钥交换方法，用于产生密钥材料，并通过 ISAKMP 消息在发送和接收设备之间进行密钥材料交换。然后，两端设备各自计算出完全相同的对称密钥。该对称密钥用于计算加密和验证的密钥。在任何时候，通信双方都不交换真正的密钥，因此，DH 密钥交换是 IKE 的精髓所在。

④PFS。完善的前向安全性（Perfect Forward Secrecy，PFS）通过执行一次额外的 DH 交换，确保即使 IKE SA 中使用的密钥被泄露，IPSec SA 中使用的密钥也不会受到损害。

（3）IKE 版本。IKE 协议分 IKEv1 和 IKEv2 两个版本。IKEv2 与 IKEv1 相比有以下优点：

①简化了安全联盟的协商过程，提高了协商效率。

② IKEv1 通过两个阶段为 IPSec 进行密钥协商并建立 IPSec SA：第一阶段，通信双方协商和建立 IKE 本身使用的安全通道，建立一个 IKE SA；第二阶段，利用这个已通过了认证和安全保护的安全通道，建立一对 IPSec SA。IKEv2 则简化了协商过程，在一次协商中可直接生成 IPSec 的密钥并建立 IPSec SA。

③修复了多处公认的密码学方面的安全漏洞，提高了安全性能。

8. 定义 IPSec 保护的数据流

IPSec 是基于定义的感兴趣流触发对特定数据的保护，至于什么样的数据是需要 IPSec 保护的，可以通过以下两种方式定义。其中 IPSec 感兴趣流即为需要 IPSec 保护的数据流。

（1）ACL 方式。手工方式和 IKE 自动协商方式建立的 IPSec 隧道是由 ACL 指定要保护的数据流范围，筛选出需要进入 IPSec 隧道的报文，匹配 Permit（允许）规则的报文将被保护，未匹配任何 permit 规则的报文将不被保护。这种方式可以利用 ACL 的丰富配置功能，根据 IP 地址、端口、协议类型等对报文进行过滤，进而灵活制定 IPSec 的保护方法。

（2）路由方式。通过 IPSec 虚拟隧道接口建立 IPSec 隧道，将所有路由到 IPSec 虚拟隧道端口的报文都进行 IPSec 保护，根据该路由的目的地址确定哪些数据流需要 IPSec 保护，其中 IPSec 虚拟隧道端口是一种 3 层逻辑端口。

路由方式具有以下优点：

①通过路由将需要 IPSec 保护的数据流引到虚拟隧道端口，不需使用 ACL 定义待加/解密的流量特征，简化了 IPSec 配置的复杂性。

②支持动态路由协议。

③通过 GRE over IPSec 支持对组播流量的保护。

4.5.2 任务目标

- 理解 IPSec/VPN 的工作原理。
- 掌握 IPSec/VPN 的建立过程。
- 掌握 IPSec/VPN 的配置和管理。

4.5.3 任务规划

1. 任务描述

企业希望对分支子网与总部子网之间相互访问的流量进行安全保护。分支与总部通过公网建立通信，可以在分支网关与总部网关之间建立一个 IPSec 隧道来实施安全保护。由于维护网关较少，可以考虑采用手工方式建立 IPSec 隧道。

2. 实验拓扑（见图 4-13）

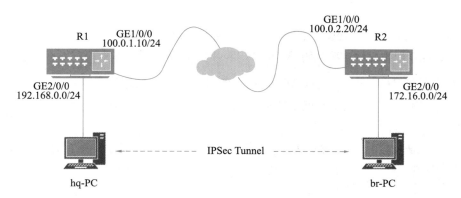

▲图 4-13 IPSec VPN 拓扑

4.5.4 实践环节

1. 接入配置窗口

（1）分别在 R1 和 R2 上配置端口的 IP 地址和到对端的静态路由。

在 R1 上配置端口的 IP 地址。代码如下：

```
<Huawei> system-view
[Huawei] sysname R1
[R1] interface gigabitethernet 1/0/0
[R1-GigabitEthernet1/0/0] ip address 100.0.1.10 255.255.255.0
[R1-GigabitEthernet1/0/0] quit
[R1] interface gigabitethernet 2/0/0
[R1-GigabitEthernet2/0/0] ip address 192.168.0.254 255.255.255.0
[R1-GigabitEthernet2/0/0] quit
```

在 R1 上配置到对端的静态路由，此处假设到对端的下一跳地址为 100.0.1.254。代码如下：

```
[R1] ip route-static 100.0.2.0 255.255.255.0 100.0.1.254
[R1] ip route-static 172.16.0.0 255.255.255.0 100.0.1.254
```

在 R2 上配置端口的 IP 地址。代码如下：

```
<Huawei> system-view
[Huawei] sysname R2
[R2] interface gigabitethernet 1/0/0
[R2-GigabitEthernet1/0/0] ip address 100.0.2.20 255.255.255.0
[R2-GigabitEthernet1/0/0] quit
[R2] interface gigabitethernet 2/0/0
[R2-GigabitEthernet2/0/0] ip address 172.16.0.254 255.255.255.0
[R2-GigabitEthernet2/0/0] quit
```

在 R2 上配置到对端的静态路由,此处假设到对端的下一跳地址为 100.0.2.254。代码如下:

```
[R2] ip route-static 100.0.1.0 255.255.255.0 100.0.2.254
[R2] ip route-static 192.168.0.0 255.255.255.0 100.0.1.254
```

(2) 分别在 R1 和 R2 上配置 ACL,定义各自要保护的数据流。

在 R1 上配置 ACL,定义由子网 172.16.0.0/24 去子网 192.168.0.0/24 的数据流。代码如下:

```
[R1] acl number 3101
[R1-acl-adv-3101] rule permit ip source 192.168.0.0 0.0.0.255 destination 172.16.0.0 0.0.0.255
[R1-acl-adv-3101] quit
```

在 R2 上配置 ACL,定义由子网 172.16.0.0/24 去子网 192.168.0.0/24 的数据流。代码如下:

```
[R2] acl number 3101
[R2-acl-adv-3101] rule permit ip source 172.16.0.0 0.0.0.255 destination 192.168.0.0 0.0.0.255
[R2-acl-adv-3101] quit
```

(3) 分别在 R1 和 R2 上配置 IPSec 安全提议。

在 R1 上配置 IPSec 安全提议。代码如下:

```
[R1] ipsec proposal tran1
[R1-ipsec-proposal-tran1] esp authentication-algorithm sha2-256
[R1-ipsec-proposal-tran1] esp encryption-algorithm aes-128
[R1-ipsec-proposal-tran1] quit
```

在 R2 上配置 IPSec 安全提议。代码如下:

```
[R2] ipsec proposal tran1
[R2-ipsec-proposal-tran1] esp authentication-algorithm sha2-256
[R2-ipsec-proposal-tran1] esp encryption-algorithm aes-128
[R2-ipsec-proposal-tran1] quit
```

此时分别在 R1 和 R2 上执行 display ipsec proposal 命令会显示所配置的信息。

(4) 分别在 R1 和 R2 上配置安全策略。

在 R1 上通过手工方式配置安全策略。代码如下:

```
[R1] ipsec policy map1 10 manual
[R1-ipsec-policy-manual-map1-10] security acl 3101
[R1-ipsec-policy-manual-map1-10] proposal tran1
[R1-ipsec-policy-manual-map1-10] tunnel remote 100.0.2.20
[R1-ipsec-policy-manual-map1-10] tunnel local 100.0.1.10
[R1-ipsec-policy-manual-map1-10] sa spi outbound esp 12345
[R1-ipsec-policy-manual-map1-10] sa spi inbound esp 54321
[R1-ipsec-policy-manual-map1-10] sa string-key outbound esp cipher huawei
[R1-ipsec-policy-manual-map1-10] sa string-key inbound esp cipher huawei
[R1-ipsec-policy-manual-map1-10] quit
```

在 R2 上通过手工方式配置安全策略。代码如下：

```
[R2] ipsec policy use1 10 manual
[R2-ipsec-policy-manual-use1-10] security acl 3101
[R2-ipsec-policy-manual-use1-10] proposal tran1
[R2-ipsec-policy-manual-use1-10] tunnel remote 100.0.1.10
[R2-ipsec-policy-manual-use1-10] tunnel local 100.0.2.20
[R2-ipsec-policy-manual-use1-10] sa spi outbound esp 54321
[R2-ipsec-policy-manual-use1-10] sa spi inbound esp 12345
[R2-ipsec-policy-manual-use1-10] sa string-key outbound esp cipher huawei
[R2-ipsec-policy-manual-use1-10] sa string-key inbound esp cipher huawei
[R2-ipsec-policy-manual-use1-10] quit
```

此时分别在 R1 和 R2 上执行 display ipsec policy 命令会显示所配置的信息。

（5）分别在 R1 和 R2 的端口上引用各自的安全策略，使端口具有 IPSec 的保护功能。
在 R1 的端口上引用安全策略组。代码如下：

```
[R1] interface gigabitethernet 1/0/0
[R1-GigabitEthernet1/0/0] ipsec policy map1
[R1-GigabitEthernet1/0/0] quit
```

在 R2 的端口上引用安全策略组。代码如下：

```
[R2] interface gigabitethernet 1/0/0
[R2-GigabitEthernet1/0/0] ipsec policy use1
[R2-GigabitEthernet1/0/0] quit
```

2. 检查配置结果

配置成功后，在主机 hq-PC 上执行 ping 命令仍然可以 ping 通主机 br-PC，执行 display ipsec statistics 命令可以查看数据包的统计信息。

分别在 R1 和 R2 上执行 display ipsec sa 命令会显示所配置的信息，以 R1 为例。代码如下：

```
[R1] display ipsec sa
ipsec sa information:
===============================
Interface: GigabitEthernet1/0/0
```

```
==============================

------------------------------
 IPSec policy name: "map1"
 Sequence number: 10
 Acl group: 3101
 Acl rule: -
 Mode: Manual
------------------------------
 Encapsulation mode: Tunnel
 Tunnel local    : 100.0.1.10
 Tunnel remote   : 100.0.2.20

 [Outbound ESP SAs]
  SPI: 12345 (0x3039)
  Proposal: ESP-ENCRYPT-AES-128 SHA2-256-128
  No duration limit for this SA

 [Inbound ESP SAs]
  SPI: 54321 (0xd431)
  Proposal: ESP-ENCRYPT-AES-128 SHA2-256-128
  No duration limit for this SA
  Anti-replay : Disable
```

4.6 多站点企业内部 VPN（DSVPN）互通

4.6.1 理论基石

1. DSVPN 简介

动态智能虚拟专用网络（Dynamic Smart Virtual Private Network，DSVPN）是一种在 Hub-Spoke 组网方式下为公网地址动态变化的分支之间建立 VPN 隧道的解决方案。越来越多的企业希望建立 Hub-Spoke 方式的 IPSec VPN 网络将企业总部（Hub）与地理位置不同的多个分支（Spoke）相连，从而加强企业的通信安全，降低通信成本。当企业总部采用静态的公网地址接入 Internet，分支机构采用动态的公网地址接入 Internet 时，使用传统的 IPSec、GRE over IPSec 等技术构建 VPN 网络将存在一个问题，即分支之间无法直接通信（源分支无法获取目的分支公网地址，也就无法在分支之间直接建立隧道），所有分支之间的通信数据只能由总部中转，如图 4-14 所示。

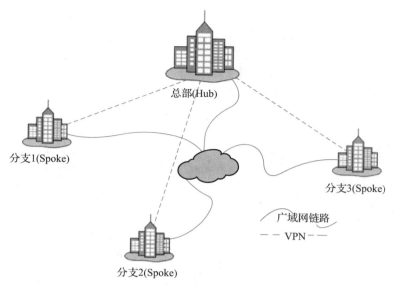

▲ 图4-14 交换机本地管理

通过总部中转流量的办法来解决分支与分支间通信带来的问题：

（1）总部在中转分支间的通信流量会消耗总部 Hub 的 CPU 及内存资源，造成资源紧张。

（2）总部要对分支间的数据流封装和解封装，会引入额外的网络时延。

另外，当 IPSec 网络规模不断扩展时，为减少路由配置和维护，需要部署动态路由协议。但 IPSec 和动态路由协议之间存在一个基础问题，即动态路由协议依赖于组播报文或广播报文进行路由更新，而 IPSec 不支持广播协议报文和组播协议报文的传输。

2.DSVPN 解决方案

在上述背景下，华为提出了 DSVPN 解决方案，它通过将下一跳解析协议（Next Hop Resolution Protocol，NHRP）和多点通用路由封装（multipoint Generic Routing Encapsulation，mGRE）技术与 IPSec 相结合解决了上述问题：

（1）DSVPN 通过 NHRP 动态收集、维护和发布各节点的公网地址等信息，解决了源分支无法获取目的分支公网地址的问题，从而可在分支与分支之间建立动态 VPN 隧道，实现分支与分支间的直接通信，进而减轻总部的负担，避免网络时延。

（2）DSVPN 借助 mGRE 技术，使 VPN 隧道能够传输组播协议报文和广播协议报文，并且一个 Tunnel 端口可与多个对端建立 VPN 隧道，减少了配置 VPN 隧道的工作量；在新增分支或分支公网地址发生变化时，也能自动维护总部与分支之间的隧道关系，而不用调整总部的隧道配置，使得网络维护变得更智能化。

采用 DSVPN 解决方案构建的 VPN 网络如图 4-15 所示。

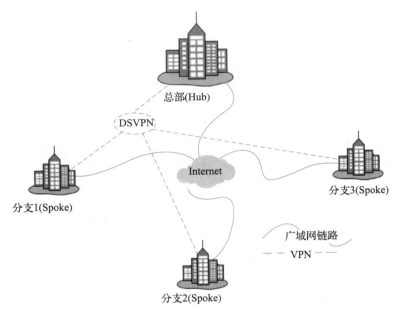

▲ 图4-15 交换机本地管理

3. 采用 DSVPN 解决方案构建 VPN 网络的好处

（1）降低 VPN 网络构建成本：DSVPN 可以实现分支和总部以及分支之间的动态全连接，分支不需要单独购买静态的公网地址，节省了企业开支。

（2）简化总部 Hub 和分支 Spoke 配置：总部 Hub 和分支 Spoke 上配置的 Tunnel 端口从多个点对点 GRE 隧道端口变更为一个 mGRE 隧道端口。当为 DSVPN 网络添加新分支 Spoke 时，企业网络管理员不需要更改总部 Hub 或任何当前分支 Spoke 上的配置，只需在新分支 Spoke 上进行配置，之后的新分支 Spoke 自动向总部 Hub 进行动态注册。

（3）降低分支间数据传输时延：由于分支间可以动态构建隧道，业务数据可以直接转发，不用再经过总部，因而减少了数据转发的延迟，提升了数据转发的性能和效率。

4. DSVPN 节点

DSVPN 节点为部署 DSVPN 的设备，包括 Spoke 和 Hub 两种形态。

（1）Spoke：通常是企业分支的网关设备。一般情况下，Spoke 使用动态的公网地址。

（2）Hub：通常是企业总部的网关设备，接收 Spoke 向其注册的信息。DSVPN 网络中，Hub 既可使用固定的公网地址，也可使用域名。

5. mGRE、mGRE 隧道接口和 mGRE 隧道

（1）mGRE 是在 GRE 基础上发展而来的一种点到多点 GRE 技术。它将传统 GRE 隧道 P2P 类型的 Tunnel 端口扩展成 P2MP 类型的 mGRE 隧道端口。通过改变端口类型，Hub 或 Spoke 上只需要配置一个 Tunnel 端口便可与多个对端建立隧道，从而减少了配置 GRE 隧道的工作量。

（2）mGRE 隧道接口包含以下元素。

①隧道源地址：GRE 封装后的报文源地址，即隧道一端的公网地址。

②隧道目的地址：GRE 封装后的报文目的地址，即隧道另一端的公网地址。与 GRE 隧道端口手工指定目的地址不同，mGRE 隧道目的地址来自于 NHRP。

③隧道端口 IP 地址：隧道端口地址和其他物理端口上的 IP 地址一样，用于设备之间的通信（如获取路由信息等），即 Tunnel 地址。

（3）采用 mGRE 隧道端口建立起来的 GRE 隧道称为 mGRE 隧道。mGRE 隧道分为静态 mGRE 隧道和动态 mGRE 隧道两种。

①静态 mGRE 隧道建立于分支 Spoke 与总部 Hub 之间，静态 mGRE 隧道永久存在。

②动态 mGRE 隧道建立于各分支 Spoke 之间，动态 mGRE 隧道在一定周期内没有流量转发将自动拆除。

6.NHRP 和 NHRP 映射表

（1）在 DSVPN 网络中，NHRP 的作用是建立和解析协议地址（Tunnel 地址或子网地址）到 NBMA 地址（公网地址）的映射关系。正是因为这种映射和解析，源 Spoke 才能够获取目的 Spoke 的动态公网地址。

（2）Protocol 地址和 NBMA 地址映射生成的表项称为 NHRP 映射表。按照生成方式的不同，NHRP 映射表分为静态表项和动态表项两种。

①静态表项：由网络管理员手工配置。Spoke 要与 Hub 建立静态 mGRE 隧道，管理员就需要在 Spoke 上手工配置 Hub 的 Tunnel 地址和公网地址。

②动态表项：是由 NHRP 动态生成的表项。例如，Hub 通过 NHRP 注册报文提取各 Spoke 的 Tunnel 地址和公网地址而生成的 NHRP 映射表；各 Spoke 通过 NHRP 解析报文提取对端 Spoke 的 Tunnel 地址/子网地址和公网地址而生成的 NHRP 映射表。

4.6.2 任务目标

- 理解 DSVPN 的工作原理。
- 掌握 DSVPN 的建立过程。
- 掌握 DSVPN 的配置和管理。

4.6.3 任务规划

1.任务描述

某中小企业有总部（Hub）和两个分支（Spoke1 和 Spoke2）分布在不同地域，总部和分支的子网环境较稳定。分支采用动态地址接入公网。现在用户希望能够实现分支之间的 VPN 互联。

2. 实验拓扑（见图 4-16）

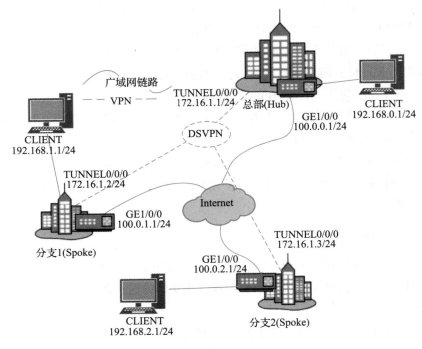

▲ 图 4-16　DSVPN 实验拓扑

4.6.4　实践环节

1. 接入配置窗口

（1）在各 Router 上配置端口 IP 地址。

在 Hub 上配置端口 IP 地址。代码如下：

```
<Huawei> system-view
[Huawei] sysname Hub
[Hub] interface gigabitethernet 1/0/0
[Hub-GigabitEthernet1/0/0] ip address 100.0.0.1 255.255.255.0
[Hub-GigabitEthernet1/0/0] quit
[Hub] interface tunnel 0/0/0
[Hub-Tunnel0/0/0] ip address 172.16.1.1 255.255.255.0
[Hub-Tunnel0/0/0] quit
[Hub] interface loopback 0
[Hub-LoopBack0] ip address 192.168.0.1 255.255.255.0
[Hub-LoopBack0] quit
```

配置 Spoke1、Spoke2 各端口的 IP 地址，具体配置过程与配置 Hub 相同（略）。

（2）在各 Router 上配置 OSPF 协议，实现公网路由可达。

在 Hub 上配置 OSPF 协议。代码如下：

```
[Hub] ospf 1 router-id 100.0.0.1
[Hub-ospf-1] area 0.0.0.1
[Hub-ospf-1-area-0.0.0.1] network 100.0.0.0 0.0.0.255
[Hub-ospf-1-area-0.0.0.1] quit
[Hub-ospf-1] quit
```

在 Spoke1 上配置 OSPF 协议。代码如下：

```
[Spoke1] ospf 1 router-id 100.0.1.1
[Spoke1-ospf-1] area 0.0.0.1
[Spoke1-ospf-1-area-0.0.0.1] network 100.0.1.0 0.0.0.255
[Spoke1-ospf-1-area-0.0.0.1] quit
[Spoke1-ospf-1] quit
```

在 Spoke2 上配置 OSPF 协议。代码如下：

```
[Spoke2] ospf 1 router-id 100.0.2.1
[Spoke2-ospf-1] area 0.0.0.1
[Spoke2-ospf-1-area-0.0.0.1] network 100.0.2.0 0.0.0.255
[Spoke2-ospf-1-area-0.0.0.1] quit
[Spoke2-ospf-1] quit
```

（3）配置静态路由。

配置 Hub。代码如下：

```
[Hub] ip route-static 192.168.1.0 255.255.255.0 172.16.1.2
[Hub] ip route-static 192.168.2.0 255.255.255.0 172.16.1.3
```

配置 Spoke1。代码如下：

```
[Spoke1] ip route-static 192.168.0.0 255.255.255.0 172.16.1.1
[Spoke1] ip route-static 192.168.2.0 255.255.255.0 172.16.1.3
```

配置 Spoke2。代码如下：

```
[Spoke2] ip route-static 192.168.0.0 255.255.255.0 172.16.1.1
[Spoke2] ip route-static 192.168.1.0 255.255.255.0 172.16.1.2
```

（4）配置 Tunnel 接口。

在 Hub 和 Spoke 上配置 Tunnel 端口，在 Spoke1 和 Spoke2 上分别配置 Hub 的静态 NHRP peer 表项。

在 Hub 上配置 Tunnel 端口。代码如下：

```
[Hub] interface tunnel 0/0/0
[Hub-Tunnel0/0/0] tunnel-protocol gre p2mp
[Hub-Tunnel0/0/0] source gigabitethernet 1/0/0
[Hub-Tunnel0/0/0] quit
```

在 Spoke1 上配置 Tunnel 端口和 Hub 的静态 NHRP peer 表项。代码如下：

```
[Spoke1] interface tunnel 0/0/0
```

```
[Spoke1-Tunnel0/0/0] tunnel-protocol gre p2mp
[Spoke1-Tunnel0/0/0] source gigabitethernet 1/0/0
[Spoke1-Tunnel0/0/0] nhrp entry 172.16.1.1 100.0.0.1 register
[Spoke1-Tunnel0/0/0] quit
```

在 Spoke2 上配置 Tunnel 端口和 Hub 的静态 NHRP peer 表项。代码如下：

```
[Spoke2] interface tunnel 0/0/0
[Spoke2-Tunnel0/0/0] tunnel-protocol gre p2mp
[Spoke2-Tunnel0/0/0] source gigabitethernet 1/0/0
[Spoke2-Tunnel0/0/0] nhrp entry 172.16.1.1 100.0.0.1 register
[Spoke2-Tunnel0/0/0] quit
```

2. 检查 DSVPN 配置结果

（1）配置完成后，检查 Spoke 上的 NHRP peer 信息。

在 Spoke1 上执行 display nhrp peer all 命令，结果如下：

```
[Spoke1] display nhrp peer all
-------------------------------------------------------------------------
Protocol-addr  Mask  NBMA-addr    NextHop-addr   Type    Flag
-------------------------------------------------------------------------
172.16.1.1     32    100.0.0.1    172.16.1.1     hub     up
-------------------------------------------------------------------------
Tunnel interface: Tunnel0/0/0
Created time  : 00:10:58
Expire time   : --
Number of nhrp peers: 1
```

在 Spoke2 上执行 display nhrp peer all 命令，结果如下：

```
[Spoke2] display nhrp peer all
-------------------------------------------------------------------------
Protocol-addr  Mask  NBMA-addr    NextHop-addr   Type    Flag
-------------------------------------------------------------------------
172.16.1.1     32    100.0.0.1    172.16.1.1     hub     up
-------------------------------------------------------------------------
Tunnel interface: Tunnel0/0/0
Created time  : 00:07:55
Expire time   : --

Number of nhrp peers: 1
```

完成上述配置后，执行 display nhrp peer all 命令，Spoke1 和 Spoke2 上只能看到 Hub 的静态 NHRP peer 表项。

（2）检查 Hub 上 Spoke1 和 Spoke2 的注册信息。

在 Hub 上执行 display nhrp peer all 操作，结果如下：

```
[Hub] display nhrp peer all
-----------------------------------------------------------------
Protocol-addr  Mask NBMA-addr    NextHop-addr   Type        Flag
-----------------------------------------------------------------
172.16.1.2     32   100.0.1.1    172.16.1.2     registered  up|unique
-----------------------------------------------------------------
Tunnel interface: Tunnel0/0/0
Created time  : 00:02:02
Expire time   : 01:57:58
-----------------------------------------------------------------
Protocol-addr  Mask NBMA-addr    NextHop-addr   Type        Flag
-----------------------------------------------------------------
172.16.1.3     32   100.0.2.1    172.16.1.3     registered  up|unique
-----------------------------------------------------------------
Tunnel interface: Tunnel0/0/0
Created time  : 00:01:53
Expire time   : 01:59:35
Number of nhrp peers: 2
```

（3）检查 Hub 上的静态路由信息。

在 Hub 上执行 display ip routing-table protocol static 命令，结果如下：

```
[Hub] display ip routing-table protocol static
Route Flags: R - relay, D - download to fib
-----------------------------------------------------------------
Public routing table : Static
    Destinations : 2    Routes : 2    Configured Routes : 2
tatic routing table status : <Active>
    Destinations : 2    Routes : 2
Destination/Mask   Proto   Pre  Cost    Flags NextHop      Interface
  192.168.1.0/24   Static  60   0       RD    172.16.1.2   Tunnel0/0/0
  192.168.2.0/24   Static  60   0       RD    172.16.1.3   Tunnel0/0/0
Static routing table status : <Inactive>
    Destinations : 0    Routes : 0
```

（4）检查 Spoke 上的静态路由信息。

在 Spoke1 上执行 display ip routing-table protocol static 命令，结果如下：

```
[Spoke1] display ip routing-table protocol static
Route Flags: R - relay, D - download to fib
-----------------------------------------------------------------
Public routing table : Static
    Destinations : 2    Routes : 2    Configured Routes : 2
Static routing table status : <Active>
    Destinations : 2    Routes : 2
Destination/Mask   Proto   Pre  Cost    Flags NextHop      Interface
```

```
  192.168.0.0/24  Static  60  0      RD   172.16.1.1    Tunnel0/0/0
  192.168.2.0/24  Static  60  0      RD   172.16.1.3    Tunnel0/0/0
Static routing table status : <Inactive>
    Destinations : 0      Routes : 0
```

在 Spoke2 上执行 display ip routing-table protocol static 命令，结果如下：

```
[Spoke2] display ip routing-table protocol static
Route Flags: R - relay, D - download to fib
------------------------------------------------------------------------
Public routing table : Static
    Destinations : 2     Routes : 2    Configured Routes : 2
Static routing table status : <Active>
    Destinations : 2     Routes : 2
Destination/Mask   Proto  Pre Cost    Flags NextHop      Interface
  192.168.0.0/24  Static  60  0      RD   172.16.1.1    Tunnel0/0/0
  192.168.1.0/24  Static  60  0      RD   172.16.1.2    Tunnel0/0/0
Static routing table status : <Inactive>
    Destinations : 0      Routes : 0
```

3. 查看配置结果

在 Spoke1 上 ping 分支 Spoke 2 的子网地址 192.168.2.1，然后在 Spoke1 和 Spoke2 上可以分别看到彼此的动态 NHRP peer 表项。

在 Spoke1 上执行 ping –a 192.168.1.254 192.168.2.1 命令，结果如下：

```
[Spoke1] ping -a 192.168.1.254 192.168.2.1
 PING 192.168.2.1: 56 data bytes, press CTRL_C to break
  Reply from 192.168.2.1: bytes=56 Sequence=1 ttl=254 time=3 ms
  Reply from 192.168.2.1: bytes=56 Sequence=2 ttl=255 time=2 ms
  Reply from 192.168.2.1: bytes=56 Sequence=3 ttl=255 time=2 ms
  Reply from 192.168.2.1: bytes=56 Sequence=4 ttl=255 time=2 ms
  Reply from 192.168.2.1: bytes=56 Sequence=5 ttl=255 time=2 ms
  --- 192.168.2.1 ping statistics ---
  5 packet(s) transmitted
  5 packet(s) received
  0.00% packet loss
  round-trip min/avg/max = 2/2/3 ms
```

在 Spoke1 上执行 display nhrp peer all 命令，结果如下：

```
[Spoke1] display nhrp peer all
------------------------------------------------------------------------
Protocol-addr  Mask  NBMA-addr    NextHop-addr  Type    Flag
------------------------------------------------------------------------
172.16.1.1     32    100.0.0.1    172.16.1.1    hub     up
------------------------------------------------------------------------
```

```
Tunnel interface: Tunnel0/0/0
Created time   : 00:46:35
Expire time    : --
-------------------------------------------------------------------
Protocol-addr  Mask  NBMA-addr    NextHop-addr   Type    Flag
-------------------------------------------------------------------
172.16.1.3     32    100.0.2.1    172.16.1.3     remote  up
-------------------------------------------------------------------
Tunnel interface: Tunnel0/0/0
Created time   : 00:00:28
Expire time    : 01:59:32
-------------------------------------------------------------------
Protocol-addr  Mask  NBMA-addr    NextHop-addr   Type    Flag
-------------------------------------------------------------------
172.16.1.2     32    100.0.1.1    172.16.1.2     local   up
-------------------------------------------------------------------
Tunnel interface: Tunnel0/0/0
Created time   : 00:00:28
Expire time    : 01:59:32
Number of nhrp peers: 3
```

在 Spoke2 上执行 display nhrp peer all 命令，结果如下：

```
[Spoke2] display nhrp peer all
-------------------------------------------------------------------
Protocol-addr  Mask  NBMA-addr    NextHop-addr   Type    Flag
-------------------------------------------------------------------
172.16.1.1     32    100.0.0.1    172.16.1.1     hub     up
-------------------------------------------------------------------
Tunnel interface: Tunnel0/0/0
Created time   : 00:43:32
Expire time    : --
-------------------------------------------------------------------
Protocol-addr  Mask  NBMA-addr    NextHop-addr   Type    Flag
-------------------------------------------------------------------
172.16.1.2     32    100.0.1.1    172.16.1.2     remote  up
-------------------------------------------------------------------
Tunnel interface: Tunnel0/0/0
Created time   : 00:00:47
Expire time    : 01:59:13
-------------------------------------------------------------------
Protocol-addr  Mask  NBMA-addr    NextHop-addr   Type    Flag
-------------------------------------------------------------------
172.16.1.3     32    100.0.2.1    172.16.1.3     local   up
-------------------------------------------------------------------
```

```
Tunnel interface: Tunnel0/0/0
Created time   : 00:00:47
Expire time    : 01:59:13
Number of nhrp peers: 3
```

任务 5　防火墙安全管理

所谓"防火墙"是指一种将内部网和公众访问网（如 Internet）分开的方法，它实际上是一种建立在现代通信网络技术和信息安全技术基础上的应用性安全技术、隔离技术。随着时间的推移，其被越来越多地应用于专用网络与公用网络的互联环境之中，尤其是应用于接入 Internet 网络的环境。

防火墙技术的功能主要在于及时发现并处理计算机网络运行中可能存在的安全风险、数据传输障碍等问题，处理措施包括隔离与保护，同时可对计算机网络安全当中的各项操作实施记录与检测，以确保计算机网络运行的安全性，保障用户资料与信息的完整性，为用户提供更好、更安全的计算机网络使用体验。

5.1　USG 防火墙远程管理

5.1.1　理论基石

1. 华为防火墙常见的管理方式

（1）通过 Console 方式管理：属于带外管理，不占用带宽，适用于新设备首次配置时使用。在第一次配置时，防火墙会配置下面几个管理方式中的一个或多个，下次再配置直接远程连接即可，无须使用 Console 连接。默认情况下，使用默认管理员（admin）身份进行登录。

（2）通过远程终端（Telnet）方式管理：属于带内管理，配置简单，安全性低，资源占用少，主要适用于安全性不高、设备性能差的场景。因为在配置时所有数据是明文传输，所以仅限于内网环境使用。支持通过任意以太网端口访问，只要登录 PC 与设备路由可达即可。登录时首选管理口 GigabitEthernet 0/0/0 进行登录。默认情况下不能直接登录，需要配置 Telnet 服务。Telnet 方式使用明文方式传输密码和数据，存在安全隐患。为了保证数据传输的安全性，需使用 STelnet 方式来代替 Telnet 方式。

（3）通过远程终端（STelnet）方式管理：属于带内管理，配置相对复杂些，资源占用也高，但安全性极高，主要适用于对安全性要求较高的场景，如通过互联网远程管理公司网络设备。默认情况下不能直接登录，需要配置 SSH 服务及用户。

（4）通过 Web 方式管理：属于带内管理，可以基于图形化管理，适用于新手配置设备（但也要熟知其工作原理）。支持通过任意以太网端口访问，只要登录 PC 与设备路由可达即可。登录时首选管理口 GigabitEthernet 0/0/0 进行登录。默认情况下，使用默认管理员（admin）身份进行登录，设备默认开启 HTTPS 服务。

（5）通过 AUX（辅助）方式管理：管理员通过 PSTN 登录设备，目前仅 USG9500 支持该功能。

（6）通过应用程序接口（Application Program Interface，API）方式管理：管理员可以通过 Netconf 客户端或 Restconf 客户端调用防火墙的北向 API，实现客户端与防火墙之间的通信。USG6000 支持任意以太网端口做北向管理端口。USG9500 不支持用管理口做北向管理端口。默认情况下，Netconf 客户端或 Restconf 客户端不能直接调用防火墙的北向 API，需要进行相关配置。

2. 管理员权限控制

防火墙通过管理员角色来控制管理员权限，无论是 Web 管理员还是 CLI 管理员，都受管理员角色的控制。默认情况下，防火墙提供了一些管理员角色，每一个角色都拥有其对应的权限，这些权限决定了管理员可以进行的操作。创建管理员时，可以直接把默认的角色赋予管理员。此外，防火墙还支持自定义角色，可以根据需要创建新的角色。

（1）系统管理员（system-admin），拥有除审计功能以外的所有权限。

（2）配置管理员（device-admin），拥有业务配置和设备监控权限。

（3）配置管理员（监控）[device-admin（monitor）]，拥有设备监控权限。

（4）审计管理员（audit-admin），拥有配置审计策略、查看审计日志、获取 AV（病毒）及 IPS（Instusion Prevention System，入侵防御系统）攻击取证数据包、查看及导出所有日志（沙箱检测日志除外）的权限。其中配置审计策略、查看审计日志、获取 AV 及 IPS 攻击取证数据包的权限只有审计管理员拥有，其他角色的管理员没有。

除了角色，管理员还拥有"级别"这一属性，通常情况下，针对 CLI 管理员才会配置相应级别。为了使该管理员可以进行管理操作，防火墙提供了级别与角色的默认对应关系，即：

（1）监控级对应配置管理员（监控）。

（2）配置级对应配置管理员。

（3）管理级到 15 级对应系统管理员。

也就是说，级别为 2 级的管理员，拥有角色是配置管理员的操作权限。

目前在防火墙上，角色是决定管理员权限的唯一因素，特别是对于 CLI 管理员，不能简单地仅根据级别来判定其可执行的命令。举个例子，A 特性命令的默认级别是 2 级，级别为 2 级的管理员对应配置管理员角色，如果配置管理员没有 A 特性的操作权限，则该 2 级管理员无法执行 A 特性的命令。

0级（参观级）管理员没有默认的对应角色，仅能够执行相关的网络诊断工具命令（如 ping）、从本设备出发访问外部设备命令（如 Telnet）。

使用角色对管理员进行权限控制时，需注意以下事项：

（1）管理员角色优先级高于远程服务器授权，即如果管理员绑定角色，那么远程服务器授权不再有效。

（2）默认的管理员 admin（无论以何种方式登录）不受管控，拥有除审计之外的全部命令行和 Web 权限。

（3）对于 CLI 管理员，验证方式是 Password 时，权限由管理员界面上配置的权限决定。

（4）默认的审计管理员（audit-admin）拥有默认的审计管理员角色，即拥有审计相关权限。对于 V500R005C20SPC600 及其后续版本，设备无默认的审计管理员。

3. 管理员认证方式

为了设备的安全，防火墙会对管理员进行认证，只有通过认证才能登录成功。防火墙支持以下认证类型。

（1）本地认证：管理员账号和密码，保存在防火墙上。

（2）服务器认证：当管理员不采用域认证方式时，管理员账号需要在防火墙上创建，密码保存在认证服务器上。目前防火墙支持 AD（Active Directory，本地目录）、LDAP（Lightweight Directory Access Protocol，轻型目录访问协议）、RADIUS（Remote Authentication Dial In User Service，远程访问拨号用户服务）、HWTACACS 服务器认证方式。

当管理员采用域认证方式时，管理员账号和密码需要在域认证服务器上创建和保存，此时在防火墙上不用配置管理员信息。目前防火墙支持 AD、LDAP、Radius、HWTACACS（Huawei Teiminal Access Controller Access Control System，华为终端访问控制器接入控制系统）服务器认证方式。

（3）服务器认证/本地认证：指本地认证和服务器认证相结合的认证方式。在认证时，优先使用服务器认证，如果服务器认证通过/失败，不进行本地认证。仅当无法连接到认证服务器时，触发本地认证。管理员账号创建后，登录设备时需要获取账号所在的虚拟系统或认证域。例如，虚拟系统 vsys 下采用域 domainname 认证方式的用户 username，使用用户名 username@domainname@@vsys 登录和管理设备。

防火墙根据管理员账号或认证域下绑定的认证方案/授权方案/第三方服务器模板来决定管理员的认证/授权方式。下面分别以管理员账号 admin 和 admin@test 登录为例，介绍防火墙的处理过程。

（1）以账号 admin 登录：查找防火墙上是否存在管理员账号 admin。若存在，则使用本地管理员 admin 绑定的认证方案/授权方案/第三方服务器模板；若不存在，则使用 default 认证域下绑定的认证方案/授权方案/第三方服务器模板。

默认情况下，本地管理员绑定了 default 认证方案和 default 授权方案，认证域（default 域或新建的认证域）绑定了 default 认证方案和 default 授权方案。

（2）以账号 admin@test 登录：防火墙直接使用 test 认证域下绑定的认证方案 / 授权方案 / 第三方服务器模板。

默认情况下，认证域（default 域或新建的认证域）绑定了 default 认证方案和 default 授权方案。

5.1.2 任务目标

- 了解防火墙不同的管理方式。
- 理解管理员权限划分的规则。
- 掌握远程管理权限管理和分配。
- 掌握本地登录、远程控制台登录和 Web 登录的配置和管理。

5.1.3 任务规划

1. 任务描述

为了完善企业的网络安全要求，企业现在购买了一批防火墙设备。作为管理员，请了解防火墙的配置与管理。

2. 实验拓扑（见图 5-1）

▲图 5-1 防火墙本地管理

5.1.4 实践环节

1. 接入配置窗口

连接配置口电缆。

关闭防火墙及配置终端的电源。

通过配置电缆将配置终端的 RS-232 串口与防火墙的 Console 口相连。

经安装检查后上电。

配置终端。用户可以从 Internet 上获取如 PuTTY 等免费超级终端软件。下面以 PuTTY 为例介绍超级终端软件的配置。

下载 PuTTY 软件到本地并双击运行该软件。

配置通过串口连接设备的参数。

具体参数配置如图 5-2 所示。

进入登录界面，按照提示输入默认管理员账号和密码"admin\Admin@123"，然后修改默认管理员账号密码，并进入 CLI 界面。

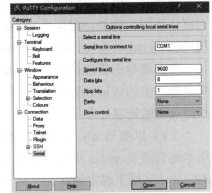

▲图 5-2 配置相关参数

为提高安全性，密码必须满足最小复杂度要求，即包含英文大写字母（A～Z）、英文小写字母（a～z）、数字（0～9）、特殊字符（如！、@、#、$、% 等）中的 3 种。

2. 通过 Web 页面管理防火墙

将管理员 PC 网口与设备的 MGMT 端口（GigabitEthernet 0/0/0）通过网线或者二层交换机相连。将管理员 PC 的网络连接的 IP 地址设置为在 192.168.0.2 ～ 192.168.0.254 范围内的 IP 地址。在管理员 PC 中打开网络浏览器，访问需要登录设备的 MGMT（管理）端口的默认 IP 地址 https://192.168.0.1:8443。

5.2 USG 防火墙路由管理

5.2.1 理论基石

路由是数据通信网络中最基本的要素。路由信息就是指导报文发送的路径信息，路由的过程就是报文转发的过程。

1. 路由分类

（1）根据目的地的不同，路由可以划分为以下两类。

①网段路由：目的地为网段，IPv4 地址子网掩码长度小于 32 位或 IPv6 地址前缀长度小于 128 位。

②主机路由：目的地为主机，IPv4 地址子网掩码长度为 32 位或 IPv6 地址前缀长度为 128 位。

（2）根据目的地与该路由器是否直接相连，路由又可划分为以下两类。

①直连路由：目的地所在网络与路由器直接相连。

②间接路由：目的地所在网络与路由器非直接相连。

（3）根据目的地址类型的不同，路由还可以分为以下两类。

①单播路由：表示将报文转发的目的地址是一个单播地址。

②组播路由：表示将报文转发的目的地址是一个组播地址。

（4）根据生成方式的不同，路由可以分为以下 3 类。

①静态路由：由管理员手工配置的路由。其优点是配置简单方便，对系统要求低，处理快速、高效、可靠，适用于拓扑结构简单且稳定的小型网络；缺点是不能自动适应网络拓扑的变化，需人工干预。

②动态路由：是指路由器能够自动地建立自己的路由表，并能够根据变化进行适时调整。其优点是有自己的算法，能够自动适应网络拓扑的变化，适用于具有一定数量的设备的网络；缺点是其配置要求比较高，并占用一定的网络资源和系统资源。

a. 根据作用范围的不同，动态路由又可以分为以下两类：

• IGP：在一个自治系统内部运行。常见的 IGP 包括 RIP、OSPF 和 IS–IS 等协议。

• EGP：运行于不同自治系统之间。BGP 是目前最常用的外部网关协议（Exterior Gateway Protocol，EGP）。

b. 根据使用算法不同，动态路由协议可分为以下两类：

• 距离矢量协议（Distance-Vector Protocol）：包括 RIP 和 BGP。其中，BGP 也被称为路径矢量协议（Path-Vector Protocol）。

• 链路状态协议（Link-State Protocol）：包括 OSPF 和 IS-IS。

以上两种算法的主要区别在于发现路由和计算路由的方法不同。

③默认路由：是一种特殊的路由。通常情况下，管理员可以通过手动方式配置默认静态路由；但有时候也可以使动态路由协议生成默认路由，如 OSPF 和 IS-IS。

简单来说，默认路由是没有在路由表中找到匹配的路由表项时才使用的路由。在路由表中，默认路由以到网络 0.0.0.0（掩码也为 0.0.0.0）的路由形式出现，可通过执行 display ip routing-table 命令查看当前是否设置了默认路由。

如果报文的目的地址不能与路由表的任何目的地址相匹配，那么该报文将选取默认路由。如果没有默认路由且报文的目的地址不在路由表中，那么该报文将被丢弃，并向源端返回一个 ICMP 报文，报告该目的地址或网络不可达。

2. 路由协议的优先级

对于相同的目的地，不同的路由协议（包括静态路由）可能会发现不同的路由，但这些路由并不都是最优的。事实上，在某一时刻，到某一目的地的当前路由仅能由唯一的路由协议来决定。为了判断最优路由，各路由协议（包括静态路由）都被赋予了一个优先级。当存在多个路由信息源时，具有较高优先级（取值较小）的路由协议发现的路由将成为最优路由。各种路由协议及其发现路由的默认优先级如表 5-1 所示。

其中：0 表示直接连接的路由，255 表示任何来自不可信源端的路由，数值越小表明优先级越高。

表 5-1 各种路由协议及其发现路由的默认优先级

路由协议的类型	默认优先级
Direct	0
OSPF	10
IS-IS	15
静态路由	60
用户网络路由 （User Network Route，UNR）	DHCP（Dynamic Host Configuration Protocol）：60
	AAA-Download：60
	IP Pool：61
	Frame：62
	Host：63
	NAT（Network Address Translation）：64
	DSLite（Dual-Stack Lite）：64
	IPSec（IP_Security）：65
	（Next Hop Resolution Protocol）：65
	PPPoE（Point-to-Point Protocol over Ethernet）：65
	SSL VPN（Secure Sockets Layer_Virtual Private Network）：66

续表

路由协议的类型	默认优先级
RIP	100
OSPF ASE（AS-External）	150
OSPF NSSA	150
IBGP	255
EBGP	255

除直连路由（Direct）外，各种路由协议的优先级都可由用户手动配置。另外，每条静态路由的优先级都可以不相同。

防火墙分别定义了外部优先级和内部优先级，外部优先级即前面提到的用户为各路由协议配置的优先级，默认情况如表 5-1 所示。

当不同的路由协议配置了相同的优先级后，系统会通过内部优先级决定哪个路由协议发现的路由将成为最优路由。路由协议的内部优先级如表 5-2 所示。

表 5-2　路由协议的内部优先级

路由协议的类型	相应路由的内部优先级
Direct	0
OSPF	10
IS-IS Level-1	15
IS-IS Level-2	18
静态路由	60
UNR	65
RIP	100
OSPF ASE	150
OSPF NSSA	150
IBGP	200
EBGP	20

例如，到达同一目的地 10.1.1.0/24 有两条路由可供选择，一条静态路由，另一条是 OSPF 路由（动态路由），且这两条路由的协议优先级都被配置成 5。这时防火墙系统将根据表 5-2 所示的内部优先级进行判断。因为 OSPF 协议的内部优先级是 10，高于静态路由的内部优先级 60，所以系统选择 OSPF 协议发现的路由作为可用路由。

5.2.2　任务目标

- 理解路由的划分类型。
- 理解静态路由和动态路由的区别。
- 理解路由协议之间的优先级划分。
- 掌握防火墙静态路由和动态路由的配置与管理。

5.2.3 任务规划

1. 任务描述

FW（Firewall，FW）各接口及主机的 IP 地址和掩码如图 5-3 所示。要求采用静态路由，使图中任意两台主机之间都能互通。

2. 实验拓扑（见图 5-3）

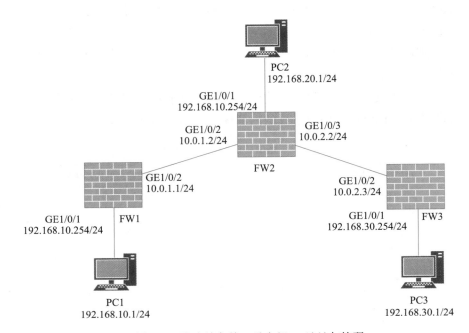

▲图 5-3　防火墙各接口及主机 IP 地址与掩码

5.2.4 实践环节

1. 防火墙静态路由

（1）配置 FW1。

配置接口 IP 地址并将其加入安全区域。代码如下：

```
<FW1> system-view
[FW1] interface GigabitEthernet 1/0/1
[FW1-GigabitEthernet1/0/1] ip address 192.168.10.254 255.255.255.0
[FW1-GigabitEthernet1/0/1] quit
[FW1] interface GigabitEthernet 1/0/2
[FW1-GigabitEthernet1/0/2] ip address 10.0.1.254 255.255.255.0
[FW1-GigabitEthernet1/0/2] quit
[FW1] firewall zone trust
[FW1-zone-trust] add interface GigabitEthernet 1/0/2
[FW1-zone-trust] quit
```

```
[FW1] firewall zone untrust
[FW1-zone-untrust] add interface GigabitEthernet 1/0/1
[FW1-zone-untrust] quit
```

FW1 到 FW2、FW3 的安全策略。代码如下:

```
[FW1] security-policy
[FW1-security-policy] rule name sec_policy_1
[FW1-security-policy-sec_policy_1] source-address 192.168.10.0 mask 255.255.255.0
[FW1-security-policy-sec_policy_1] destination-address 192.168.20.0 mask 255.255.255.0
[FW1-security-policy-sec_policy_1] destination-address 192.168.30.0 mask 255.255.255.0
[FW1-security-policy-sec_policy_1] source-zone untrust
[FW1-security-policy-sec_policy_1] destination-zone trust
[FW1-security-policy-sec_policy_1] action permit
[FW1-security-policy-sec_policy_1] quit
[FW1-security-policy] rule name sec_policy_2
[FW1-security-policy-sec_policy_2] source-address 192.168.20.0 mask 255.255.255.0
[FW1-security-policy-sec_policy_2] source-address 192.168.30.0 mask 255.255.255.0
[FW1-security-policy-sec_policy_2] destination-address 192.168.10.0 mask 255.255.255.0
[FW1-security-policy-sec_policy_2] source-zone trust
[FW1-security-policy-sec_policy_2] destination-zone untrust
[FW1-security-policy-sec_policy_2] action permit
[FW1-security-policy-sec_policy_2] quit
[FW1-security-policy] quit
```

配置默认路由。代码如下:

```
[FW1] ip route-static 0.0.0.0 0.0.0.0 10.0.1.2
```

（2）配置 FW2。

配置接口 IP 地址并将其加入安全区域。代码如下:

```
<FW2> system-view
[FW2] interface GigabitEthernet 1/0/2
[FW2-GigabitEthernet1/0/1] ip address 10.0.1.2 255.255.255.0
[FW2-GigabitEthernet1/0/1] quit
[FW2] interface GigabitEthernet 1/0/3
[FW2-GigabitEthernet1/0/2] ip address 10.0.2.2 255.255.255.252
[FW2-GigabitEthernet1/0/2] quit
[FW2] interface GigabitEthernet 1/0/1
[FW2-GigabitEthernet1/0/3] ip address 192.168.20.254 255.255.255.0
```

```
[FW2-GigabitEthernet1/0/3] quit
[FW2] firewall zone trust
[FW2-zone-trust] add interface GigabitEthernet 1/0/3
[FW2-zone-trust] quit
[FW2] firewall zone untrust
[FW2-zone-untrust] add interface GigabitEthernet 1/0/2
[FW2-zone-untrust] quit
[FW2] firewall zone dmz
[FW2-zone-dmz] add interface GigabitEthernet 1/0/1
[FW2-zone-dmz] quit
```

FW2 到 FW1、FW3 的安全策略。代码如下：

```
[FW2] security-policy
[FW-security-policy] rule name sec_policy_1
[FW2-security-policy-sec_policy_1] source-address 192.168.20.0 mask 255.255.255.0
[FW2-security-policy-sec_policy_1] destination-address 192.168.10.0 mask 255.255.255.0
[FW2-security-policy-sec_policy_1] source-zone dmz
[FW2-security-policy-sec_policy_1] destination-zone untrust
[FW2-security-policy-sec_policy_1] action permit
[FW2-security-policy-sec_policy_1] quit
[FW2-security-policy] rule name sec_policy_2
[FW2-security-policy-sec_policy_2] source-address 192.168.10.0 mask 255.255.255.0
[FW2-security-policy-sec_policy_2] destination-address 192.168.20.0 mask 255.255.255.0
[FW2-security-policy-sec_policy_2] source-zone untrust
[FW2-security-policy-sec_policy_2] destination-zone dmz
[FW2-security-policy-sec_policy_2] action permit
[FW2-security-policy-sec_policy_2] quit
[FW2-security-policy] rule name sec_policy_3
[FW2-security-policy-sec_policy_3] source-address 192.168.20.0 mask 255.255.255.0
[FW2-security-policy-sec_policy_3] destination-address 192.168.30.0 mask 255.255.255.0
[FW2-security-policy-sec_policy_3] source-zone dmz
[FW2-security-policy-sec_policy_3] destination-zone trust
[FW2-security-policy-sec_policy_3] action permit
[FW2-security-policy-sec_policy_3] quit
[FW2-security-policy] rule name sec_policy_4
[FW2-security-policy-sec_policy_4] source-address 192.168.30.0 mask 255.255.255.0
[FW2-security-policy-sec_policy_4] destination-address 192.168.20.0 mask
```

```
     255.255.255.0
        [FW2-security-policy-sec_policy_4] source-zone trust
        [FW2-security-policy-sec_policy_4] destination-zone dmz
        [FW2-security-policy-sec_policy_4] action permit
        [FW2-security-policy-sec_policy_4] quit
        [FW2-security-policy] rule name sec_policy_5
        [FW2-security-policy-sec_policy_5] source-address 192.168.10.0 mask
     255.255.255.0
        [FW2-security-policy-sec_policy_5] destination-address 192.168.30.0 mask
     255.255.255.0
        [FW2-security-policy-sec_policy_5] source-zone untrust
        [FW2-security-policy-sec_policy_5] destination-zone trust
        [FW2-security-policy-sec_policy_5] action permit
        [FW2-security-policy-sec_policy_5] quit
        [FW2-security-policy] rule name sec_policy_6
        [FW2-security-policy-sec_policy_6] source-address 192.168.30.0 mask
     255.255.255.0
        [FW2-security-policy-sec_policy_6] destination-address 192.168.10.0 mask
     255.255.255.0
        [FW2-security-policy-sec_policy_6] source-zone trust
        [FW2-security-policy-sec_policy_6] destination-zone untrust
        [FW2-security-policy-sec_policy_6] action permit
        [FW2-security-policy-sec_policy_6] quit
        [FW2-security-policy] quit
```

为 FW2 配置两条静态路由。代码如下：

```
     [FW2] ip route-static 192.168.10.0 255.255.255.0 10.0.1.1
     [FW2] ip route-static 192.168.30.0 255.255.255.0 10.0.2.3
```

（3）配置 FW3。

配置接口 IP 地址并将其加入安全区域。代码如下：

```
     <FW3> system-view
     [FW3] interface GigabitEthernet 1/0/2
     [FW3-GigabitEthernet1/0/1] ip address 10.0.2.3 255.255.255.252
     [FW3-GigabitEthernet1/0/1] quit
     [FW3] interface GigabitEthernet 1/0/1
     [FW3-GigabitEthernet1/0/2] ip address 192.168.30.254 255.255.255.0
     [FW3-GigabitEthernet1/0/2] quit
     [FW3] firewall zone trust
     [FW3-zone-trust] add interface GigabitEthernet 1/0/2
     [FW3-zone-trust] quit
     [FW3] firewall zone untrust
     [FW3-zone-untrust] add interface GigabitEthernet 1/0/1
     [FW3-zone-untrust] quit
```

FW3 到 FW1、FW2 的安全策略。代码如下：

```
[FW3] security-policy
[FW3-security-policy] rule name sec_policy_1
[FW3-security-policy-sec_policy_1] source-address 192.168.30.0 mask 255.255.255.0
[FW3-security-policy-sec_policy_1] destination-address 192.168.10.0 mask 255.255.255.0
[FW3-security-policy-sec_policy_1] destination-address 192.168.20.0 mask 255.255.255.0
[FW3-security-policy-sec_policy_1] source-zone untrust
[FW3-security-policy-sec_policy_1] destination-zone trust
[FW3-security-policy-sec_policy_1] action permit
[FW3-security-policy-sec_policy_1] quit
[FW3-security-policy] rule name sec_policy_2
[FW3-security-policy-sec_policy_2] source-address 192.168.10.0 mask 255.255.255.0
[FW3-security-policy-sec_policy_2] source-address 192.168.20.0 mask 255.255.255.0
[FW3-security-policy-sec_policy_2] destination-address 192.168.30.0 mask 255.255.255.0
[FW3-security-policy-sec_policy_2] source-zone trust
[FW3-security-policy-sec_policy_2] destination-zone untrust
[FW3-security-policy-sec_policy_2] action permit
[FW3-security-policy-sec_policy_2] quit
[FW3-security-policy] quit
```

配置默认路由。代码如下：

```
[FW3] ip route-static 0.0.0.0 0.0.0.0 10.0.2.2
```

（4）配置主机。

配置主机 PC1 的默认网关为 192.168.10.254，主机 PC2 的默认网关为 192.168.20.254，主机 PC3 的默认网关为 192.168.30.254（配置命令随主机系统的不同而不同，此处略）。

查看配置结果。

显示 FW1 的 IP 路由表。代码如下：

```
<FW1> display ip routing-table
Route Flags: R - relay, D - download to fib
------------------------------------------------------------------
Routing Tables: Public
    Destinations : 8    Routes : 8
Destination/Mask    Proto  Pre  Cost  Flags  NextHop        Interface
   0.0.0.0/0        Static 60   0     D      10.0.1.2       GigabitEthernet1/0/1
   192.168.10.0/24  Direct 0    0     D      192.168.10.254 GigabitEthernet1/0/2
   192.168.10.254/32 Direct 0   0     D      127.0.0.1      InLoopBack0
```

```
    10.0.1.0/24     Direct  0   0       D       10.0.1.1        GigabitEthernet1/0/1
    10.0.1.1/32     Direct  0   0       D       127.0.0.1       InLoopBack0
    127.0.0.0/8     Direct  0   0       D       127.0.0.1       InLoopBack0
    127.0.0.1/32    Direct  0   0       D       127.0.0.1       InLoopBack0
```

使用 ping 命令验证连通性。代码如下：

```
<FW1> ping 192.168.30.1
  PING 10.1.3.1: 56 data bytes, press CTRL_C to break
  Reply from 192.168.30.1: bytes=56 Sequence=1 ttl=254 time=62 ms
  Reply from 192.168.30.1: bytes=56 Sequence=2 ttl=254 time=63 ms
  Reply from 192.168.30.1: bytes=56 Sequence=3 ttl=254 time=63 ms
  Reply from 192.168.30.1: bytes=56 Sequence=4 ttl=254 time=62 ms
  Reply from 192.168.30.1: bytes=56 Sequence=5 ttl=254 time=62 ms
  --- 192.168.30.1 ping statistics ---
  5 packet(s) transmitted
  5 packet(s) received
  0.00% packet loss
  round-trip min/avg/max = 62/62/63 ms
```

使用 tracert 命令验证连通性。代码如下：

```
<FW1> tracert 192.168.30.1
  traceroute to 192.168.30.1(192.168.30.1), max hops: 30, packet length: 40, press CTRL_C to break
  1 10.0.1.2 31 ms 32 ms 31 ms
  2 10.0.2.3 62 ms 63 ms 62 ms
```

2. 防火墙动态路由（见图 5-4）

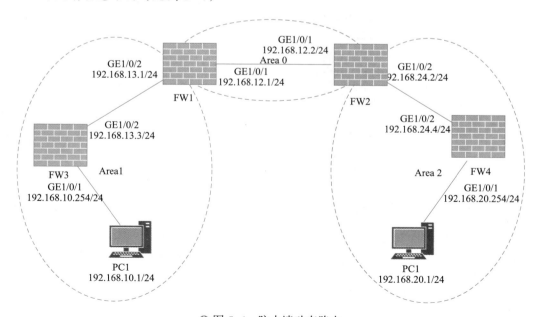

△ 图 5-4　防火墙动态路由

所有的防火墙都运行 OSPF，并将整个自治系统划分为 3 个区域，其中 FW1 和 FW2 作为 ABR 转发区域间的路由。配置完成后，每台防火墙都应学习到 AS 内所有网段的路由。

（1）配置各端口的 IP 地址，将端口加入安全区域并配置域间安全策略。

配置 FW1。代码如下：

```
<FW> system-view
[FW] sysname FW1
[FW1] interface GigabitEthernet 1/0/1
[FW1-GigabitEthernet1/0/1] ip address 192.168.12.1 24
[FW1-GigabitEthernet1/0/1] quit
[FW1] interface GigabitEthernet 1/0/2
[FW1-GigabitEthernet1/0/2] ip address 192.168.13.1 24
[FW1-GigabitEthernet1/0/2] quit
[FW1] firewall zone trust
[FW1-zone-trust] add interface GigabitEthernet 1/0/1
[FW1-zone-trust] add interface GigabitEthernet 1/0/2
[FW1-zone-trust] quit
[FW1] security-policy
[FW1-policy-security] rule name policy_sec_1
[FW1-policy-security-rule-policy_sec_1] source-zone trust local
[FW1-policy-security-rule-policy_sec_1] destination-zone local trust
[FW1-policy-security-rule-policy_sec_1] action permit
[FW1-policy-security-rule-policy_sec_1] quit
```

配置 FW2。代码如下：

```
<FW> system-view
[FW] sysname FW2
[FW2] interface GigabitEthernet 1/0/1
[FW2-GigabitEthernet1/0/1] ip address 192.168.12.2 24
[FW2-GigabitEthernet1/0/1] quit
[FW2] interface GigabitEthernet 1/0/2
[FW2-GigabitEthernet1/0/2] ip address 192.168.24.2 24
[FW2-GigabitEthernet1/0/2] quit
[FW2] firewall zone trust
[FW2-zone-trust] add interface GigabitEthernet 1/0/1
[FW2-zone-trust] add interface GigabitEthernet 1/0/2
[FW2-zone-trust] quit
[FW2] security-policy
[FW2-policy-security] rule name policy_sec_1
[FW2-policy-security-rule-policy_sec_1] source-zone trust local
[FW2-policy-security-rule-policy_sec_1] destination-zone local trust
[FW2-policy-security-rule-policy_sec_1] action permit
[FW2-policy-security-rule-policy_sec_1] quit
```

配置 FW3。代码如下：

```
<FW> system-view
[FW] sysname FW3
[FW3] interface GigabitEthernet 1/0/1
[FW3-GigabitEthernet1/0/1] ip address 192.168.10.254 24
[FW3-GigabitEthernet1/0/1] quit
[FW3] interface GigabitEthernet 1/0/2
[FW3-GigabitEthernet1/0/3] ip address 192.168.13.3 24
[FW3-GigabitEthernet1/0/3] quit
[FW3] firewall zone trust
[FW3-zone-trust] add interface GigabitEthernet 1/0/1
[FW3-zone-trust] add interface GigabitEthernet 1/0/2
[FW3-zone-trust] quit
[FW3] security-policy
[FW3-policy-security] rule name policy_sec_1
[FW3-policy-security-rule-policy_sec_1] source-zone trust local
[FW3-policy-security-rule-policy_sec_1] destination-zone local trust
[FW3-policy-security-rule-policy_sec_1] action permit
[FW3-policy-security-rule-policy_sec_1] quit
```

配置 FW4。代码如下：

```
<FW> system-view
[FW] sysname FW4
[FW4] interface GigabitEthernet 1/0/1
[FW4-GigabitEthernet1/0/1] ip address 192.168.20.254 24
[FW4-GigabitEthernet1/0/1] quit
[FW4] interface GigabitEthernet 1/0/2
[FW4-GigabitEthernet1/0/3] ip address 192.168.24.4 24
[FW4-GigabitEthernet1/0/3] quit
[FW4] firewall zone trust
[FW4-zone-trust] add interface GigabitEthernet 1/0/1
[FW4-zone-trust] add interface GigabitEthernet 1/0/2
[FW4-zone-trust] quit
[FW4] security-policy
[FW4-policy-security] rule name policy_sec_1
[FW4-policy-security-rule-policy_sec_1] source-zone trust local
[FW4-policy-security-rule-policy_sec_1] destination-zone local trust
[FW4-policy-security-rule-policy_sec_1] action permit
[FW4-policy-security-rule-policy_sec_1] quit
```

（2）配置 FW1 的 OSPF 基本功能。

配置 Router ID 号。代码如下：

```
[FW1] router id 1.1.1.1
```

启动 OSPF。代码如下：

```
[FW1] ospf
```

配置 192.168.0.0 网段所在的区域为区域 0。代码如下：

```
[FW1-ospf-1] area 0
[FW1-ospf-1-area-0.0.0.0] network 192.168.12.0 0.0.0.255
```

退回 OSPF 视图。代码如下：

```
[FW1-ospf-1-area-0.0.0.0] quit
```

配置 192.168.1.0 网段所在的区域为区域 1。代码如下：

```
[FW1-ospf-1] area 1
[FW1-ospf-1-area-0.0.0.1] network 192.168.13.0 0.0.0.255
```

退回 OSPF 视图。代码如下：

```
[FW1-ospf-1-area-0.0.0.1] quit
```

（3）配置 FW2 的 OSPF 基本功能。

配置 Router ID 号。代码如下：

```
[FW2] router id 2.2.2.2
```

启动 OSPF。代码如下：

```
[FW2] ospf
```

配置 192.168.0.0 网段所在的区域为区域 0。代码如下：

```
[FW2-ospf-1] area 0
[FW2-ospf-1-area-0.0.0.0] network 192.168.12.0 0.0.0.255
```

退回 OSPF 视图。代码如下：

```
[FW2-ospf-1-area-0.0.0.0] quit
```

配置 192.168.2.0 网段所在的区域为区域 2。代码如下：

```
[FW2-ospf-1] area 2
[FW2-ospf-1-area-0.0.0.2] network 192.168.24.0 0.0.0.255
```

退回 OSPF 视图。代码如下：

```
[FW2-ospf-1-area-0.0.0.2] quit
```

（4）配置 FW3 的 OSPF 基本功能。

配置 Router ID 号。代码如下：

```
[FW3] router id 3.3.3.3
```

启动 OSPF。代码如下：

```
[FW3] ospf
```

配置 192.168.13.0 和 192.168.10.0 网段所在的区域为区域 1。代码如下：

[FW3-ospf-1] area 1
[FW3-ospf-1-area-0.0.0.1] network 192.168.13.0 0.0.0.255
[FW3-ospf-1-area-0.0.0.1] network 192.168.10.0 0.0.0.255

退回 OSPF 视图。代码如下：

[FW3-ospf-1-area-0.0.0.1] quit

（5）配置 FW4 的 OSPF 基本功能。

配置 Router ID 号。代码如下：

[FW4] router id 4.4.4.4

启动 OSPF。代码如下：

[FW4] ospf

配置 192.168.20.0 和 192.168.24.0 网段所在的区域为区域 2。代码如下：

[FW4-ospf-1] area 2
[FW4-ospf-1-area-0.0.0.2] network 192.168.20.0 0.0.0.255
[FW4-ospf-1-area-0.0.0.2] network 192.168.24.0 0.0.0.255

退回 OSPF 视图。代码如下：

[FW4-ospf-1-area-0.0.0.2] quit

（6）检验配置结果。

查看 FW1 的 OSPF 邻居。代码如下：

[FW1] display ospf peer
    OSPF Process 1 with Router ID 1.1.1.1
        Neighbors
Area 0.0.0.0 interface 192.168.0.1(GigabitEthernet1/0/1)'s neighbors
Router ID: 2.2.2.2   Address: 192.168.12.2   GR State: Normal
 State: Full Mode:Nbr is Master Priority: 1
 DR: None BDR: None MTU: 0
 Dead timer due in 36 sec
 Neighbor is up for 00:15:04
 Authentication Sequence: [0]
        Neighbors
Area 0.0.0.1 interface 192.168.12.1(GigabitEthernet1/0/2)'s neighbors
Router ID: 3.3.3.3   Address: 192.168.13.3   GR State: Normal
 State: Full Mode:Nbr is Slave Priority: 1
 DR: None BDR: None MTU: 0
 Dead timer due in 39 sec
 Neighbor is up for 00:07:32
 Authentication Sequence: [0]

显示 FW1 的 OSPF 路由信息，结果如下：

```
[FW1] display ospf routing
     OSPF Process 1 with Router ID 1.1.1.1
          Routing Tables
Routing for Network
Destination       Cost Type      NextHop       AdvRouter    Area
192.168.10.0/24    2  Stub       192.168.13.3  3.3.3.3      0.0.0.1
192.168.20.0/24    3  Inter-area 192.168.12.2  2.2.2.2      0.0.0.0
192.168.13.0/24    1  Transit    192.168.13.1  1.1.1.1      0.0.0.1
192.168.24.0/24    2  Inter-area 192.168.12.2  2.2.2.2      0.0.0.0
192.168.12.0/24    1  Transit    192.168.12.1  1.1.1.1      0.0.0.0
Total Nets: 5
Intra Area: 3 Inter Area: 2 ASE: 0 NSSA: 0
```

显示 FW1 的 LSDB，结果如下：

```
[FW1] display ospf lsdb
     OSPF Process 1 with Router ID 1.1.1.1
          Link State Data Base
              Area: 0.0.0.0
Type     LinkState ID    AdvRouter       Age Len Sequence   Metric
Router   2.2.2.2         2.2.2.2         317 48  80000003   1
Router   1.1.1.1         1.1.1.1         316 48  80000003   1
Sum-Net  192.168.10.0    1.1.1.1         250 28  80000002   2
Sum-Net  192.168.20.0    2.2.2.2         203 28  80000002   2
Sum-Net  192.168.24.0    2.2.2.2         237 28  80000003   1
Sum-Net  192.168.13.0    1.1.1.1         295 28  80000003   1
              Area: 0.0.0.1
Type     LinkState ID    AdvRouter       Age Len Sequence   Metric
Router   3.3.3.3         3.3.3.3         217 60  80000006   1
Router   1.1.1.1         1.1.1.1         289 48  80000003   1
Sum-Net  192.168.20.0    1.1.1.1         202 28  80000002   3
Sum-Net  192.168.24.0    1.1.1.1         242 28  80000002   2
Sum-Net  192.168.12.0    1.1.1.1         300 28  80000002   1
```

在 FW4 上使用 ping 命令测试连通性。代码如下：

```
[FW4] ping 192.168.10.1
 PING 192.168.10.1: 56 data bytes, press CTRL_C to break
  Reply from 192.168.10.1: bytes=56 Sequence=1 ttl=253 time=62 ms
  Reply from 192.168.10.1: bytes=56 Sequence=2 ttl=253 time=16 ms
  Reply from 192.168.10.1: bytes=56 Sequence=3 ttl=253 time=62 ms
  Reply from 192.168.10.1: bytes=56 Sequence=4 ttl=253 time=94 ms
  Reply from 192.168.10.1: bytes=56 Sequence=5 ttl=253 time=63 ms
 --- 192.168.10.1 ping statistics ---
  5 packet(s) transmitted
```

```
5 packet(s) received
0.00% packet loss
round-trip min/avg/max = 16/59/94 ms
```

5.3 USG 防火墙安全策略管理

5.3.1 理论基石

1. 安全策略简介

防火墙的基本作用是对进出网络的访问行为进行控制，保护特定网络免受不信任网络的攻击，但同时还必须允许两个网络之间可以进行合法的通信。防火墙访问控制就是通过安全策略技术实现的。

安全策略是防火墙的核心特性，它的作用是对通过防火墙的数据流进行检验，只有符合安全策略的合法流量才能通过防火墙进行转发。

安全策略是由匹配条件（如五元组、用户、时间段等）和动作组成的控制规则，防火墙收到流量后，对流量的属性（五元组、用户、时间段等）进行识别，并将流量属性与安全策略的匹配条件进行匹配。如果所有条件都匹配，则此流量成功匹配安全策略，之后，设备将执行安全策略的动作。

如果动作为"允许"，则对流量进行如下处理：如果没有配置内容安全检测，则允许流量通过；如果配置了内容安全检测，则最终根据内容安全检测的结论来判断是否对流量进行放行。

如果动作为"禁止"，则禁止流量通过。

2. 安全策略的组成

安全策略是由匹配条件和动作组成的控制规则。防火墙接收流量后，对流量属性（五元组、用户、时间段等）进行识别，并将流量属性与安全策略的匹配条件进行匹配，如果所有条件都匹配，则此流量成功匹配安全策略，如图 5-5 所示。流量匹配安全策略后，防火墙将会执行安全策略的动作。此外，用户还可以根据需求设置其他的附加功能，例如记录日志功能、配置会话老化时间以及自定义长连接等。

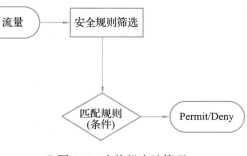

▲图 5-5 交换机本地管理

3. 安全策略的匹配条件

安全策略的匹配条件均为可选，如果不选，默认为 any，表示该安全策略与任意报文匹配。

（1）源安全区域/目的安全区域：指定流量发出/去往的安全区域。如果希望安全策略规则仅适用于特定的源安全区域/目的安全区域，那么可以在创建安全策略规则时将源安全区域/目的安全区域作为匹配条件。

（2）源地址/地区，目的地址/地区：指定流量发出/去往的地址，取值可以是地址、地址组、域名组、地区或地区组。如果希望安全策略规则仅适用于特定的源地址/地区、目的地址/地区，那么可以在创建安全策略规则时将源地址/地区、目的地址/地区作为匹配条件。

（3）用户：指定流量的所有者，代表了"谁"发出的流量。取值可以是"用户""用户组"或"安全组"。

源地址/地区和用户都表示流量的发出者，两者配置一种即可。一般情况下源地址/地区适用于IP地址固定或企业规模较小的场景；用户适用于IP地址不固定且企业规模较大的场景。

（4）接入方式：指定接入认证类型，用于Agile Controller单点登录场景下对不同的接入认证类型进行策略控制。

（5）终端设备：指定终端设备类型，通过配置"终端设备"实现基于终端设备类型的网络行为控制和网络权限分配。

（6）服务：指定流量的协议类型或端口号。如果希望控制指定协议类型或端口号的流量，那么可以在创建安全策略规则时将服务作为匹配条件。

（7）应用：指定流量的应用类型。通过应用防火墙能够区分使用相同协议和端口号的不同应用程序，使网络管理更加精细。如果希望控制不同应用的流量，可以在创建安全策略规则时将应用作为匹配条件。

（8）统一资源定位符（Uniform Resource Locator，URL）分类：指定流量的URL分类。如果希望特定的安全策略规则仅适用于特定类别的网站，那么可以在创建安全策略规则时将URL分类作为匹配条件。

除了在安全策略中直接配置URL分类之外，还可以在URL过滤中配置URL分类。在某些场景下，在URL过滤中配置URL分类会比较烦琐，而在安全策略中直接配置URL分类则可以减少程序。例如，配置安全策略规则，控制用户组A仅能访问URL分类A，用户组B仅能访问URL分类B，当新增一个用户组C访问URL分类A和B时，如果使用URL过滤，则还需要创建新的URL过滤配置文件，配置烦琐；而如果在安全策略下直接配置URL分类，则只需在原有安全策略中增加用户组C即可，减少了配置。

（9）时间段：指定安全策略生效的时间段。如果希望安全策略规则仅在特定时间段内生效，可以在创建安全策略规则时将时间段作为匹配条件。

（10）VLAN ID：指定流量的VLAN ID。如果希望基于不同的VLAN控制流量，可以在创建安全策略规则时将VLAN ID作为匹配条件。

4. 安全策略的动作

如果安全策略配置的所有匹配条件都匹配，则此流量成功匹配该安全策略规则。流量匹配安全策略后，设备将会执行安全策略的动作。安全策略的动作包括：

（1）允许：如果动作为"允许"，那么有两种情况，一是如果没有配置内容安全检测，则允许流量通过。二是如果配置内容安全检测，最终根据内容安全检测的结论来判断是否对流量进行放行。内容安全检测包括反病毒、入侵防御等，它是通过在安全策略中引用安全配置文件实现的。如果其中一个安全配置文件阻断该流量，则防火墙阻断该流量。如果所有的安全配置文件都允许该流量转发，则防火墙允许该流量转发。

（2）禁止：表示拒绝符合条件的流量通过。如果动作为"禁止"，防火墙不仅可以将报文丢弃，还可以针对不同的报文类型选择发送对应的反馈报文。客户端/服务器收到防火墙发送的阻断报文后，应用层可以快速结束会话并让用户感知到请求被阻断。

① Reset 客户端：防火墙向 TCP 客户端发送 TCP Reset 报文。
② Reset 服务器：防火墙向 TCP 服务器发送 TCP Reset 报文。
③ ICMP 不可达：防火墙向报文客户端发送 ICMP 不可达报文。

5. 其他附加功能

其他附加功能包括记录日志功能、会话老化时间和自定义长连接功能。

（1）记录日志功能。记录日志功能包括以下 3 个。

①记录流量日志：当流量命中了动作为 permit 的安全策略则会生成会话；会话老化时开启记录流量日志功能，则防火墙将记录流量日志。

②记录策略命中日志：当流量命中了动作为 permit 或 deny 的安全策略时，如果开启记录策略命中日志功能，则防火墙将记录策略命中日志。

③记录会话日志：当在防火墙上新建会话或会话老化时，如果开启记录会话日志功能，那么防火墙将记录会话日志。

（2）会话老化时间。对于一个已经建立的会话表项，只有当它不断被报文匹配才有存在的必要。如果长时间没有报文匹配，则说明通信双方可能已经断开了连接，不再需要该条会话表项了。此时，为了节约系统资源，系统会在一条表项连续未被匹配一段时间后将其删除，即会话表项已经老化。管理员可以根据实际需要，基于安全策略设置会话的老化时间。

（3）自定义长连接功能。通常情况下，设备上默认对各种协议设定的老化时间已经可以满足各种协议的转发需求了。在不同的网络环境下管理员也可以通过调整各种协议的老化时间来保障业务的正常运行。但是对于某些特殊业务，一条会话的两个连续报文可能间隔时间很长。例如：用户通过 FTP 下载大文件，需要间隔很长时间才会在控制通道继续发送控制报文。用户需要查询数据库服务器上的数据，这些查询操作的时间间隔远大于 TCP 的会话老化时间。如果只靠延长这些业务所属协议的老化时间来解决这个问题，那么会导致一些同样属于这个协议但其实并不需要这么长的老化时间的会话长时间不能得到老化。这会导致系统资源被大量占用，性能下降，甚至无法再为其他业务建立会话，所以必须缩小协议老化时间的流量范围。

长连接功能可以解决这一问题，其可以为这些特殊流量设定超长的老化时间，使这些特殊的业务数据流的会话信息长时间不被老化，保证此类业务正常运行。目前该功能只针对匹配策略的 TCP 报文生效。

6. 安全策略的匹配过程

防火墙最基本的设计原则一般是没有明确允许的默认都会被禁止，这样防火墙一旦连接网络就能保护网络的安全。如果想要允许某流量通过，可以创建安全策略。一般针对不同的业务流量，设备上会配置多条安全策略。下面将具体介绍多条安全策略的匹配顺序和匹配规则等。

7. 安全策略的匹配规则

安全策略在匹配规则过程中，当每条安全策略中包含多个匹配条件，各个匹配条件之间是"与"的关系时，报文的属性与各个条件必须全部匹配，才认为该报文匹配这条规则。一个匹配条件中可以配置多个值，多个值之间是"或"的关系时，报文的属性只要匹配任意一个值，就认为报文的属性匹配了这个条件。

当配置多条安全策略规则时，安全策略列表默认是按照配置顺序排列的，越先配置的安全策略规则位置越靠前，优先级越高。安全策略的匹配就是按照策略列表的顺序执行的，即从策略列表顶端开始逐条向下匹配，如果流量匹配了某个安全策略，将不再进行下一个策略的匹配。所以安全策略的配置顺序很重要，需要先配置条件精确的策略，再配置宽泛的策略。如果某条具体的安全策略放在通用的安全策略之后，可能永远不会被命中。例如：企业的 FTP 服务器地址为 10.1.1.1，允许 IP 网段为 10.2.1.0/24 的办公区访问，但要求禁止两台临时办公 PC（10.2.1.1、10.2.1.2）访问 FTP 服务器。需要按照表 5-3 所示的顺序配置安全策略。

表 5-3 交换机本地管理

序号	名称	源地址	目的地址	动作
1	policy1	10.2.1.1	10.1.1.1	禁止
		10.2.1.2		
2	policy2	10.2.1.0/24	10.1.1.1	允许

对比两条安全策略，policy1 条件细化，policy2 条件宽泛，如果不按照上述顺序配置安全策略，则 policy1 永远不会被命中，如此就无法满足禁止两台临时办公 PC（10.2.1.1、10.2.1.2）访问 FTP 服务器的需求。

通常的业务情况是先有通用规则，后有例外规则。在初始规划时，可以尽可能地同时把通用规则和例外规则列出来，按照正确的顺序配置。但是在维护阶段可能还会添加例外规则，因此需要在配置后调整顺序。

此外，系统默认存在一条默认安全策略 default，其位于策略列表的最底部，优先级最低，所有匹配条件均为 any，动作默认为禁止。如果所有配置的策略都未匹配，则将匹配默认安全策略 default。

同一安全区域内的流量和不同安全区域间的流量受默认安全策略控制的情况分别为：

①对于不同安全区域间的流量（包括但不限于从防火墙发出的流量、防火墙接收的流量、不同安全区域间传输的流量），受默认安全策略控制。

②对于同一安全区域内的流量，默认不受默认安全策略控制，默认转发动作为允许。如果希望同域流量受默认安全策略控制，则需要开启默认安全策略控制同一安全区域内流量的开关。开启后，默认安全策略的配置将对同一安全区域内的流量生效，包括默认安全策略的动作、日志记录功能等。

默认安全策略可以修改默认动作、日志记录功能（包括策略命中日志、会话日志和流量日志）。

8. 安全策略的过滤机制

对于同一条数据流，只需在访问发起的方向上配置安全策略，反向流量无须配置安全策略。即首包匹配安全策略，通过安全策略过滤后建立会话表，后续包直接匹配会话表，无需再匹配安全策略，提高业务处理效率。以客户端 PC 访问 Web 服务器为例，说明安全策略的过滤机制：客户端 PC 访问 Web 服务器，当流量到达防火墙后，执行首包流程，做安全策略过滤，匹配安全策略，防火墙允许报文通过，同时建立会话，会话包含了 PC 发出报文的信息，如源 / 目的地址、源 / 目的端口号、应用协议等。当 Web 服务器回应请求报文时，防火墙会查找会话表，将回应请求报文中的信息与会话表中的会话信息进行比对，如果该报文中的信息与会话中的信息相匹配，且符合协议规范对后续包的定义，那么认为这个报文属于 PC 访问 Web 服务器行为的后续回应报文，直接允许这个报文通过。

9. 未决策略

如果安全策略中配置了应用或 URL 分类，则流量需要发送给内容安全引擎进行应用识别或 URL 分类查询。在应用识别或 URL 分类查询未完成时，将不确定命中的安全策略，处于策略未决状态。防火墙需要获取多个报文才能识别出应用或 URL 分类。防火墙会先根据首包匹配安全策略（主要针对五元组匹配）匹配条件应用或 URL 分类未决，并建立一条会话，其中应用或 URL 分类信息保留为空，直到应用识别或 URL 分类查询完成后重新匹配安全策略，并刷新会话信息。

例如，配置的安全策略如表 5-4 所示。

表 5-4 配置的安全策略

规则	源地址	目的地址	应用或 URL 分类	动作
policy1	内网 PC 10.2.1.0/24	外网服务器 10.1.1.1	教育 / 科学类网站	允许
policy2	any	any	游戏	阻断
policy3	内网 PC 10.2.1.0/24	any	any	允许

内网用户访问教育/科学类网站时，安全策略的过滤过程如表 5-5 所示。

表 5-5 安全策略过滤过程

阶段	匹配过程	匹配结果
第一阶段	根据首包匹配安全策略 policy1，主要针对五元组匹配，匹配条件应用或 URL 分类未决，并建立一条会话	应用识别或 URL 分类查询未完成，默认会先建立一条临时会话，放行并继续检测流量
第二阶段	内容安全引擎要经过几个后续包才能识别出应用或 URL 分类，后续包先匹配第一阶段建立的会话表	—
第三阶段	经过几个后续包后，内容安全引擎识别出应用或 URL 分类，后续包重新匹配安全策略，并刷新会话信息	匹配 policy1，允许内网用户访问教育/科学类网站

10. 本地安全策略

安全策略不仅可以控制通过防火墙的流量，也可以控制本地流量。本地流量是指目的为防火墙自身的流量，或者从防火墙自身发出的流量。在很多需要防火墙本身进行报文收发的应用中，需要放开本地流量的安全策略。包括：

（1）需要对防火墙本身进行管理的情况。例如 Telnet 登录、Web 登录、接入 SNMP 网管等。

（2）防火墙本身作为某种服务的客户端或服务器，需要主动向对端发起请求或处理对端发起的请求，例如 FTP、PPPoE 拨号、网络时间协议（Network Time Protocol, NTP）、IPSec VPN、DNS、升级服务、URL 远程查询、邮件外发等。

控制本地流量的安全策略的配置要求：

（1）防火墙本身所在区域为本地区域。

（2）连接对端设备的端口所在的安全区域。

（3）源地址、目的地址、服务等其他匹配条件。

（4）处理动作。

例如：允许防火墙访问升级中心。配置如下：

（1）源安全区域为本地区域。

（2）目的安全区域为升级中心所在的安全区域。

（3）目的地址为升级中心的地址。

（4）如果升级方式配置为超文本传输安全协议（Hypertext Transfer Protocol Secure, HTTPS），需要放行 HTTPS；如果升级方式配置为 HTTP，需要放行 HTTP 和 FTP，以及协议为 TCP、目的端口为 10001～15000 的自定义服务。

（5）动作为允许。默认情况下，安全策略仅对单播报文进行控制，对广播和组播报文不做控制，直接转发。但是还存在一些特殊情况：

①执行 firewall l2-multicast packet-filter enable 命令，配置二层组播报文受安全策略控制后，防火墙可以对除了二层 ND 组播报文之外的所有二层组播报文（包括经过防火墙和从防火墙发出的二层组播报文）进行安全策略控制。

②表 5-6 中的协议均为网络互联互通协议。为了安全起见，这些协议的单播报文默认受安全策略和默认安全策略控制，如果希望设备能够快速接入网络，那么可以通过执行 undo firewall packet-filter basic-protocol enable 命令，使这些协议的单播报文不受安全策略和默认安全策略控制。

表 5-6 网络互联互通协议

协议类型	经过防火墙的报文	到防火墙自身的报文/从防火墙发出的报文	说明
BFD	单播报文：受控	单播报文：受控	可以依据目的 IP 地址来区分是单播报文或组播报文
	组播报文：不受控	组播报文：不受控	
BGP	受控	受控	BGP 只存在单播报文
DHCPv4	单播报文（UDP 端口号 67/68）：受控	单播报文（UDP 端口号 67/68）：受控	可以依据目的 IP 地址来区分是单播报文或组播报文
	广播报文（UDP 端口号 67/68）：不受控	广播报文（UDP 端口号 67/68）：不受控	
DHCPv6	单播报文（UDP 端口号 546/547）：受控	单播报文（UDP 端口号 546/547）：受控	可以依据目的 IP 地址来区分是单播报文或组播报文
	组播报文（UDP 端口号 546/547）：不受控	组播报文（UDP 端口号 546/547）：不受控	
LDP	单播报文（TCP 端口号：646）：受控	单播报文（TCP 端口号：646）：受控	
	组播报文（UDP 端口号：646）：不受控	组播报文（UDP 端口号：646）：不受控	
OSPF	单播报文：受控	单播报文（协议号：89）：受控	经过防火墙的 OSPF 报文只有配置虚连接时才会出现，且该场景下只存在 OSPF 单播报文
		组播报文（协议号：89）：不受控	可以依据目的 IP 地址来区分

注：LDP 为标记分配协议（Label Distribution Protocol）。

其他一些典型的协议受控情况：

①多通道协议在配置 ASPF 功能后，防火墙对数据通道的报文不进行安全策略过滤。

②防火墙在执行 service-manage enable 命令开启接口的访问控制管理功能，到设备自身的 http/https/ping/snmp/ssh/telnet 协议报文受 service-manage 配置控制，不受安全策略控制。

③当认证策略的认证动作配置为 Portal 认证，用户向 Web 服务器发起 HTTP/HTTPS 请求时，Syn 首包不受安全策略控制。

5.3.2 任务目标

- 理解防火墙安全策略的工作原理。
- 理解安全策略的组成元素。
- 理解安全策略的匹配过程。
- 掌握防火墙安全策略的配置和管理。

5.3.3 任务规划

1. 任务描述

某企业部署两台业务服务器，其中 Server1 通过 TCP 8081 端口对外提供服务，Server2 通过 UDP 8082 端口对外提供服务。需要通过防火墙进行访问控制，9:00~21:00 的上班时间段内禁止 IP 地址为 192.168.10.100、192.168.20.100 的两台 PC 使用这两台服务器对外提供的服务，其他 PC 在任何时间都可以使用这两台服务器对外提供的服务。

2. 实验拓扑（见图 5-6）

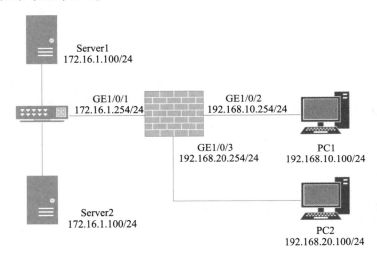

▲ 图 5-6 防火墙安全策略访问控制

5.3.4 实践环节

1. 接入配置窗口

（1）配置接口 IP 地址和安全区域，完成网络基本参数配置。

配置 GigabitEthernet 1/0/1 接口 IP 地址，将接口加入 dmz 域。代码如下：

```
<FW> system-view
[FW] interface GigabitEthernet 1/0/1
[FW-GigabitEthernet1/0/1] ip address 172.16.1.254 24
[FW-GigabitEthernet1/0/1] quit
```

```
[FW] firewall zone dmz
[FW-zone-dmz] add interface GigabitEthernet 1/0/1
[FW-zone-dmz] quit
```

配置 GigabitEthernet 1/0/2 接口 IP 地址，将接口加入 trust 域。代码如下：

```
[FW] interface GigabitEthernet 1/0/2
[FW-GigabitEthernet1/0/2] ip address 192.168.10.254 24
[FW-GigabitEthernet1/0/2] quit
[FW] firewall zone trust
[FW-zone-trust] add interface GigabitEthernet 1/0/2
[FW-zone-trust] quit
```

配置 GigabitEthernet 1/0/3 接口 IP 地址，将接口加入 trust 域。代码如下：

```
[FW] interface GigabitEthernet 1/0/3
[FW-GigabitEthernet1/0/3] ip address 192.168.20.254 24
[FW-GigabitEthernet1/0/3] quit
[FW] firewall zone trust
[FW-zone-trust] add interface GigabitEthernet 1/0/3
[FW-zone-trust] quit
```

（2）配置名称为 server_deny 的地址集，将几个不允许访问服务器的 IP 地址加入地址集。代码如下：

```
[FW] ip address-set server_deny type object
[FW-object-address-set-server_deny] address 192.168.10.100 mask 32
[FW-object-address-set-server_deny] address 192.168.20.100 mask 32
[FW-object-address-set-server_deny] quit
```

（3）配置名称为 time_deny 的时间段，指定 PC 不允许访问服务器的时间。代码如下：

```
[FW] time-range time_deny
[FW-time-range-time_deny] period-range 09:00:00 to 21:00:00 mon tue wed thu fri sat sun
[FW-time-range-time_deny] quit
```

（4）分别为 Server1 和 Server2 配置自定义服务集 server1_port 和 server2_port，将服务器的非知名端口加入服务集。代码如下：

```
[FW] ip service-set server1_port type object
[FW-object-service-set-server1_port] service protocol TCP source-port 0 to 65535 destination-port 8081
[FW-object-service-set-server1_port] quit
[FW] ip service-set server2_port type object
[FW-object-service-set-server2_port] service protocol UDP source-port 0 to 65535 destination-port 8082
[FW-object-service-set-server2_port] quit
```

（5）配置安全策略规则，引用之前配置的地址集、时间段及服务集。未配置的匹配条件默认值均为 any。

限制 PC 使用 Server1 对外提供的服务的安全策略。代码如下：

```
[FW] security-policy
[FW-policy-security] rule name policy_sec_deny1
[FW-policy-security-rule-policy_sec_deny1] source-zone trust
[FW-policy-security-rule-policy_sec_deny1] destination-zone dmz
[FW-policy-security-rule-policy_sec_deny1] source-address address-set server_deny
[FW-policy-security-rule-policy_sec_deny1] destination-address 172.16.1.100 32
[FW-policy-security-rule-policy_sec_deny1] service server1_port
[FW-policy-security-rule-policy_sec_deny1] time-range time_deny
[FW-policy-security-rule-policy_sec_deny1] action deny
[FW-policy-security-rule-policy_sec_deny1] quit
```

限制 PC 使用 Server2 对外提供的服务的安全策略。代码如下：

```
[FW-policy-security] rule name policy_sec_deny2
[FW-policy-security-rule-policy_sec_deny2] source-zone trust
[FW-policy-security-rule-policy_sec_deny2] destination-zone dmz
[FW-policy-security-rule-policy_sec_deny2] source-address address-set server_deny
[FW-policy-security-rule-policy_sec_deny2] destination-address 172.16.1.200 32
[FW-policy-security-rule-policy_sec_deny2] service server2_port
[FW-policy-security-rule-policy_sec_deny2] time-range time_deny
[FW-policy-security-rule-policy_sec_deny2] action deny
[FW-policy-security-rule-policy_sec_deny2] quit
```

允许 PC 使用 Server1 对外提供的服务的安全策略。代码如下：

```
[FW-policy-security] rule name policy_sec_permit3
[FW-policy-security-rule-policy_sec_permit3] source-zone trust
[FW-policy-security-rule-policy_sec_permit3] destination-zone dmz
[FW-policy-security-rule-policy_sec_permit3] destination-address 172.16.1.100 32
[FW-policy-security-rule-policy_sec_permit3] service server1_port
[FW-policy-security-rule-policy_sec_permit3] action permit
[FW-policy-security-rule-policy_sec_permit3] quit
```

允许 PC 使用 Server2 对外提供的服务的安全策略。代码如下：

```
[FW-policy-security] rule name policy_sec_permit4
[FW-policy-security-rule-policy_sec_permit4] source-zone trust
[FW-policy-security-rule-policy_sec_permit4] destination-zone dmz
[FW-policy-security-rule-policy_sec_permit4] destination-address 172.16.1.200 32
```

```
[FW-policy-security-rule-policy_sec_permit4] service server2_port
[FW-policy-security-rule-policy_sec_permit4] action permit
[FW-policy-security-rule-policy_sec_permit4] quit
[FW-policy-security] quit
```

2. 结果验证

在 09:00 到 21:00 时间段，IP 地址为 192.168.10.100、192.168.20.100 的两台 PC 无法使用这两台服务器对外提供的服务，在其他时间段可以使用。其他 PC 在任何时间都可以使用这两台服务器对外提供的服务。

5.4 USG 防火墙网络地址转换

5.4.1 理论基石

NAT 是一种地址转换技术，支持将报文的源地址进行转换，也支持将报文的目的地址进行转换。

1.NAT 类型

根据转换方式的不同，NAT 可以分为源 NAT、目的 NAT 和双向 NAT 三类。

2.NAT 策略

防火墙的 NAT 功能可以通过配置 NAT 策略实现。NAT 策略由转换后的地址（地址池地址或出接口地址）、匹配条件、动作三部分组成。

（1）地址池类型，包括源地址池（NAT No-PAT、NAPT、三元组 NAT、Smart NAT）和目的地址池。根据 NAT 转换方式的不同，可以选择不同类型的地址池或者出接口方式。

（2）匹配条件，包括源地址、目的地址、源安全区域、目的安全区域、出接口、服务、时间段。根据不同的需求配置不同的匹配条件，对匹配上条件的流量进行 NAT 转换。

（3）动作，包括源地址转换、目的地址转换。无论源地址转换还是目的地址转换，都可以对匹配上条件的流量进行 NAT 转换或者不转换。

如果创建了多条 NAT 策略，设备会从上到下依次进行匹配。如果流量匹配了某个 NAT 策略，进行 NAT 转换后，将不再进行下一个 NAT 策略的匹配。双向 NAT 策略和目的 NAT 策略会在源 NAT 策略的前面。双向 NAT 策略和目的 NAT 策略之间按配置先后顺序排列，源 NAT 策略也按配置先后顺序排列。新增的策略和被修改 NAT 动作的策略都会被调整到同类 NAT 策略的最后面。NAT 策略的匹配顺序可根据需要进行调整，但是源 NAT 策略不允许调整到双向 NAT 策略和目的 NAT 策略之前。

3.NAT 处理流程

不同的 NAT 类型对应不同的 NAT 策略，在防火墙上处理顺序不同。

NAT 处理流程如下：

（1）防火墙收到报文后，查找 NAT Server 生成的 Server-Map 表，如果报文匹配到 Server-Map 表，则根据表项转换报文的目的地址，然后进行步骤（4）处理；如果报文没有匹配到 Server-Map 表，则进行步骤（2）处理。

（2）查找基于 ACL 的目的 NAT，如果报文符合匹配条件，则转换报文的目的地址，然后进行步骤（4）处理；如果报文不符合基于 ACL 的目的 NAT 的匹配条件，则进行步骤（3）处理。

（3）查找 NAT 策略中目的 NAT，如果报文符合匹配条件，则转换报文的目的地址后进行路由处理；如果报文不符合目的 NAT 的匹配条件，则直接进行路由处理。

（4）根据报文当前的信息查找路由（包括策略路由），如果找到路由，则进行步骤（5）处理；如果没有找到路由，则丢弃报文。

（5）查找安全策略，如果安全策略允许报文通过且之前并未匹配过 NAT 策略（目的 NAT 或者双向 NAT），则进行步骤（6）处理；如果安全策略允许报文通过且之前匹配过双向 NAT，则直接进行源地址转换，然后创建会话并进行步骤（7）处理；如果安全策略允许报文通过且之前匹配过目的 NAT，则直接创建会话，然后进行步骤（7）处理；如果安全策略不允许报文通过，则丢弃报文。

（6）查找 NAT 策略中源 NAT，如果报文符合源 NAT 的匹配条件，则转换报文的源地址，然后创建会话；如果报文不符合源 NAT 的匹配条件，则直接创建会话。

（7）防火墙发送报文。

NAT 策略中目的 NAT 会在路由和安全策略之前处理，NAT 策略中源 NAT 会在路由和安全策略之后处理。因此，配置路由和安全策略的源地址是 NAT 转换前的源地址，配置路由和安全策略的目的地址是 NAT 转换后的目的地址。

5.4.2 任务目标

- 理解防火墙 NAT 的工作原理。
- 理解防火墙 NAT 的类型区别。
- 理解防火墙 NAT 的处理流程。
- 掌握防火墙 NAT 的配置和管理。

5.4.3 任务规划

1. 任务描述

（1）某公司在网络边界处部署了 FW 作为安全网关。公司只向 ISP 申请了一个公网 IP 地址用于 FW 公网端口和 ISP 的 Router 互联。为了使公司私网中 192.168.10.0/24 网段的用户可以正常访问 Internet，需要在 FW 上配置出端口地址方式的源 NAT 策略，使私网用户可以直接借用 FW 公网端口的 IP 地址来访问 Internet。网络环境如图 5-7 所示，其中 Router 是 ISP 提供的接入网关。

（2）公司在网络边界处部署了 FW 作为安全网关。为了使私网 Web 服务器和 FTP 服务器能够对外提供服务，需要在 FW 上配置 NAT Server 功能。除了公网接口的 IP 地址外，公司还向 ISP 申请了一个 IP 地址（100.0.1.100）作为内网服务器对外提供服务的地址。网络环境如图 5-8 所示，其中 Router 是 ISP 提供的接入网关。

2. 实验拓扑（见图 5-7、图 5-8）

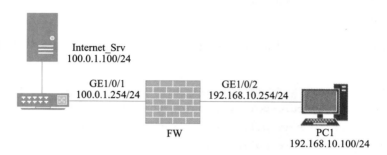

▲ 图 5-7 在 FW 配置出接口地址方式的源 NAT 策略

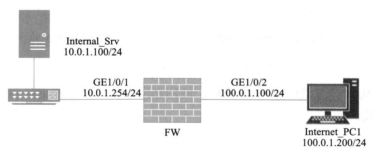

▲ 图 5-8 在防火墙上配置 NAT Server 功能

5.4.4 实践环节

实践 1

（1）配置端口 IP 地址和安全区域，完成网络基本参数配置。

配置端口 GigabitEthernet 1/0/1 的 IP 地址。代码如下：

```
<FW> system-view
[FW] interface GigabitEthernet 1/0/1
[FW-GigabitEthernet 1/0/1] ip address 100.0.1.254 24
[FW-GigabitEthernet 1/0/1] quit
```

配置端口 GigabitEthernet 1/0/2 的 IP 地址。代码如下：

```
[FW] interface GigabitEthernet 1/0/2
[FW-GigabitEthernet 1/0/2] ip address 192.168.10.254 24
[FW-GigabitEthernet 1/0/2] quit
```

将端口 GigabitEthernet 1/0/2 加入 Trust 区域。代码如下：

```
[FW] firewall zone trust
[FW-zone-trust] add interface GigabitEthernet 1/0/2
[FW-zone-trust] quit
```

将端口 GigabitEthernet 1/0/1 加入 Untrust 区域。代码如下：

```
[FW] firewall zone untrust
[FW-zone-untrust] add interface GigabitEthernet 1/0/1
[FW-zone-untrust] quit
```

（2）配置安全策略，允许私网指定网段与 Internet 进行报文交互。代码如下：

```
[FW] security-policy
[FW-policy-security] rule name policy1
[FW-policy-security-rule-policy1] source-zone trust
[FW-policy-security-rule-policy1] destination-zone untrust
[FW-policy-security-rule-policy1] source-address 192.168.10.0 24
[FW-policy-security-rule-policy1] action permit
[FW-policy-security-rule-policy1] quit
[FW-policy-security] quit
```

（3）在 FW 上配置默认路由，使私网流量可以正常转发至 ISP 的路由器。代码如下：

```
[FW] ip route-static 0.0.0.0 0.0.0.0 100.0.1.253
```

（4）配置出端口方式的源 NAT 策略，使用私网用户直接借用 FW 的公网 IP 地址来访问 Internet。代码如下：

```
[FW] nat-policy
[FW-policy-nat] rule name policy_nat1
[FW-policy-nat-rule-policy_nat1] source-zone trust
[FW-policy-nat-rule-policy_nat1] destination-zone untrust
[FW-policy-nat-rule-policy_nat1] source-address 192.168.10.0 24
[FW-policy-nat-rule-policy_nat1] action source-nat easy-ip
[FW-policy-nat-rule-policy_nat1] quit
[FW-policy-nat] quit
```

（5）在私网主机上配置默认网关，使私网主机访问 Internet 时，将流量发往 FW。具体配置过程略。

实践 2

（1）配置端口 IP 地址和安全区域，完成网络基本参数配置。

配置端口 GigabitEthernet 1/0/1 的 IP 地址。代码如下：

```
<FW> system-view
[FW] interface GigabitEthernet 1/0/1
[FW-GigabitEthernet 1/0/1] ip address 10.0.1.254 24
[FW-GigabitEthernet 1/0/1] quit
```

配置端口 GigabitEthernet 1/0/2 的 IP 地址。代码如下：

```
[FW] interface GigabitEthernet 1/0/2
[FW-GigabitEthernet 1/0/2] ip address 100.0.1.1 24
[FW-GigabitEthernet 1/0/2] quit
```

将端口 GigabitEthernet 1/0/2 加入 Untrust 区域。代码如下：

```
[FW] firewall zone untrust
[FW-zone-untrust] add interface GigabitEthernet 1/0/2
[FW-zone-untrust] quit
```

将端口 GigabitEthernet 1/0/1 加入 DMZ 区域。代码如下：

```
[FW] firewall zone dmz
[FW-zone-dmz] add interface GigabitEthernet 1/0/1
[FW-zone-dmz] quit
```

（3）配置安全策略，允许外部网络用户访问内部服务器。代码如下：

```
[FW] security-policy
[FW-policy-security] rule name policy1
[FW-policy-security-rule-policy1] source-zone untrust
[FW-policy-security-rule-policy1] destination-zone dmz
[FW-policy-security-rule-policy1] destination-address 10.0.1.0 24
[FW-policy-security-rule-policy1] action permit
[FW-policy-security-rule-policy1] quit
[FW-policy-security] quit
```

（4）配置 NAT Server 功能。代码如下：

```
[FW] nat server policy_web protocol tcp global 100.0.1.100 80 inside 10.0.1.100 www unr-route
[FW] nat server policy_ftp protocol tcp global 100.0.1.100 ftp inside 10.0.1.100 ftp unr-route
```

当 NAT Server 的 global 地址与公网端口地址不在同一网段时，必须配置黑洞路由；当 NAT Server 的 global 地址与公网端口地址在同一网段时，建议配置黑洞路由；当 NAT Server 的 global 地址与公网端口地址一致时，不会产生路由环路，不需要配置黑洞路由。

（5）开启 FTP 协议的 NAT ALG 功能。代码如下：

```
[FW] firewall interzone dmz untrust
[FW-interzone-dmz-untrust] detect ftp
[FW-interzone-dmz-untrust] quit
```

（6）配置默认路由，使内网服务器对外提供的服务流量可以正常转发至 ISP 的路由器。代码如下：

```
[FW] ip route-static 0.0.0.0 0.0.0.0 100.0.1.254
```

在客户端上测试，打开浏览器访问 Internal_Srv 的 Web 站点和 FTP 服务器。

5.5 USG 防火墙 SSL VPN

5.5.1 理论基石

企业出差员工需要在外地远程办公，并期望能够通过 Internet 随时随地远程访问企业内部资源。同时，企业为了保证内网资源的安全性，希望能对移动办公用户进行多种形式的身份认证，并对移动办公用户可访问内网资源的权限做精细化控制。

IPSec、L2TP 等先期出现的 VPN 技术虽然可以支持远程接入这个应用场景，但技术组网却不够灵活；移动办公用户需要安装指定的客户端软件，导致网络部署和维护都比较麻烦；无法对移动办公用户的访问权限做精细化控制。SSL VPN 作为新型的轻量级远程接入方案，可以有效解决上述问题，保证移动办公用户能够在企业外部安全、高效地访问企业内部网络资源。

防火墙作为企业出口网关连接至 Internet，并向移动办公用户（出差员工）提供 SSL VPN 接入服务。移动办公用户使用终端（如便携机、PAD 或智能手机）与防火墙建立 SSL VPN 隧道后，即可远程访问企业内网的 Web 服务器、文件服务器、邮件服务器等资源。

SSL VPN 为了更精细地控制移动办公用户的资源访问权限，将内网资源划分为了 Web 资源、文件资源、端口资源和 IP 资源 4 种类型。每一类资源有与之对应的访问方式，例如移动办公用户想访问企业内部的 Web 服务器，就需要使用 SSL VPN 提供的 Web 代理业务；想访问内网文件服务器，就需要使用文件共享业务。

1. 虚拟网关

防火墙通过虚拟网关向移动办公用户提供 SSL VPN 接入服务，虚拟网关是移动办公用户访问企业内网资源的统一入口。一台防火墙设备可以创建多个虚拟网关，虚拟网关之间相互独立、互不影响。不同虚拟网关下可以配置各自的用户和资源，进行单独管理。虚拟网关本身无独立的管理员，所有虚拟网关的创建、配置、修改和删除等管理操作统一由 FW 的系统管理员完成。

图 5-9 所示是移动办公用户登录 SSL VPN 虚拟网关并访问企业内网资源的总体流程。系统管理员在防火墙上创建 SSL VPN 虚拟网关，并通过虚拟网关对移动办公用户提供 SSL VPN 接入服务。

2. 身份认证

防火墙针对移动办公用户提供了以下 3 种身份认证方式。

（1）本地认证：是指移动办公用户的用户名、密码等身份信息保存在防火墙上，由防火墙完成用户身份认证。

（2）服务器认证：是指移动办公用户的用户名、密码等身份信息保存在认证服务器上，由认证服务器完成用户身份认证。认证服务器类型包括：RADIUS 服务器、HWTACACS 服务器、AD 服务器和 LDAP 服务器。

此外，防火墙还可以与 RADIUS 服务器配合，对移动办公用户进行 RADIUS 双因子认证。双因子认证是指用户登录虚拟网关时提供的两种身份因子，一种因子是用户名和静态个人身份号（Personal Idenfication Number，PIN），另一种因子是动态验证码。

（3）证书认证：是指用户以数字证书作为登录虚拟网关的身份凭证。虚拟网关针对证书提供了两种认证方式，一种是证书匿名，一种是证书挑战。证书匿名方式下，虚拟网关只检查用户所持证书的有效性［比如证书的有效期是否逾期，证书是否由合法认证机构（Certification Authority，CA）颁发等］，不检查用户的登录密码等身份信息。证书挑战方式下，虚拟网关不仅检查用户证书是否是可信证书以及证书是否在有效期内，还要检查用户的登录密码。检查用户登录密码的方式可以选择本地认证或服务器认证。

3. 角色授权

（1）角色。防火墙基于角色进行访问授权和接入控制，一个角色中的所有用户拥有相同的权限。角色是连接用户与业务资源、主机检查策略、登录时间段等权限控制项的桥梁，可以将权限相同的用户加入某个角色，然后在角色中关联业务资源、主机检查策略等。

（2）授权。授权本质上是虚拟网关查找用户所属角色，从而确定用户资源访问权限的一个过程。

5.5.2 任务目标

- 理解防火墙 SSL VPN 的工作原理。
- 掌握防火墙 SSL VPN 的配置和管理。

5.5.3 任务规划

1. 任务描述

企业网络如图 5-9 所示，企业希望移动办公用户通过 SSL VPN 访问公司内部的服务器 Web Server。企业采用防火墙的本地认证方式对接入用户进行身份认证，认证通过的移动办公用户能够获得访问内部服务器的权限。

2. 实验拓扑（见图 5-9）

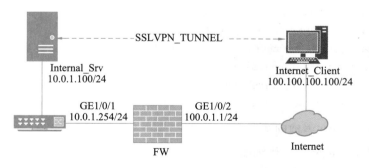

△ 图 5-9　防火墙 SSL VPN 配置和管理

5.5.4 实践环节

1. 接入配置窗口

（1）配置端口 IP 地址和安全区域，完成网络基本参数配置。

配置端口 IP 地址。代码如下：

```
<FW> system-view
[FW] interface GigabitEthernet 1/0/1
[FW-GigabitEthernet 1/0/1] ip address 10.0.1.254 24
[FW-GigabitEthernet 1/0/1] quit
[FW] interface GigabitEthernet 1/0/2
[FW-GigabitEthernet 1/0/2] ip address 100.0.1.1 24
[FW-GigabitEthernet 1/0/2] quit
```

配置端口加入相应安全区域。代码如下：

```
[FW] firewall zone untrust
[FW-zone-untrust] add interface GigabitEthernet 1/0/2
[FW-zone-untrust] quit
[FW] firewall zone trust
[FW-zone-trust] add interface GigabitEthernet 1/0/1
[FW-zone-trust] quit
```

（2）配置用户和认证。

配置认证域。代码如下：

```
[FW] aaa
[FW-aaa] domain default
[FW-aaa-domain-default] authentication-scheme default
[FW-aaa-domain-default] service-type ssl-vpn
[FW-aaa-domain-default] quit
[FW-aaa] quit
```

创建用户组和用户。代码如下：

```
[FW]user-manage group /default/group1
[FW-usergroup-/default/group1]quit
[FW]user-manage user user0001 domain default
[FW-localuser-user0001]password Password@123
[FW-localuser-user0001]parent-group /default/group1
[FW-localuser-user0001]quit
```

（3）配置 SSL VPN 虚拟网关。

创建 SSL VPN 虚拟网关。代码如下：

```
[FW] v-gateway gateway interface GigabitEthernet 1/0/2 private
[FW] v-gateway gateway udp-port 443
[FW] v-gateway gateway authentication-domain default
```

（4）配置 Web Link 功能。

启用 Web Link 功能。代码如下：

```
[FW] v-gateway gateway
[FW-gateway] service
[FW-gateway-service] web-proxy enable
[FW-gateway-service] web-proxy web-link enable
```

配置 Web Link 资源。代码如下：

```
[FW-gateway-service] web-proxy link-resource Internal_Srv http://10.0.1.100:80 show-link
```

（5）配置角色授权。

将用户组添加到虚拟网关中。代码如下：

```
[FW-gateway] vpndb
[FW-gateway-vpndb] group /default/sslvpn
[FW-gateway-vpndb] quit
```

创建角色 role。代码如下：

```
[FW-gateway] role
[FW-gateway-role] role role
```

将角色与用户组绑定。代码如下：

```
[FW-gateway-role] role role group /default/sslvpn
```

将角色 role 启用 Web Proxy 功能。代码如下：

```
[FW-gateway-role] role role web-proxy enable
[FW-gateway-role] role role web-proxy resource Internal_Srv
[FW-gateway-role] quit
[FW-gateway] quit
```

（6）配置安全策略。

配置从 Internet 到 FW 的安全策略，允许移动办公用户登录 SSL VPN 网关。代码如下：

```
[FW] security-policy
[FW-policy-security] rule name policy01
[FW-policy-security-rule-policy01] source-zone untrust
[FW-policy-security-rule-policy01] destination-zone local
[FW-policy-security-rule-policy01] destination-address 100.0.1.1 24
[FW-policy-security-rule-policy01] service https
[FW-policy-security-rule-policy01] action permit
[FW-policy-security-rule-policy01] quit
```

配置 FW 到内网的安全策略，允许移动办公用户访问总部资源。代码如下：

```
[FW-policy-security] rule name policy02
[FW-policy-security-rule-policy02] source-zone local
```

```
[FW-policy-security-rule-policy02] destination-zone trust
[FW-policy-security-rule-policy02] destination-address 10.0.1.0 24
[FW-policy-security-rule-policy02] action permit
[FW-policy-security-rule-policy02] quit
```

2. 检查配置结果

在浏览器中输入 https://100.0.1.1:443，访问 SSL VPN 登录界面。

首次访问时，需要根据浏览器的提示信息安装控件。

不同版本的虚拟网关会要求客户端安装不同版本的 Active 控件。当客户端访问不同版本的虚拟网关时，请在访问新的虚拟网关前将旧的 Active 控件删除，再安装新的 Active 控件，否则浏览器会一直卡在加载控件的界面。

以客户端为一台 PC 为例，执行以下命令来删除控件：

```
PC> regsvr32 SVNIEAgt.ocx -u -s
PC> del %systemroot%\SVNIEAgt.ocx /q
PC> del %systemroot%\"Downloaded Program Files"\SVNIEAgt.inf /q
PC> cd %appdata%
PC> rmdir svnclient /q /s /web
```

任务 6　部署 IPv6 网络

2017 年 11 月 28 日，由下一代互联网国家工程中心牵头发起的"雪人计划"，已在全球完成 25 台 IPv6 DNS 根服务器架设，中国部署了其中的 4 台，由 1 台主根服务器和 3 台辅根服务器组成。

2018 年 6 月，三大运营商联合阿里云宣布，将全面对外提供 IPv6 服务，并计划在 2025 年前助推中国互联网真正实现"IPv6 Only"；7 月，百度云制定了中国的 IPv6 改造方案；2019 年 4 月 16 日，工业和信息化部发布《关于开展 2019 年 IPv6 网络就绪专项行动的通知》，计划于 2019 年末完成 13 个互联网骨干直联点 IPv6 的改造。

中国信息通信研究院 CAIC《2019 年 IPv6 网络安全白皮书》显示，截至 2019 年 5 月底，我国已分配 IPv6 地址用户数达 12.07 亿，我国 IPv6 地址储备量已跃居全球第一位。

6.1　IPv6 网络搭建

6.1.1　理论基石

IPv6 是网络层协议的第二代标准协议，也被称为 IPng（IP Next Generation）。它是 Internet 工程任务组 IETF 设计的一套规范，是 IPv4 的升级版本。

1.IPv6 优势

IPv4 是目前广泛部署的 Internet 协议。在 Internet 发展初期，IPv4 以其协议简单、易于实现、互操作性好的优势而得到快速发展。但随着 Internet 的迅猛发展，IPv4 设计的不足也日益明显，IPv6 的出现，解决了 IPv4 的一些弊端。相比 IPv4，IPv6 具有如下优势。

（1）地址空间大。IPv4 地址采用 32 比特标识，理论上能够提供的地址数量是 43 亿（由于地址分配的原因，实际可使用的数量不到 43 亿）。另外，IPv4 地址的分配也很不均衡：美国占全球地址空间的一半左右，而欧洲则相对匮乏；亚太地区则更加匮乏。与此同时，移动IP和宽带技术的发展需要更多的IP地址。目前IPv4地址已经消耗殆尽。针对IPv4的地址短缺问题，也曾先后出现过几种解决方案，比较有代表性的是CIDR和NAT，但是CIDR和NAT都有其各自的弊端，由此推动了IPv6的发展。

IPv6地址采用128位标识。128位的地址结构使IPv6理论上可以拥有43亿×43亿×43亿×43亿个地址。近乎无限的地址空间是IPv6的最大优势。

（2）报文格式简单。IPv4报头包含可选字段Options，内容涉及Security、Timestamp、Record Route等，这些Options可以将IPv4报头长度从20字节扩充到60字节。携带这些Options的IPv4报文在转发过程中往往需要中间路由转发设备进行软件处理，对于性能是个很大的消耗，因此现实中很少使用。

IPv6和IPv4相比，去除了IHL（Internet Header Length，因特网报头长度）、Identifier、Flag、Fragment Offset、Header Checksum、Option、Padding域，只增加了流标签域，因此IPv6报文头的处理较IPv4更为简化，提高了处理效率。另外，IPv6为了更好地支持各种选项处理，提出了扩展头的概念，新增选项时不必修改现有结构，理论上可以无限扩展，体现了优异的灵活性。

（3）能够自动配置和重新编址。由于IPv4地址只有32bit，并且地址分配不均衡，导致在网络扩容或重新部署时，经常需要重新分配IP地址，因此需要能够进行自动配置和重新编址，以减少维护工作量。目前IPv4的自动配置和重新编址机制主要依靠DHCP协议。

IPv6协议内置支持通过地址自动配置方式使主机自动发现网络并获取IPv6地址，大大提高了内部网络的可管理性。

（4）方便地进行路由聚合。由于IPv4发展初期的分配规划问题，造成许多IPv4地址分配不连续，不能有效聚合路由。日益庞大的路由表耗用大量内存，对设备成本和转发效率产生影响，这一问题促使设备制造商不断升级其产品，以提高路由寻址和转发性能。

巨大的地址空间使得IPv6可以方便地进行层次化网络部署。层次化的网络结构可以方便地进行路由聚合，提高了路由转发效率。

（5）支持端到端安全。IPv4协议制定时并没有仔细针对安全性进行设计，因此固有的框架结构并不能支持端到端的安全。

IPv6中，网络层支持IPSec的认证和加密，支持端到端的安全。

（6）支持QoS（Quality of Service，服务质量）。随着网络会议、网络电话、网络电视迅速普及与使用，客户要求有更好的QoS来保障这些音视频实时转发。IPv4并没有专门的手段对QoS进行支持。

IPv6新增了流标记域，提供QoS保证。

（7）支持移动特性。随着Internet的发展，移动IPv4出现了一些问题，如三角路由、源地址过滤等。

IPv6协议规定必须支持移动特性。和移动IPv4相比，移动IPv6使用邻居发现功能可直接实现外地网络的发现并得到转交地址，而不必使用外地代理。同时，利用路由扩展头和目的地址扩展头移动节点与对等节点之间可以直接通信,解决了移动 IPv4 的三角路由、源地址过滤问题,移动通信处理效率更高且对应用层透明。

2.IPv6 地址

(1)IPv6 地址的表示方法。IPv6 地址总长度为 128bit,通常分为 8 组,每组为 4 个十六进制数的形式,每组十六进制数间用冒号分隔。例如:FC00:0000:130F:0000:0000:09C0:876A:130B,这是 IPv6 地址的首选格式。

为了书写方便,IPv6 还提供了压缩格式,以上述 IPv6 地址为例,具体压缩规则为:每组中的前导"0"都可以省略,所以上述地址可写为 FC00:0:130F:0:0:9C0:876A:130B。地址中包含的连续两个或多个均为 0 的组,可以用双冒号"::"来代替,所以上述地址又可以进一步简写为 FC00:0:130F::9C0:876A:130B。

在一个 IPv6 地址中只能使用一次双冒号"::",否则当计算机将压缩后的地址恢复成 128 位时,无法确定每个"::"代表 0 的个数。

(2)IPv6 地址的结构。一个 IPv6 地址可以分为如下两部分:

①网络前缀:n 位相当于 IPv4 地址中的网络 ID;

②接口标识:(128-n)位,相当于 IPv4 地址中的主机 ID。

对于 IPv6 单播地址来说,如果地址的前三位不是 000,则接口标识必须为 64 位;如果地址的前三位是 000,则没有此限制。

接口标识可通过三种方法生成:手动配置、系统通过软件自动生成或 IEEE EUI-64 规范生成。其中,IEEE EUI-64 规范自动生成最为常用。

IEEE EUI-64 规范是将接口的 MAC 地址转换为 IPv6 接口标识的过程。其中,MAC 地址的前 24 位(用 c 表示的部分)为公司标识,后 24 位(用 m 表示的部分)为扩展标识符。从高位数,第 7 位是 0,表示 MAC 地址本地唯一。转换的第一步将 FFFE 插入 MAC 地址的公司标识和扩展标识符之间,第二步将从高位数,第 7 位的 0 改为 1,表示此接口标识全球唯一。

(3)IPv6 地址的分类。IPv6 地址分为单播地址、任播地址(Anycast Address)、组播地址 3 种类型。和 IPv4 相比,IPv6 取消了广播地址类型,以更丰富的组播地址代替,同时增加了任播地址类型。

①IPv6 单播地址。IPv6 单播地址标识了一个接口,由于每个接口属于一个节点,因此每个节点的任何接口上的单播地址都可以标识这个节点。发往单播地址的报文由此地址标识的接口接收。

IPv6 定义了多种单播地址,目前常用的单播地址有:未指定地址、环回地址、全球单播地址、链路本地地址、唯一本地地址。

a.未指定地址。IPv6 中的未指定地址即 0:0:0:0:0:0:0:0/128 或者 ::/128。该地址可以表示某个接口或者节点还没有 IP 地址,可以作为某些报文的源 IP 地址(例如在 NS 报文的重复地址检测中会出现)。源 IP 地址是 :: 的报文不会被路由设备转发。

b.环回地址。IPv6 中的环回地址即 0:0:0:0:0:0:0:1/128 或者 ::1/128。环回与 IPv4 中的

127.0.0.1 作用相同，主要用于设备给自己发送报文。该地址通常用来作为一个虚接口的地址（如 Loopback 接口）。实际发送的数据包中不能使用环回地址作为源 IP 地址或者目的 IP 地址。

　　c. 全球单播地址。全球单播地址是带有全球单播前缀的 IPv6 地址，其作用类似于 IPv4 中的公网地址。这种类型的地址允许路由前缀的聚合，从而限制了全球路由表项的数量。

　　全球单播地址由全球路由前缀（Global Routing Prefix）、子网 ID（Subnet ID）和接口标识（Interface ID）组成，其格式如图 6-1 所示。

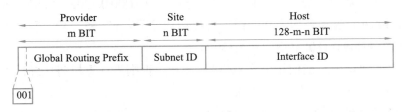

▲图 6-1　全球单播地址格式

　　• 全球路由前缀：由提供商（Provider）指定给一个组织机构，通常全球路由前缀至少为 48 位，目前已经分配的全球路由前缀的前 3 位均为 001。

　　• 子网 ID：组织机构可以用子网 ID 来构建本地网络（Site）。子网 ID 通常最多分配到第 64 位。子网 ID 和 IPv4 中的子网号作用相似。

　　• 接口标识：用来标识一个设备（Host）。

　　d. 链路本地地址。链路本地地址是 IPv6 中的应用范围受限制的地址类型，只能在连接到同一本地链路的节点之间使用。它使用了特定的本地链路前缀 FE80::/10（最高 10 位值为 1111111010），同时将接口标识添加在后面作为地址的低 64 位。

　　当一个节点启动 IPv6 协议栈时，启动时节点的每个接口会自动配置一个链路本地地址（其固定的前缀 +EUI-64 规则形成的接口标识）。这种机制使得两个连接到同一链路的 IPv6 节点不需要做任何配置就能通信，所以链路本地地址广泛应用于邻居发现、无状态地址配置等。

　　以链路本地地址为源地址或目的地址的 IPv6 报文不会被路由设备转发到其他链路。链路本地地址的格式如图 6-2 所示。

　　e. 唯一本地地址。唯一本地地址是另一种应用范围受限的地址，它仅能在一个站点内使用。由于本地站点地址的废除（RFC3879），唯一本地地址被用来代替本地站点地址。

　　唯一本地地址的作用类似于 IPv4 中的私网地址，任何没有申请到提供商分配的全球单播地址的组织机构都可以使用唯一本地地址。唯一本地地址只能在本地网络内部被路由转发而不会在全球网络中被路由转发。唯一本地地址格式如图 6-3 所示。

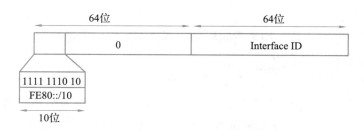

图 6-2 链路本地地址格式

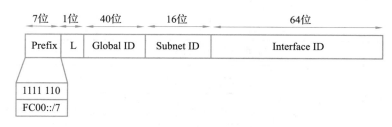

图 6-3 唯一本地地址格式

其中，

- Prefix：前缀；固定为 FC00::/7。
- L：L 标志位；值为 1 代表该地址为在本地网络范围内使用的地址；值为 0 被保留，用于以后扩展。
- Global ID：全球唯一前缀；通过伪随机方式产生。
- Subnet ID：子网 ID；划分子网使用。
- Interface ID：接口标识。

唯一本地地址具有如下特点：

具有全球唯一的前缀（虽然随机方式产生，但是冲突概率很低）。可以进行网络之间的私有连接，而不必担心地址冲突等问题。具有知名前缀（FC00::/7），方便边缘设备进行路由过滤。如果出现路由泄漏，该地址不会和其他地址冲突，不会造成 Internet 路由冲突。应用中，上层应用程序将这些地址看作全球单播地址对待。独立于互联网服务提供商 ISP。

② IPv6 组播地址。IPv6 的组播与 IPv4 相同，用来标识一组接口，一般这些接口属于不同的节点。一节点可能属于 0 到多个组播组。发往组播地址的报文被组播地址标识的所有接口接收。例如组播地址 FF02::1 表示链路本地范围的所有节点，组播地址 FF02::2 表示链路本地范围的所有路由器。

一个 IPv6 组播地址由前缀、标志（Flag）字段、范围（Scope）字段以及组播组 ID（Global ID）4 个部分组成。

a. 前缀：IPv6 组播地址的前缀是 FF00::/8。

b. 标志字段：长度 4 位，目前只使用了最后一位（前三位必须置 0）。当该位值为 0 时，表示当前的组播地址是由因特网编号分配机构（Internet Assigned Numbers Authority，IANA）分配的一个永久分配地址；当该值为 1 时，表示当前的组播地址是一个临时组播地址（非永久分配地址）。

c. 范围字段：长度4位，用来限制组播数据流在网络中发送的范围，该字段取值和含义的对应关系如图6-4所示。

d. 组播组ID：长度112位，用以标识组播组。目前，RFC2373并没有将所有的112位都定义成组标识，而是建议仅使用该112位的最低32位作为组播组ID，将剩余的80位都置0。这样每个组播组ID都映射到一个唯一的以太网组播MAC地址（RFC2464）。

IPv6组播地址格式如图6-4所示。

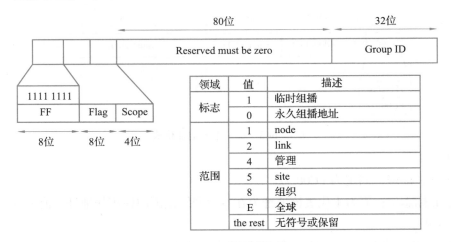

▲图6-4 交换机本地管理

被请求节点组播地址，通过节点的单播或任播地址生成，是一种特殊的组播地址。当一个节点具有了单播或任播地址，就会对应生成一个被请求节点组播地址，并加入这个组播组。一个单播地址或任播地址对应一个被请求节点组播地址。该地址主要用于邻居发现机制和地址重复检测功能。

IPv6中没有广播地址，也不使用ARP，但是仍然需要从IP地址解析到MAC地址的功能。在IPv6中，这个功能通过邻居请求NS（Neighbor Solicitation，相邻节点请求）报文完成。当一个节点需要解析某个IPv6地址对应的MAC地址时，会发送NS报文，该报文的目的IP就是需要解析的IPv6地址对应的被请求节点组播地址；只有具有该组播地址的节点才会检查处理。

被请求节点组播地址由前缀FF02::1:FF00:0/104和单播地址的最后24位组成。

③ IPv6任播地址。任播地址标识一组网络接口（通常属于不同的节点）。目标地址是将任播地址的数据包发送给其中路由意义上最近的一个网络接口。任播地址用来在给多个主机或者节点提供相同服务时设置冗余功能和负载分担功能。目前，任播地址的使用通过共享单播地址方式来完成。将一个单播地址分配给多个节点或者主机，这样在网络中如果存在多条该地址路由，当发送者发送以任播地址为目的IP的数据报文时，发送者无法控制哪台设备能够收到，这取决于整个网络中路由协议计算的结果。这种方式可以适用于一些无状态的应用，例如DNS等。

IPv6中没有为任播规定单独的地址空间，任播地址和单播地址使用相同的地址空间。

目前 IPv6 中任播地址主要应用于移动 IPv6。

IPv6 任播地址仅可以被分配给路由设备，不能应用于主机。任播地址不能作为 IPv6 报文的源地址。

子网路由器任播地址，是已经定义好的一种任播地址（RFC3513）。发送到子网路由器任播地址的报文会被发送到该地址标识的子网中路由意义上最近的一个设备。所有设备都必须支持子网任播地址。子网路由器任播地址用于节点和远端子网上所有设备中的一个（不关心具体是哪一个）通信时使用。例如，一个移动节点需要和它的"家乡"子网上的所有移动代理中的一个进行通信。

子网路由器任播地址由 n 位子网前缀标识子网，其余用 0 填充，格式如图 6-5 所示。

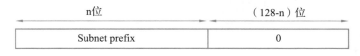

▲ 图 6-5　交换机本地管理

6.1.2　任务目标

- 理解 IPv6 地址的书写方法。
- 理解 IPv6 地址的结构。
- 理解 IPv6 地址的分类。

6.1.3　任务规划

1. 任务描述

R1 和 R2 分别通过 GE1/0/0 相连。要求 R1 和 R2 形成邻居关系，R2 能通过邻居发现功能获得 IPv6 地址。

2. 实验拓扑（见图 6-6）

▲ 图 6-6　通过配置邻居发现功能获取 IPv6 地址

6.1.4　实践环节

1. 接入配置窗口

（1）配置 R1。

配置 R1 的接口 GE1/0/0 的 IPv6 地址。代码如下：

```
<Huawei> system-view
[Huawei] sysname R1
[R1] ipv6
[R1] interface gigabitethernet 1/0/0
[R1-GigabitEthernet1/0/0] ipv6 enable
[R1-GigabitEthernet1/0/0] ipv6 address 2001::1/64
[R1-GigabitEthernet1/0/0] quit
```

配置 R1 的邻居发现功能。代码如下：

```
[R1] interface gigabitethernet 1/0/0
[R1-GigabitEthernet1/0/0] undo ipv6 nd ra halt
[R1-GigabitEthernet1/0/0] quit
[R1] quit
```

（2）配置 R2。

配置 R2 的接口 GE1/0/0 使能无状态自动生成 IPv6 地址功能。代码如下：

```
<Huawei> system-view
[Huawei] sysname R2
[R2] ipv6
[R2] interface gigabitethernet 1/0/0
[R2-GigabitEthernet1/0/0] ipv6 enable
[R2-GigabitEthernet1/0/0] ipv6 address auto link-local
[R2-GigabitEthernet1/0/0] ipv6 address auto global local-identifier
[R2-GigabitEthernet1/0/0] quit
[R2] quit
```

2. 验证配置结果

如果配置成功，可以查看配置的全球单播地址，以及接口状态为 Up、IPv6 协议状态为 Up，并可以查看接口的邻居情况。

查看 R1 的接口信息。代码如下：

```
<R1> display ipv6 interface gigabitethernet 1/0/0
GigabitEthernet1/0/0 current state : UP
IPv6 protocol current state : UP
IPv6 is enabled, link-local address is FE80::A19:A6FF:FECD:A897
 Global unicast address(es):
  2001::1, subnet is 2001::/64
 Joined group address(es):
  FF02::1:2
  FF02::1:FF00:1
  FF02::2
  FF02::1
  FF02::1:FFCD:A897
 MTU is 1500 bytes
```

```
ND DAD is enabled, number of DAD attempts: 1
ND reachable time is 30000 milliseconds
ND retransmit interval is 1000 milliseconds
ND advertised reachable time is 0 milliseconds
ND advertised retransmit interval is 0 milliseconds
ND router advertisement max interval 600 seconds, min interval 200 seconds
ND router advertisements live for 1800 seconds
ND router advertisements hop-limit 64
ND default router preference medium
Hosts use stateless autoconfig for addresses
```

查看 R2 的接口信息。代码如下:

```
<R2> display ipv6 interface gigabitethernet 1/0/0
GigabitEthernet1/0/0 current state : UP
IPv6 protocol current state : UP
IPv6 is enabled, link-local address is FE80::2D6F:0:7AF3:1
 Global unicast address(es):
  2001::15B:E0EA:3524:E791
  subnet is 2001::/64 [SLAAC 2021-07-19 17:30:55 2592000S]
 Joined group address(es):
  FF02::1:FF00:2
  FF02::1:FFF3:1
  FF02::2
  FF02::1
 MTU is 1500 bytes
 ND DAD is enabled, number of DAD attempts: 1
 ND reachable time is 30000 milliseconds
 ND retransmit interval is 1000 milliseconds
```

查看 R1 的接口 GE1/0/0 的邻居信息。代码如下:

```
<R1> display ipv6 neighbors gigabitethernet 1/0/0
------------------------------------------------------------
IPv6 Address : 2001::15B:E0EA:3524:E791
Link-layer   : 00e0-fc89-fe6e        State : STALE
Interface    : GigabitEthernet1/0/0  Age   : 7
VLAN      : -         CEVLAN: -
VPN name  :           Is Router : TRUE
Secure FLAG : UN-SECURE
------------------------------------------------------------
Total: 1   Dynamic: 1   Static: 0
```

6.2 部署 IPv6 路由

6.2.1 理论基石

IPv6 中的路由几乎与 CIDR 下的 IPv4 路由相同，唯一的区别是地址是 128 位 IPv6 地址，而不是 32 位 IPv4 地址。通过非常简单的扩展，可以使用所有 IPv4 的路由算法，例如 OSPF、RIP、IDRP、IS-IS 来路由 IPv6。此外，IPv6 还包括支持强大的新路由功能的简单路由扩展。新的路由功能描述如下：

（1）基于策略、性能、成本等的提供商选择。

（2）主机移动性，路由到当前位置。

（3）自动重新寻址，路由到新地址。

可以通过创建使用 IPv6 路由选项的 IPv6 地址序列来获得新的路由功能。IPv6 源使用路由选项列出在到达数据包目的地的途中要访问的一个或多个中间节点或拓扑组。此功能与 IPv4 的松散源和记录路由选项的功能非常相似。

为了使地址序列成为一般功能，大多数情况下，需要 IPv6 主机反转接收的数据包中的路由，必须使用 IPv6 认证标头成功认证该数据包。数据包必须包含地址序列，以便将数据包返回给其始发者。此技术强制 IPv6 主机实现支持源路由的处理和逆转。源路由的处理和逆转是使所提供的程序与实现新功能的主机一起工作的关键。新功能包括提供者选择和扩展地址。

6.2.2 任务目标

● 掌握 IPv6 下的静态路由配置和管理。
● 掌握 IPv6 下的动态路由配置和管理。

6.2.3 任务规划

1. 任务描述

（1）IPv6 网络中属于不同网段的主机通过几台路由器相连，要求不配置动态路由协议，实现不同网段的任意两台主机之间互联。

（2）图 6-7 中所有 IPv6 地址的前缀长度都为 64 位，且相邻路由器之间使用 IPv6 链路本地地址连接。要求所有路由器通过 RIPng 来学习网络中的 IPv6 路由信息，并且在 R2 上对接收的 R3 的路由（fc03::/64）进行过滤，使其不加入 R2 的路由表中，也不发布给 R1。

2. 实验拓扑（见图 6-7）

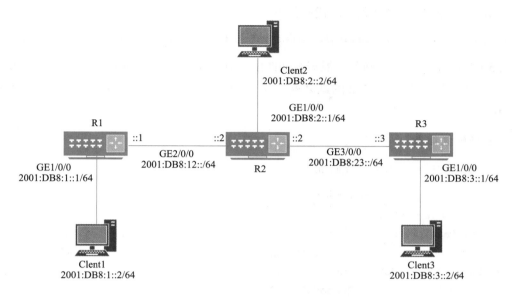

▲ 图 6-7 部署 IPv6 路由

6.2.4 实践环节

1. 接入配置窗口

（1）配置各路由器接口的 IPv6 地址。

在 R1 上配置 IPv6 地址。代码如下：

```
<Huawei> system-view
[Huawei] sysname R1
[R1] ipv6
[R1] interface gigabitethernet 2/0/0
[R1-GigabitEthernet1/0/0] ipv6 enable
[R1-GigabitEthernet1/0/0] ipv6 address 2001:db8:12::1/64
[R1-GigabitEthernet1/0/0] quit
[R1] interface gigabitethernet 1/0/0
[R1-GigabitEthernet2/0/0] ipv6 enable
[R1-GigabitEthernet2/0/0] ipv6 address 2001:db8:1::1/64
```

R2 和 R3 的配置同 R1，此处略。

（2）配置 IPv6 静态路由。

在 R1 上配置 IPv6 默认路由。代码如下：

```
[R1] ipv6 route-static :: 0 gigabitethernet 2/0/0 2001:db8:12::2
```

在 R2 上配置两条 IPv6 静态路由。代码如下：

```
[R2] ipv6 route-static 1:: 64 gigabitethernet 2/0/0 2001:db8:12::1
```

```
[R2] ipv6 route-static 3:: 64 gigabitethernet 3/0/0 2001:db8:23::3
```

在 R3 上配置 IPv6 默认路由。代码如下：

```
[R3] ipv6 route-static :: 0 gigabitethernet 3/0/0 2001:db8:23::2
```

（3）配置主机地址和网关。根据组网图配置好各主机的 IPv6 地址，并将 PC1 的默认网关配置为 2001:db8:1::1，PC2 的默认网关配置为 2001:db8:2::1，主机 3 的默认网关配置为 2001:db8:3::1。

2. 验证配置结果

查看 R1 的 IPv6 路由表。代码如下：

```
[R1] display ipv6 routing-table
Routing Table : Public
    Destinations : 5    Routes : 5
Destination : ::              PrefixLength : 0
NextHop   : 2001:db8:12::2    Preference : 60
Cost      : 0                 Protocol : Static
RelayNextHop : ::             TunnelID : 0x0
Interface : GigabitEthernet1/0/0    Flags : D
Destination : ::1             PrefixLength : 128
NextHop   : ::1               Preference : 0
Cost      : 0                 Protocol : Direct
RelayNextHop : ::             TunnelID : 0x0
Interface : InLoopBack0       Flags : D
Destination : 1::             PrefixLength : 64
NextHop   : 2001:db8:1::1     Preference : 0
Cost      : 0                 Protocol : Direct
RelayNextHop : ::             TunnelID : 0x0
Interface : GigabitEthernet2/0/0    Flags : D
Destination : 2001:db8:1::1   PrefixLength : 128
NextHop   : ::1               Preference : 0
Cost      : 0                 Protocol : Direct
RelayNextHop : ::             TunnelID : 0x0
Interface : GigabitEthernet2/0/0    Flags : D
Destination : FE80::          PrefixLength : 10
NextHop   : ::                Preference : 0
Cost      : 0                 Protocol : Direct
RelayNextHop : ::             TunnelID : 0x0
Interface : NULL0             Flags : D
```

使用 ping 命令进行验证。代码如下：

```
[R1] ping ipv6 2001:db8:3::1
 PING 2001:db8:3::1 : 56 data bytes, press CTRL_C to break
```

```
  Reply from 2001:db8:3::1
  bytes=56 Sequence=1 hop limit=64 time = 63 ms
  Reply from 2001:db8:3::1
  bytes=56 Sequence=2 hop limit=64 time = 62 ms
  Reply from 2001:db8:3::1
  bytes=56 Sequence=3 hop limit=64 time = 62 ms
  Reply from 2001:db8:3::1
  bytes=56 Sequence=4 hop limit=64 time = 63 ms
  Reply from 2001:db8:3::1
  bytes=56 Sequence=5 hop limit=64 time = 63 ms
  --- 2001:db8:3::1 ping statistics ---
  5 packet(s) transmitted
  5 packet(s) received
  0.00% packet loss
  round-trip min/avg/max = 62/62/63 ms
```

使用 tracert 命令进行验证。代码如下：

```
[R1] tracert ipv6 2001:db8:3::1
traceroute to 2001:db8:3::1 30 hops max, 60 bytes packet
 1 2001:db8:12::2 11 ms  3 ms  4 ms
 2 2001:db8:3::1 4 ms  3 ms  3 ms
```

（1）配置 RIPng 的基本功能。

配置 R1。代码如下：

```
[R1] ripng 1
[R1-ripng-1] quit
[R1] interface GigabitEthernet 2/0/0
[R1-GigabitEthernet2/0/0] ripng 1 enable
[R1-GigabitEthernet2/0/0] quit
[R1] interface GigabitEthernet 1/0/0
[R1-GigabitEthernet1/0/0] ripng 1 enable
[R1-GigabitEthernet1/0/0] quit
```

配置 R2。代码如下：

```
[R2] ripng 1
[R2-ripng-1] quit
[R2] interface GigabitEthernet 1/0/0
[R2-GigabitEthernet1/0/0] ripng 1 enable
[R2-GigabitEthernet1/0/0] quit
[R2] interface GigabitEthernet 2/0/0
[R2-GigabitEthernet2/0/0] ripng 1 enable
[R2-GigabitEthernet2/0/0] quit
[R2] interface GigabitEthernet 3/0/0
```

```
[R2-GigabitEthernet3/0/0] ripng 1 enable
[R2-GigabitEthernet3/0/0] quit
```

配置 R3。代码如下:

```
[R3] ripng 1
[R3-ripng-1] quit
[R3] interface GigabitEthernet 1/0/0
[R3-GigabitEthernet1/0/0] ripng 1 enable
[R3-GigabitEthernet1/0/0] quit
[R3] interface GigabitEthernet 3/0/0
[R3-GigabitEthernet3/0/0] ripng 1 enable
[R3-GigabitEthernet3/0/0] quit
```

查看 R2 的 RIPng 路由表。代码如下:

```
[R2] display ripng 1 route
  Route Flags: R - RIPng
        A - Aging, G - Garbage-collect
----------------------------------------------------------------
Peer FE80::F54C:0:9FDB:1 on GigabitEthernet2/0/0
Dest 2001:DB8:1::/64,
   via FE80::F54C:0:9FDB:1, cost 1, tag 0, A, 3 Sec
Peer FE80::D472:0:3C23:1 on GigabitEthernet3/0/0
Dest 2001:DB8:3::/64,
   via FE80::D472:0:3C23:1, cost 1, tag 0, A, 4 Sec
```

配置 R2 对接收的路由进行过滤。代码如下:

```
[R2] acl ipv6 number 2000
[R2-acl6-basic-2000] rule deny source 2001:DB8:1:: 64
[R2-acl6-basic-2000] rule permit
[R2-acl6-basic-2000] quit
[R2] ripng 1
[R2-ripng-1] filter-policy 2000 import
[R2-ripng-1] quit
```

（2）验证配置结果。

查看 R2 及 R3 的 RIPng 路由表中不再有 2001:DB8:1::/64 网段的路由。代码如下:

```
[R2] display ripng 1 route
  Route Flags: R - RIPng
        A - Aging, G - Garbage-collect
----------------------------------------------------------------
Peer FE80::D472:0:3C23:1 on GigabitEthernet3/0/0
Dest 2001:DB8:3::/64,
   via FE80::D472:0:3C23:1, cost 1, tag 0, A, 4 Sec
```

6.3　IPv6 over IPv4 隧道

6.3.1　理论基石

IPv6 over IPv4 隧道可实现 IPv6 网络孤岛之间通过 IPv4 网络互连。

1. 双协议栈

双栈技术是 IPv4 向 IPv6 过渡的一种有效技术。网络中的节点同时支持 IPv4 和 IPv6 协议栈，源节点根据目的节点的不同选用不同的协议栈，而网络设备根据报文的协议类型选择不同的协议栈进行处理和转发。双栈可以在一个单一的设备上实现，也可以是一个双栈骨干网。对于双栈骨干网，其中的所有设备必须同时支持 IPv4/IPv6 协议栈，连接双栈网络的接口必须同时配置 IPv4 地址和 IPv6 地址，示例如图 6-8 所示。

双协议栈具有以下特点。

（1）多种链路协议支持双协议栈：多种链路协议（如以太网）支持双协议栈。图 6-9 中的链路层是以太网，在以太网帧上，如果协议 ID 字段的值为 0x0800，表示网络层收到的是 IPv4 报文；如果为 0x86DD，表示网络层是 IPv6 报文。

（2）多种应用支持双协议栈：多种应用（如 DNS/FTP/Telnet 等）支持双协议栈。上层应用（如 DNS）可以选用 TCP 或 UDP 作为传输层的协议，但优先选择 IPv6 协议栈，而不是选择 IPv4 协议栈作为网络层协议。

如图 6-9 所示为双协议栈的一个典型应用。

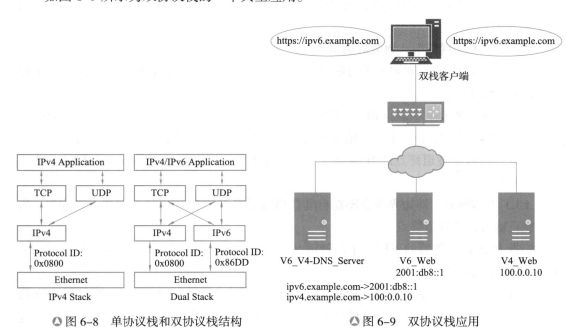

图 6-8　单协议栈和双协议栈结构　　　图 6-9　双协议栈应用

在图 6-9 中，当客户端主机向 DNS 服务器发送 DNS 请求报文，请求域名对应的 IP 地址时，DNS 服务器将回复该域名对应的 IP 地址。ipv6.example.com 对应的解析为 IPv6 地址，ipv4.example.com 对应的解析为 IPv4 地址。此时客户端可以同时访问处于 IPv6 或者 IPv4 网络的站点。

2.IPv6 over IPv4 隧道技术

IPv6 over IPv4 隧道（Tunnel）是一种封装技术，其利用一种网络协议来传输另一种网络协议，即利用一种网络传输协议，将其他协议产生的数据报文封装在自身的报文中，然后在网络中传输。隧道是一个虚拟的点对点连接。一个 Tunnel 提供了一条使封装的数据报文能够传输的通路，并且在一个 Tunnel 的两端可以分别对数据报文进行封装及解封装。隧道技术是指包括数据封装、传输和解封装在内的全过程。隧道技术是 IPv6 向 IPv4 过渡的一个重要手段。

由于 IPv4 地址的枯竭和 IPv6 的先进性，IPv4 过渡为 IPv6 势在必行。因为 IPv6 与 IPv4 的不兼容性，所以需要对原有的 IPv4 设备进行替换。但是 IPv4 设备大量替换所需成本会非常大，且现网运行的业务也会中断，显然并不可行。所以，IPv4 向 IPv6 过渡是一个渐进的过程。在过渡初期，IPv4 网络已经大量部署，而 IPv6 网络只是散落在各地的"孤岛"，IPv6 over IPv4 隧道就是通过隧道技术使 IPv6 报文在 IPv4 网络中传输，实现 IPv6 网络之间的孤岛互连。

IPv6 over IPv4 隧道技术的基本原理：

（1）边界设备启动 IPv4/IPv6 双协议栈，并配置 IPv6 over IPv4 隧道。

（2）边界设备在收到从 IPv6 网络侧发来的报文后，如果报文的目的地址不是自身且下一跳出接口为 Tunnel 接口，那么就要把收到的 IPv6 报文作为数据部分，加上 IPv4 报文头，封装成 IPv4 报文。

（3）在 IPv4 网络中，封装后的报文被传递到对端的边界设备上。

（4）对端边界设备对报文进行解封装，去掉 IPv4 报文头，然后将解封装后的 IPv6 报文发送到 IPv6 网络中。

一个隧道需要有一个起点和一个终点，起点和终点确定了以后，隧道也就可以确定了。IPv6 over IPv4 隧道的起点的 IPv4 地址必须手动配置，而终点的确定有手动配置和自动获取两种方式。根据隧道终点的 IPv4 地址的获取方式不同可以将 IPv6 over IPv4 隧道分为手动隧道和自动隧道：

（1）手动隧道，即边界设备不能自动获得隧道终点的 IPv4 地址，需要手动配置，报文才能正确发送至隧道终点。

根据 IPv6 报文封装的不同，手动隧道又可以分为 IPv6 over IPv4 手动隧道和 IPv6 over IPv4 GRE 隧道两种。

① IPv6 over IPv4 手动隧道。IPv6 over IPv4 手动隧道直接把 IPv6 报文封装到 IPv4 报文中去，IPv6 报文作为 IPv4 报文的净载荷。手动隧道的源地址和目的地址也是手动指定的，它提供了一个点到点的连接。手动隧道可以建立在两个边界路由器之间为被 IPv4 网络分离的 IPv6 网络提供稳定的连接，或建立在终端系统与边界路由器之间为终端系统访

问 IPv6 网络提供连接。隧道的边界设备必须支持 IPv6/IPv4 双协议栈，其他设备只需实现单协议栈即可。因为手动隧道要求在设备上手动配置隧道的源地址和目的地址，如果一个边界设备要与多个设备建立手动隧道，就需要在设备上配置多个隧道，配置比较麻烦。所以手动隧道通常用于两个边界路由器之间，为两个 IPv6 网络提供连接。

IPv6 over IPv4 手动隧道封装格式如图 6-10 所示。

▲图 6-10　手动隧道封装格式

IPv6 over IPv4 手动隧道转发机制：当隧道边界设备的 IPv6 侧收到一个 IPv6 报文后，根据 IPv6 报文的目的地址查找 IPv6 路由转发表。如果该报文是从此虚拟隧道接口转发出去的，则根据隧道接口配置的隧道源端和目的端的 IPv4 地址进行封装。封装后的报文变成一个 IPv4 报文，交给 IPv4 协议栈处理。报文通过 IPv4 网络转发到隧道的终点。隧道终点收到一个隧道协议报文后，进行隧道解封装，并将解封装后的报文交给 IPv6 协议栈处理。

② IPv6 over IPv4 GRE 隧道。IPv6 over IPv4 GRE 隧道使用标准的 GRE 隧道技术提供点到点的连接服务，需要手动指定隧道的端点地址。GRE 隧道本身并不限制被封装的协议和传输协议，一个 GRE 隧道中被封装的协议可以是协议中允许的任意协议［可以是 IPv4、IPv6、OSI、多协议标记交换（Multi-Protocol Label Switching MPLS）等］。

IPv6 over IPv4 GRE 隧道在隧道边界路由器的传输机制和 IPv6 over IPv4 手动隧道相同。

（2）自动隧道，即边界设备可以自动获得隧道终点的 IPv4 地址，所以不需要手动配置。一般的做法是隧道的两个接口的 IPv6 地址采用内嵌 IPv4 地址的特殊 IPv6 地址形式，这样路由设备可以从 IPv6 报文中的目的 IPv6 地址中提取出 IPv4 地址。

在自动隧道中，用户仅需要配置设备隧道的起点，隧道的终点由设备自动生成。为了使设备能够自动产生终点，隧道接口的 IPv6 地址采用内嵌 IPv4 地址的特殊 IPv6 地址形式。设备从 IPv6 报文中的目的 IPv6 地址中解析出 IPv4 地址，然后以这个 IPv4 地址代表的节点作为隧道的终点。

根据 IPv6 报文封装的不同，自动隧道又可以分为 6to4 隧道和 ISATAP 隧道两种。

① 6to4 隧道。6to4 隧道也属于一种自动隧道，隧道也是使用内嵌在 IPv6 地址中的 IPv4 地址建立的。与 IPv4 兼容自动隧道不同，6to4 自动隧道支持 Router 到 Router、Host 到 Router、Router 到 Host、Host 到 Host。这是因为 6to4 地址是用 IPv4 地址作为网络标识，其地址格式如图 6-11 所示。

FP 001	TLA 0x0002	IPv4 address	SLA ID	Interface ID
3 bit	13 bit	32 bit	16 bit	64 bit

▲图 6-11　6to4 地址格式

FP（Format Prefix）：可聚合全球单播地址的格式前缀，其值为 001。

TLA（Top Level Aggregator）：顶级聚合标识符，其值为 0x0002。

SLA（Site Level Aggregator）：站点级聚合标识符。

6to4 地址可以表示为 2002::/16，而一个 6to4 网络可以表示为 2002:IPv4 地址 ::/48。6to4 地址的网络前缀长度为 64bit，其中前 48bit（2002: a.b.c.d）被分配给路由器上的 IPv4 地址决定，用户不能改变，而后 16 位（SLA）是由用户自己定义的。

一个 IPv4 地址只能用于一个 6to4 隧道的源地址，如果一个边界设备连接了多个 6to4 网络使用同样的 IPv4 地址作为隧道的源地址，则使用 6to4 地址中的 SLA ID 来区分，但它们共用一个隧道。

② ISATAP 隧道。站内自动隧道寻址协议（Intra-Site Automatic Tunnel Addressing Protocol，ISATAP）是另外一种自动隧道技术，其同样使用了内嵌 IPv4 地址的特殊 IPv6 地址形式，只是和 6to4 不同的是，6to4 是使用 IPv4 地址作为网络前缀，而 ISATAP 用 IPv4 地址作为接口标识。其接口标识符格式如图 6-12 所示。

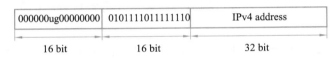

▲ 图 6-12　ISATAP 地址接口标识格式

如果 IPv4 地址是全局唯一的，则 u 位为 1，否则 u 位为 0。g 位是 IEEE 群体／个体标志。由于 ISATAP 是通过接口标识来表现的，所以，ISATAP 地址有全局单播地址、链路本地地址、唯一本地地址（Unique Local Address，ULA）、组播地址等形式。ISATAP 地址的前 64 位是通过向 ISATAP 路由器发送请求得到的，它可以进行地址自动配置。在 ISATAP 隧道的两端设备之间可以运行邻居发现（Neighbor Discovery，ND）协议。ISATAP 隧道将 IPv4 网络看作一个 NBMA 链路。

ISATAP 过渡机制允许在现有的 IPv4 网络内部署 IPv6，该技术简单而且扩展性很好，可以用于本地站点的过渡。ISATAP 支持 IPv6 站点本地路由和全局 IPv6 路由域以及自动 IPv6 隧道。ISATAP 同时还可以与 NAT 结合，从而使用站点内部非全局唯一的 IPv4 地址。典型的 ISATAP 隧道应用是在站点内部，所以，其内嵌的 IPv4 地址不需要是全局唯一的。

6.3.2　任务目标

- 理解 IPv6 over IPv4 隧道的工作原理。
- 掌握 IPv6 over IPv4 多种隧道的配置和管理。

6.3.3　任务规划

1. 任务描述

两个 IPv6 网络分别通过 R1 和 R3 与 IPv4 骨干网络中的 R2 连接，客户希望两个 IPv6

网络能通过 IPv4 骨干网互通。

2. 实验拓扑（见图 6-13）

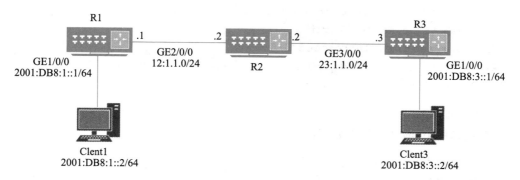

▲ 图 6-13　配置 IPv6 over IPv4 隧道

6.3.4　实践环节

1.IPv6 over IPv4 手工隧道

（1）配置 R1。

配置接口的 IP 地址。代码如下：

```
<Huawei>system-view
[Huawei] sysname R1
[R1] ipv6
[R1] interface gigabitethernet 2/0/0
[R1-GigabitEthernet2/0/0] ip address 12.1.1.1 255.255.255.0
[R1-GigabitEthernet2/0/0] quit
```

配置协议类型为 IPv6-IPv4。代码如下：

```
[R1] interface tunnel 0/0/1
[R1-Tunnel0/0/1] tunnel-protocol ipv6-ipv4
```

配置隧道接口的 IPv6 地址、源接口、目的地址。代码如下：

```
[R1-Tunnel0/0/1] ipv6 enable
[R1-Tunnel0/0/1] ipv6 address 2001::1/64
[R1-Tunnel0/0/1] source gigabitethernet 2/0/0
[R1-Tunnel0/0/1] destination 23.1.1.3
[R1-Tunnel0/0/1] quit
```

配置静态路由。代码如下：

```
[R1] ip route-static 23.1.1.0 255.255.255.0 12.1.1.2
```

（2）配置 R2。

配置接口的 IP 地址。代码如下：

```
<Huawei> system-view
[Huawei] sysname R2
[R2] interface gigabitethernet 2/0/0
[R2-GigabitEthernet2/0/0] ip address 12.1.1.2 255.255.255.0
[R2-GigabitEthernet2/0/0] quit
[R2] interface gigabitethernet 3/0/0
[R2-GigabitEthernet3/0/0] ip address 23.1.1.2 255.255.255.0
[R2-GigabitEthernet3/0/0] quit
```

（3）配置 R3。

配置接口的 IP 地址。代码如下：

```
<Huawei> system-view
[Huawei] sysname R3
[R3] ipv6
[R3] interface gigabitethernet 3/0/0
[R3-GigabitEthernet3/0/0] ip address 23.1.1.3 255.255.255.0
[R3-GigabitEthernet3/0/0] quit
```

配置协议类型为 IPv6-IPv4。代码如下：

```
[R3] interface tunnel 0/0/1
[R3-Tunnel0/0/1] tunnel-protocol ipv6-ipv4
```

配置隧道接口的 IPv6 地址、源接口、目的地址。代码如下：

```
[R3-Tunnel0/0/1] ipv6 enable
[R3-Tunnel0/0/1] ipv6 address 2001::3/64
[R3-Tunnel0/0/1] source gigabitethernet 3/0/0
[R3-Tunnel0/0/1] destination 12.1.1.1
[R3-Tunnel0/0/1] quit
```

配置静态路由。代码如下：

```
[R3] ip route-static 12.1.1.0 255.255.255.0 23.1.1.2
```

（4）验证配置结果。

在 R3 上 ping R1 的接口 GE2/0/0 的 IPv4 地址，可收到返回的报文。代码如下：

```
[R3] ping 12.1.1.1
  PING 12.1.1.1: 56 data bytes, press CTRL_C to break
    Reply from 12.1.1.1: bytes=56 Sequence=1 ttl=255 time=84 ms
    Reply from 12.1.1.1: bytes=56 Sequence=2 ttl=255 time=27 ms
    Reply from 12.1.1.1: bytes=56 Sequence=3 ttl=255 time=25 ms
    Reply from 12.1.1.1: bytes=56 Sequence=4 ttl=255 time=3 ms
    Reply from 12.1.1.1: bytes=56 Sequence=5 ttl=255 time=24 ms
  --- 12.1.1.1 ping statistics ---
   5 packet(s) transmitted
   5 packet(s) received
```

```
  0.00% packet loss
  round-trip min/avg/max = 3/32/84 ms
```

在 R3 上 ping 隧道的 R1 接口 Tunnel0/0/1 的 IPv6 地址，可收到返回的报文。代码如下：

```
[R3] ping ipv6 2001::1
 PING 2001::1 : 56 data bytes, press CTRL_C to break
  Reply from 2001::1
  bytes=56 Sequence=1 hop limit=64 time = 28 ms
  Reply from 2001::1
  bytes=56 Sequence=2 hop limit=64 time = 27 ms
  Reply from 2001::1
  bytes=56 Sequence=3 hop limit=64 time = 26 ms
  Reply from 2001::1
  bytes=56 Sequence=4 hop limit=64 time = 27 ms
  Reply from 2001::1
  bytes=56 Sequence=5 hop limit=64 time = 26 ms
  --- 2001::1 ping statistics ---
  5 packet(s) transmitted
  5 packet(s) received
  0.00% packet loss
  round-trip min/avg/max = 26/26/28 ms
```

在 R1 和 R3 上配置两条 IPv6 静态路由。代码如下：

```
[R1] ipv6 route-static 2001:db8:3:: 64 tunnel 0/0/1 2001::3
[R3] ipv6 route-static 2001:db8:1:: 64 tunnel 0/0/1 2001::1
```

在 R3 上 Ping 隧道的 Client1 的 IPv6 地址，可收到返回的报文。代码如下：

```
[R3] ping ipv6 2001:db8:1::2
 PING 2001:db8:1::2 : 56 data bytes, press CTRL_C to break
  Reply from 2001:db8:1::2
  bytes=56 Sequence=1 hop limit=64 time = 28 ms
  Reply from 2001:db8:1::2
  bytes=56 Sequence=2 hop limit=64 time = 27 ms
  Reply from 2001:db8:1::2
  bytes=56 Sequence=3 hop limit=64 time = 26 ms
  Reply from 2001:db8:1::2
  bytes=56 Sequence=4 hop limit=64 time = 27 ms
  Reply from 2001:db8:1::2
  bytes=56 Sequence=5 hop limit=64 time = 26 ms
  --- 2001:db8:1::2 ping statistics ---
  5 packet(s) transmitted
  5 packet(s) received
  0.00% packet loss
```

round-trip min/avg/max = 26/26/28 ms

2. IPv6 over IPv4 GRE 隧道

配置 IPv6 over IPv4 GRE 隧道的思路如下：

配置物理接口的 IP 地址，使设备可以和 IPv4 网络通信。

在 R1 和 R3 上创建 Tunnel 接口，配置 GRE 隧道，指定 Tunnel 的源地址和目的地址，使报文封装后可以通过路由转发。注意 Tunnel 的源地址是发出报文的物理接口 IP 地址，目的地址是接收报文的物理接口 IP 地址。

为使 PC1 和 PC2 之间的流量通过 GRE 隧道传输，R1 和 R3 上配置静态路由，以对端 PC 所在网段为目的地址，出接口为本端配置的 Tunnel 接口。

（1）配置 R1。

配置接口的 IP 地址。代码如下：

```
<Huawei>system-view
[Huawei] sysname R1
[R1] ipv6
[R1] interface gigabitethernet 2/0/0
[R1-GigabitEthernet2/0/0] ip address 12.1.1.1 255.255.255.0
[R1-GigabitEthernet2/0/0] quit
```

配置协议类型为 IPv6-IPv4。代码如下：

```
[R1] interface tunnel 0/0/1
[R1-Tunnel0/0/1] tunnel-protocol gre
```

配置隧道接口的 IPv6 地址、源接口、目的地址。代码如下：

```
[R1-Tunnel0/0/1] ipv6 enable
[R1-Tunnel0/0/1] ipv6 address 2001::1/64
[R1-Tunnel0/0/1] source gigabitethernet 2/0/0
[R1-Tunnel0/0/1] destination 23.1.1.3
[R1-Tunnel0/0/1] quit
```

配置静态路由。代码如下：

```
[R1] ip route-static 23.1.1.0 255.255.255.0 12.1.1.2
```

（2）配置 R2。

配置接口的 IP 地址。代码如下：

```
<Huawei> system-view
[Huawei] sysname R2
[R2] interface gigabitethernet 2/0/0
[R2-GigabitEthernet2/0/0] ip address 12.1.1.2 255.255.255.0
[R2-GigabitEthernet2/0/0] quit
[R2] interface gigabitethernet 3/0/0
[R2-GigabitEthernet3/0/0] ip address 23.1.1.2 255.255.255.0
```

```
[R2-GigabitEthernet3/0/0] quit
```

（3）配置 R3。

配置接口的 IP 地址。代码如下：

```
<Huawei> system-view
[Huawei] sysname R3
[R3] ipv6
[R3] interface gigabitethernet 3/0/0
[R3-GigabitEthernet3/0/0] ip address 23.1.1.3 255.255.255.0
[R3-GigabitEthernet3/0/0] quit
```

配置协议类型为 IPv6-IPv4。代码如下：

```
[R3] interface tunnel 0/0/1
[R3-Tunnel0/0/1] tunnel-protocol gre
```

配置隧道接口的 IPv6 地址、源接口、目的地址。代码如下：

```
[R3-Tunnel0/0/1] ipv6 enable
[R3-Tunnel0/0/1] ipv6 address 2001::3/64
[R3-Tunnel0/0/1] source gigabitethernet 3/0/0
[R3-Tunnel0/0/1] destination 12.1.1.1
[R3-Tunnel0/0/1] quit
```

配置静态路由。代码如下：

```
[R3] ip route-static 12.1.1.0 255.255.255.0 23.1.1.2
```

（4）验证配置结果。

在 R3 上 ping R1 的接口 GE2/0/0 的 IPv4 地址，可收到返回的报文。代码如下：

```
[R3] ping 12.1.1.1
 PING 12.1.1.1: 56 data bytes, press CTRL_C to break
  Reply from 12.1.1.1: bytes=56 Sequence=1 ttl=255 time=84 ms
  Reply from 12.1.1.1: bytes=56 Sequence=2 ttl=255 time=27 ms
  Reply from 12.1.1.1: bytes=56 Sequence=3 ttl=255 time=25 ms
  Reply from 12.1.1.1: bytes=56 Sequence=4 ttl=255 time=3 ms
  Reply from 12.1.1.1: bytes=56 Sequence=5 ttl=255 time=24 ms
 --- 12.1.1.1 ping statistics ---
  5 packet(s) transmitted
  5 packet(s) received
  0.00% packet loss
  round-trip min/avg/max = 3/32/84 ms
```

在 R3 上 ping 隧道的 R1 接口 Tunnel0/0/1 的 IPv6 地址，可收到返回的报文。代码如下：

```
[R3] ping ipv6 2001::1
 PING 2001::1 : 56 data bytes, press CTRL_C to break
  Reply from 2001::1
```

```
  bytes=56 Sequence=1 hop limit=64 time = 28 ms
  Reply from 2001::1
  bytes=56 Sequence=2 hop limit=64 time = 27 ms
  Reply from 2001::1
  bytes=56 Sequence=3 hop limit=64 time = 26 ms
  Reply from 2001::1
  bytes=56 Sequence=4 hop limit=64 time = 27 ms
  Reply from 2001::1
  bytes=56 Sequence=5 hop limit=64 time = 26 ms
 --- 2001::1 ping statistics ---
  5 packet(s) transmitted
  5 packet(s) received
  0.00% packet loss
round-trip min/avg/max = 26/26/28 ms
```

在 R1 和 R3 上配置两条 IPv6 静态路由。代码如下：

```
[R1] ipv6 route-static 2001:db8:3:: 64 tunnel 0/0/1 2001::3
[R3] ipv6 route-static 2001:db8:1:: 64 tunnel 0/0/1 2001::1
```

在 R3 上 ping 隧道的 Client1 的 IPv6 地址，可收到返回的报文。代码如下：

```
[R3] ping ipv6 2001:db8:1::2
  PING 2001:db8:1::2 : 56 data bytes, press CTRL_C to break
  Reply from 2001:db8:1::2
  bytes=56 Sequence=1 hop limit=64 time = 28 ms
  Reply from 2001:db8:1::2
  bytes=56 Sequence=2 hop limit=64 time = 27 ms
  Reply from 2001:db8:1::2
  bytes=56 Sequence=3 hop limit=64 time = 26 ms
  Reply from 2001:db8:1::2
  bytes=56 Sequence=4 hop limit=64 time = 27 ms
  Reply from 2001:db8:1::2
  bytes=56 Sequence=5 hop limit=64 time = 26 ms
 --- 2001:db8:1::2 ping statistics ---
  5 packet(s) transmitted
  5 packet(s) received
  0.00% packet loss
round-trip min/avg/max = 26/26/28 ms
```

3.IPv6 over IPv4 自动隧道

配置 IPv6 over IPv4 自动隧道的思路如下：

配置物理接口的 IP 地址，使设备能够在 IPv4 网络中进行通信。配置隧道接口的 IPv6 地址和源接口，使设备可以和网络进行通信。使能协议类型为自动隧道协议，使 IPv6 网络和主机能够通过 IPv4 网络进行通信，如图 6-14 所示。

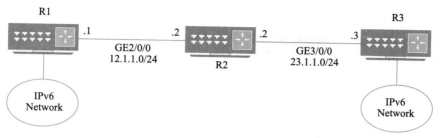

▲ 图 6-14　配置 IPv6 over IPv4 自动隧道

（1）配置 R1。

配置 IPv4/IPv6 双协议栈。代码如下：

```
<Huawei> system-view
[Huawei] sysname R1
[R1] ipv6
[R1] interface gigabitethernet 1/0/0
[R1-GigabitEthernet1/0/0] ip address 12.1.1.1 24
[R1-GigabitEthernet1/0/0] quit
```

配置自动隧道，配置静态路由。代码如下：

```
[R3] ip route-static 23.1.1.0 255.255.255.0 12.1.1.2

[R1] interface tunnel 0/0/1
[R1-Tunnel0/0/1] tunnel-protocol ipv6-ipv4 auto-tunnel
[R1-Tunnel0/0/1] ipv6 enable
[R1-Tunnel0/0/1] ipv6 address ::12.1.1.1/96
[R1-Tunnel0/0/1] source gigabitethernet 1/0/0
[R1-Tunnel0/0/1] quit
```

（2）配置 R2。

配置 IPv4/IPv6 双协议栈。代码如下：

```
<Huawei> system-view
[Huawei] sysname R2
[R2] ipv6
[R2] interface gigabitethernet 1/0/0
[R2-GigabitEthernet1/0/0] ip address 12.1.1.2 24
[R2-GigabitEthernet1/0/0] quit
[R2] interface gigabitethernet 2/0/0
[R2-GigabitEthernet1/0/0] ip address 23.1.1.2 24
[R2-GigabitEthernet1/0/0] quit
```

（3）配置 R3。

配置 IPv4/IPv6 双协议栈。代码如下：

```
<Huawei> system-view
[Huawei] sysname R3
[R3] ipv6
[R3] interface gigabitethernet 2/0/0
[R3-GigabitEthernet1/0/0] ip address 23.1.1.3 24
```

配置静态路由。代码如下:

```
[R3] ip route-static 12.1.1.0 255.255.255.0 23.1.1.2
```

配置自动隧道。代码如下:

```
[R2] interface tunnel 0/0/1
[R2-Tunnel0/0/1] tunnel-protocol ipv6-ipv4 auto-tunnel
[R2-Tunnel0/0/1] ipv6 enable
[R2-Tunnel0/0/1] ipv6 address ::23.1.1.3/96
[R2-Tunnel0/0/1] source gigabitethernet 2/0/0
[R2-Tunnel0/0/1] quit
```

(4) 验证配置结果。

在 R1 上查看 Tunnel0/0/1 的 IPv6 状态为 UP。代码如下:

```
[R1] display ipv6 interface tunnel 0/0/1
Tunnel0/0/1 current state : UP
IPv6 protocol current state : UP
IPv6 is enabled, link-local address is FE80::201:101
  Global unicast address(es):
    ::12.1.1.1, subnet is ::/96
  Joined group address(es):
    FF02::1:FF01:101
    FF02::2
    FF02::1
  MTU is 1500 bytes
  ND reachable time is 30000 milliseconds
  ND retransmit interval is 1000 milliseconds
```

从 R1 可以 ping 通隧道对端的兼容 IPv4 的 IPv6 地址。代码如下:

```
[R1] ping ipv6 ::23.1.1.3
  PING ::23.1.1.3 : 56 data bytes, press CTRL_C to break
    Reply from ::23.1.1.3
    bytes=56 Sequence=1 hop limit=64 time = 30 ms
    Reply from ::23.1.1.3
    bytes=56 Sequence=2 hop limit=64 time = 40 ms
    Reply from ::23.1.1.3
    bytes=56 Sequence=3 hop limit=64 time = 50 ms
    Reply from ::23.1.1.3
    bytes=56 Sequence=4 hop limit=64 time = 1 ms
```

```
Reply from ::23.1.1.3
bytes=56 Sequence=5 hop limit=64 time = 50 ms
--- ::23.1.1.3 ping statistics ---
5 packet(s) transmitted
5 packet(s) received
0.00% packet loss
round-trip min/avg/max = 1/34/50 ms
```